D1754101

B. Herrmann (Hrsg.)

Archäometrie

Naturwissenschaftliche Analyse
von Sachüberresten

Eine praktikumsbegleitende Veröffentlichung
aus dem Arbeitskreis Umweltgeschichte
der Georg-August-Universität Göttingen

Mit 59 Abbildungen

Springer-Verlag
Berlin Heidelberg New York
London Paris Tokyo
Hong Kong Barcelona
Budapest

Prof. Dr. Bernd Herrmann
Arbeitskreis Umweltgeschichte
Universität Göttingen
Goszlerstraße 10
37073 Göttingen

Titelbild unter genehmigter Verwendung einer Vorlage aus einem mittelalterlichen Manuskript der Bibliothèque Nationale, Paris, Section des Manuscriptes Occidentaux (MS 12322).

ISBN 3-540-57849-8 Springer-Verlag Berlin Heidelberg New York

Die Deutsche Bibliothek - CIP-Einheitsaufnahme
Archäometrie: naturwissenschaftliche Analyse von Sachüberresten; eine praktikumsbegleitende Veröffentlichung aus dem Arbeitskreis Umweltgeschichte der Georg-August-Universität Göttingen / B. Herrmann (Hrsg.). - Berlin; Heidelberg; New York; London; Paris; Tokyo; Hong Kong; Barcelona; Budapest: Springer, 1994
   ISBN 3-540-57849-8
NE: Herrmann, Bernd [Hrsg.]; Universität <Göttingen>/Arbeitskreis Umweltgeschichte

Dieses Werk ist urheberrechtlich geschützt. Die dadurch begründeten Rechte, insbesondere die der Übersetzung, des Nachdrucks, des Vortrags, der Entnahme von Abbildungen und Tabellen, der Funksendung, der Mikroverfilmung oder der Vervielfältigung auf anderen Wegen und der Speicherung in Datenverarbeitungsanlagen, bleiben, auch bei nur auszugsweiser Verwertung, vorbehalten. Eine Vervielfältigung dieses Werkes oder von Teilen dieses Werkes ist auch im Einzelfall nur in den Grenzen der gesetzlichen Bestimmungen des Urheberrechtsgesetzes der Bundesrepublik Deutschland vom 9. September 1965 in der jeweils geltenden Fassung zulässig. Sie ist grundsätzlich vergütungspflichtig. Zuwiderhandlungen unterliegen den Strafbestimmungen des Urheberrechtsgesetzes.

© Springer-Verlag Berlin Heidelberg 1994
Printed in Germany

Die Wiedergabe von Gebrauchsnamen, Handelsnamen, Warenbezeichnungen usw. in diesem Werk berechtigt auch ohne besondere Kennzeichnung nicht zu der Annahme, daß solche Namen im Sinne der Warenzeichen- und Markenschutz-Gesetzgebung als frei zu betrachten wären und daher von jedermann benutzt werden dürften.

Einbandgestaltung:
Satz: Reproduktionsfertige Vorlage vom Autor
31/3130 - 5 4 3 2 1 0 – Gedruckt auf säurefreiem Papier

Vorwort

Mit der Einrichtung des neuen Nebenfaches "Umweltgeschichte" am Fachbereich Biologie wurde an der Universität Göttingen das fächerübergreifende Studienangebot in für deutsche Hochschulen ungewohnter Weise erweitert. Andere Universitäten werden diesem Beispiel folgen. Das Angebot richtet sich sowohl an "Geisteswissenschaftler" wie "Naturwissenschaftler". Neben der im jeweiligen Hauptfach erlangten Qualifikation kann eine Zusatzqualifikation in Umweltgeschichte erworben werden, wobei Elemente einer ökologischen Grundbildung, bereichert durch historische Reflexionen, bereitgestellt werden. Hieran sind sowohl klassische historische Fächer als auch die historisch arbeitenden Naturwissenschaften beteiligt. Nur so sind nach unserer Auffassung Umweltprozesse im geschichtlichen Wandel zu beschreiben und zu analysieren. Derartige Betrachtungen erleichtern das Verständnis für Zusammenhänge und prozessuale Abläufe. Historische Umweltprozesse als Langzeitversuche unter natürlichen Bedingungen erlauben oftmals leichter als aktualistische Szenarios die exemplarische Analyse von Folgen und Nebenfolgen menschlichen Handelns. Die geschichtswissenschaftliche Betrachtung von Wertewandel in einer Gesellschaft wird daher in der Umweltgeschichte ebenso thematisiert wie die naturwissenschaftliche Beobachtung der Folgen gesellschaftlicher oder herrschaftlicher Entscheidungen.

Historische Analysen bedürfen entsprechender Quellen, seien es schriftliche Quellen oder Sachquellen. Bei Sachquellen wird häufig eine Untersuchung ihrer materiellen Eigenschaften erforderlich. Jene mit modernen Mitteln der Naturwissenschaften vorzunehmen ist Aufgabe der Archäometrie.

Unter diesen Voraussetzungen sieht der Göttinger Studienplan zur Umweltgeschichte ganz selbstverständlich auch eine Lehrveranstaltung zur Archäometrie vor. Auf dieser, sowie angemessenen Ergänzungen und Erweiterungen, beruht die hier vorliegende Veröffentlichung. Sie wurde möglich durch das Engagement der beteiligten Dozenten, die ihre einschlägige Erfahrung zusätzlich zu ihren sonstigen Verpflichtungen bereitwillig zur Verfügung gestellt haben. Ihnen gilt mein besonderer Dank. Zu danken habe ich auch den Mitarbeitern des Arbeitskreises Umweltgeschichte der Universität Göttingen, voran Frau Margrit Windel, für die Bewältigung der angefallenen Schreibarbeiten. Besonderer Dank gebührt Herrn Dr. Kurt Darms für seinen engagierten Einsatz bei der Fertigstellung des Buches. Die Förderung, welche der Springer-Verlag, insbesondere Herr Dr. Dieter Czeschlik, dem Vorhaben und damit einer weiteren fachlichen Entwicklung zuteil werden ließ, verdient besonderen Dank und Anerkennung.

Göttingen, 06. Januar 1994　　　　　　　　　　　B. Herrmann

Inhaltsverzeichnis

1	Einleitung	1
2	Isotopenanalysen in der Archäometrie Teil A. Datierungen und Materialanalysen	9
2.1	Einleitung	9
2.2	Grundbegriffe und Gesetze der Radioaktivität	10
2.2.1	Aufbau der Atomkerne	10
2.2.2	Zerfallsarten	10
2.2.3	Das Zerfallsgesetz	11
2.2.4	Künstliche Kernumwandlungen	12
2.3	Meßmethoden	13
2.4	Fehler und Statistik	14
2.5	Anwendungen der Radioaktivität in der Archäologie	15
2.5.1	Altersbestimmung	15
2.5.2	Materialanalyse durch Aktivierung	17
	Teil B. Analyse Stabiler Isotope	19
2.6	Anwendungsbereiche	19
2.7	Methode	21
2.7.1	Bestimmung der Verhältnisse Stabiler Isotope	21
2.7.2	Reinigung und Darstellung der Proben	22
2.8	Natürliche Variabilität von Verhältnissen Stabiler Isotope	24

3	**Inspektionen der Oberfläche und des Objektinneren**	29
3.1	Anwendungsbeispiel Endoskopie	30
3.2	Anwendungsbeispiel Infrarot Reflektographie, Ultraviolett Fluoreszenz	32
3.3	Anwendungsbeispiel Raster-Elektronenmikroskopie	34
3.3.1	Grundlagen der Raster-Elektronenmikroskopie	34
3.3.2	Grundlagen der Abbildbarkeit	38
3.3.3	Materialanalyse	39
3.4	Anwendungsbeispiel Radiographie	41
3.4.1	Das Röntgenbild	42
3.4.2	Röntgenähnliche Abbildungsverfahren	51
4	**Gaschromatographie und Massenspektrometrie**	53
4.1	Die Untersuchung organischer Bestandteile in archäologischen Objekten	53
4.2	Untersuchungsmethoden	56
4.2.1	Gaschromatographie	57
4.2.2	Massenspektrometrie	60
4.3	Kopplung und Anwendungsbeispiele der Gaschromatographie und Massenspektrometrie	64
5	**Spurenelementanalysen**	67
5.1	Anwendungsgebiete	67
5.1.1	Biogene Substanzen	67
5.1.2	Archäologische Objekte	68
5.2	Spurenelemente in der natürlichen Umwelt	69
5.3	Methodische Grundlagen	70
5.3.1	Verfahren zur Analyse von Spurenelementen	70
5.3.2	Probenvorbereitung und Messung	75
5.4	Aussagemöglichkeiten der Elementanalyse	80

6	**DNA aus alten Geweben**	87
6.1	Quellenmaterialien	87
6.2	Desoxiribonukleinsäure	87
6.2.1	Chromosomale DNA	88
6.2.2	Mitochondriale DNA	88
6.3	Forschungsstand und Erkenntnisinteresse	88
6.4	Dekomposition und DNA-Erhaltung	92
6.4.2	Überdauerung von aDNA	92
6.4.3	Analysierbarkeit von aDNA	93
6.5	aDNA-Extraktion	93
6.5.1	Homogenisation und Suspension von Geweben	93
6.5.2	Lyse des Zellverbandes und Denaturierung von Proteinen	94
6.5.3	Konzentrierung und Reinigung der aDNA	94
6.6	Polymerase Chain Reaction	96
6.6.1	Funktionsweise der PCR	96
6.6.2	Kontrollproben	99
7	**Die Tierwelt im Spiegel archäozoologischer Forschungen**	101
7.1	Einführung	101
7.2	Der Fundstoff und seine Bearbeitung	102
7.3	Ergebnisse	103
7.3.1	Die Nutzung der Tierwelt durch den Menschen	103
7.3.2	Rekonstruktion prähistorischer Faunen und Paläoökologie	109
7.4	Ausblick	116
7.5	Anmerkung	116
8	**Jahrringanalysen**	121
8.1	Dendrochronologie als Datierungsmethode	121
8.1.1	Grundlagen	122

X   Inhaltsverzeichnis

8.1.2	Probenvorbereitung und Messung	123
8.1.3	Graphische Darstellung, Indexierung	123
8.1.4	Ähnlichkeitsbeziehungen, Aufbau von Mittelkurven und Chronologien	124
8.1.5	Datierung	126
8.1.6	Material	130
8.2	Holz und Jahrring als Informationsträger	131
8.2.1	Waldgeschichte und -nutzung	132
8.2.3	Vulkanausbrüche	135
9	**Paläo-Ethnobotanik - Fragestellung, Methoden und Ergebnisse**	**137**
9.1	Einführung	137
9.2	Methoden	138
9.3	Ergebnisse	143
9.3.1	Ernährung	143
9.3.2	Ackerland	144
9.3.3	Gärten	145
9.3.4	Gehölzflächen	145
9.3.5	Haus- und Handwerk	147
9.3.6	Frühe Industrie	148
9.4	Zusammenfassung und Ausblick	151
9.5	Anmerkung	152
10	**Vegetationsgeschichte**	**153**
10.1	Einleitung	153
10.2	Grundlagen	154
10.3	Bestimmung von Pollenkörnern durch Größenmessungen	156
10.3.1	Die Getreide-Pollenanalyse	156
10.3.2	Die Bestimmung der mitteleuropäischen Tilia-Arten	159

10.4	Beispiele für die Quantifizierung vegetationsgeschichtlicher Ergebnisse	162
10.4.1	Eichung pollenanalytischer Ergebnisse am rezenten Pollenniederschlag	162
10.4.2	Pollenkonzentration und Polleninflux	163
10.4.3	Klimainduzierte Vegetationsveränderungen	163
10.4.4	Anthropogene Veränderungen in der Vegetation	165
11	**Elektronische Datenverarbeitung in der Archäometrie**	**169**
11.1	Einleitung	169
11.2	Informationsmanagement	170
11.2.1	Daten-, Informationsaustausch und Kommunikation	170
11.2.2	Informationsbeschaffung	171
11.3	Datenmanagement	172
11.3.1	Datenverwaltung	172
11.3.2	Datenanalysen	175
11.4	Elektronische Bildverarbeitung	177
11.4.1	Grundlagen und Funktionsweise einer elektronischen Bildverarbeitungsanlage	178
11.4.2	Bildbearbeitung	180
11.4.2.1	Anwendungsbeispiele	180
11.4.3	Bildauswertung	186
11.4.3.1	Mustererkennungsverfahren	187
11.5	Ausblick	190
11.6	Danksagung	191
	Literatur	**193**
	Sachverzeichnis	**209**

Autorenverzeichnis

PD Dr. Norbert Benecke
Deutsches Archäologisches Institut Abtlg Ur- und Frühgeschichte
Leipziger Str. 3-4, 10117 Berlin

Prof. Dr. Hans-Jürgen Beug
Institut für Palynologie und Quartärwissenschaften
Wilhelm Weber Str. 2, 37073 Göttingen

Dr. Kurt Darms
Institut für Anthropologie
Bürgerstr. 50, 37073, Göttingen

Prof. Dr. Bernd Herrmann
Institut für Anthropologie
Bürgerstr. 50, 37073 Göttingen

Dr. Marie-Luise Hillebrecht
Zentrale Studienberatung
Humboldtallee 17, 37073 Göttingen

Dr. Susanne Hummel
Institut für Anthropologie
Bürgerstr. 50, 37073 Göttingen

Dr. Hans-Hubert Leuschner
Institut für Palynologie und Quartärwissenschaften
Wilhelm Weber Str. 2, 37073 Göttingen

Dipl.-Biol. Jens Rameckers
Institut für Anthropologie
Bürgerstraße 50, 37073 Göttingen

Dr. Holger Schutkowski
Institut für Anthropologie
Bürgerstr. 50, 37073 Göttingen

Dr. Dietrich Trzeciok
Institut für Physikalische Chemie
Tammannstr. 6, 37077 Göttingen

Prof. Dr. Ulrich Willerding
Systematisch-Geobotanisches Institut
Untere Karspüle 2, 37073 Göttingen

1 Einleitung

Bernd Herrmann

Diejenigen naturwissenschaftlichen Methoden, welche für die Untersuchung von Sachüberresten im Sinne der allgemeinen historischen Quellenkunde (von Brandt, 1992, S. 56) herangezogen werden, sind unter dem Begriff "Archäometrie" systematisiert. "Sachüberreste" sind körperliche bzw. organische Überreste, Bauwerke, Geräte, Erzeugnisse von Kunst und Gewerbe, aber auch Landschaftselemente, Böden und Landschaftsformen. (Im Grenzfall können auch schriftliche Überreste, wie Urkunden, Manuskripte und Testamente Gegenstand naturwissenschaftlicher Prüfung sein). Da die Erkenntnisinteressen in den Einzelfällen der Untersuchungen kaum gleich gelagert sein können und sich auch die eingesetzten Methoden von den zugrundeliegenden Prinzipien her nicht gleichen, ist die Archäometrie keine disziplinäre Wissenschaft. Sie besitzt entsprechend auch keinen einheitlichen erkenntnistheoretischen Unterbau, da auch die Hauptfelder der Archäometrie (Probleme, Objekte, Materialien, Methoden) keine einheitlichen Annäherungen an das Thema zulassen. Eine konsistente Hierarchisierung von Erkenntniszugängen und -ebenen der Archäometrie ist damit nicht möglich. Sie ist nach dem oben genannten Selbstverständnis und den Aufgaben der Archäometrie auch nicht erforderlich, da die Kompetenz der archäometrisch arbeitenden Wissenschaftler aus ihren jeweiligen Fachkontexten resultiert und untrennbar mit diesen erkenntnistheoretisch verbunden bleibt.

Archäometrie wird immer dann betrieben, wenn sich Naturwissenschaftler mit einer historischen Quelle im o.g. Sinne in materialanalytischer Weise auseinandersetzen. Kenntnisse über materielle Beschaffenheit einer Quelle, wie sie z.B. von Historikern, insbesondere den Wirtschaftshistorikern, beigebracht werden können, sind dabei durchaus willkommen. Sie können aber nicht den objektivierbaren naturwissenschaftlichen Ergebnissen gleichgestellt sein und waren deshalb zunächst nicht genuine Elemente der Archäometrie. Ergebnisse werden immer um eines Erkenntnisinteresses willen gewonnen und bedürfen daher der Erklärung oder der Interpretation. Die bloße Mitteilung eines Befundes ist entbehrlich, wenn er nicht seine Bedeutung in einem Gesamtzusammenhang findet. So gesehen sind Erkenntnisse über die materielle Beschaffenheit einer Quelle auch mit den hermeneutischen Methoden der Geschichtswissenschaften zu gewinnen und von archäometrischer Bedeutung. Zu Unrecht nimmt eine orthodoxe archäometrische Sichtweise diese Einsichten nicht an, wo doch aus mancherlei Gründen ein Miteinander der Disziplinen geboten ist. Freilich überwiegen die Naturwissenschaften die anderen Disziplinen an Aussagekraft und faktischer Bedeutung.

Die Archäometrie betreibt die Untersuchung materieller Quellen vorrangig aus Gründen der Prospektion, der Analyse und der Konservierung (Problemorientierung). Im Vordergrund stehen dabei Altersbestimmungen, die Aufklärung der materiellen Zusammensetzung, ggf. die Herstellungsgeschichte sowie dabei eingesetzten Technologien. Diese verbreitete Sichtweise der Archäometrie hat sich nahezu ausschließlich auf physiko-chemische Materialanalysen spezialisiert (z.B. Leute 1987; Mommsen 1986). Dabei sind diese z.B. für biologische Objekte, welche als paläoanthropologische, archäozoologische oder paläoethnobotanische Relikte einen erheblichen Teil aller archäologischen bzw. musealen Quellen ausmachen, nur bedingt geeignet. Formen- und Strukturvergleiche zur Aufklärung der Natur biologischer Objekte sind schwerlich als physikochemische Methoden einzuordnen. Und molekularbiologische Methoden, deren biochemische Natur nicht bestreitbar ist, werden bei historischen Quellen vorrangig nicht zur Gewinnung von Informationen über materielle Zusammensetzung des Stückes, sondern wegen gänzlich anderer Fragen (s.u.) durchgeführt.

Es ist offenbar, daß damit in der Archäometrie herkömmlicher Ausrichtung ganze Quellengattungen nicht angemessen berücksichtigt werden oder gar unberücksichtigt bleiben. Dabei ist seit der Entwicklung einer "environmental archaeology" die Bedeutung vor allem auch der biogenen Quellen offenkundig. Es waren zuerst materialanalytische Problemstellungen, einfache Arten- und Gattungsbestimmungen am Fundmaterial, welche die Umweltarchäologie mit der Analyse von Flora und Fauna der Pfahlbausiedlungen am Zürcher See durch Heer und Rütimeier in der Mitte des 19. Jahrhunderts begründeten. Auch die späteren Erfolge von A.E. van Giffen oder Zeuner gründen sich primär auf die Materialanalysen biologischer Quellen. Es bedurfte jedoch erheblicher Überzeugungsarbeit (z.B. Dimbleby 1977; Fieller et al. 1985), bis sich aus eher traditionell ausgerichteten Frühgeschichtsforschungen unter gleichberechtigter Partnerschaft von Naturwissenschaftlern erfolgreiche umweltarchäologische Resultate entwickelten (z.B. Hall u. Kenward 1982). Umwelthistorische Arbeiten sind heute ohne den begleitenden Sachverstand der Naturwissenschaften, insbesondere der Biowissenschaften nicht denkbar (Tabelle 1).

Tabelle 1.1

Fachwissenschaftliche Grundelemente einer historischen Umweltforschung (aus Herrmann 1989)
Grundlagenfächer: Klimatologie, Geomorphologie, Bodenkunde, Anthropogeographie   **Historische Biowissenschaften:**   Vegetationsgeschichte und Paläoethnobotanik, Archäozoologie, Historische Anthropologie, Medizingeschichte   **Historische Sozial- und Kulturwissenschaften:**   Wirtschafts- und Sozialgeschichte, Rechtsgeschichte, Kunstgeschichte, Archäologie, Technikgeschichte, Literaturwissenschaften   **Historische Materialkunde:**   Archäometrie, Technikgeschichte

Alle in Tabelle 1 genannten Fächer verwenden eigenständige oder entliehene Methoden zur materiellen Untersuchung ihrer Quellen. Werden diese Methoden systematisiert, gelangt man zu einer Historischen Materialkunde. Diese enthält neben der "Archäometrie" auch technikgeschichtliche Elemente und damit Kenntnisse aus Wirtschafts- und Sozialgeschichte. Zweckmäßig und sinnvoll sollte daher Archäometrie in ihrer fachlichen Entwicklung auf diese Ausrichtung hin verstanden und betrieben werden. Ein hervorragendes Beispiel hierfür ist die DFG-Veröffentlichung "Von der Karte zur Quelle" (1991)

Es ist also notwendig und gerade unter umwelthistorischen Gesichtspunkten folgerichtig, archäometrische Methodenkataloge insbesondere um biowissenschaftliche Kenntnisse zu erweitern. Der Schwerpunkt dieses Leitfadens liegt daher auf der Analyse solcher Materialien. Dabei erlauben Pflanzenreste einschließlich Pollen die wohl weitestreichenden Erklärungs- und Rekonstruktionsmöglichkeiten historischer Mensch-Umwelt-Beziehungen. Ihnen allein sind drei Beiträge dieses Leitfadens gewidmet (Beug, Leuschner bzw. Hillebrecht/Willerding). Der archäozoologische Beitrag (Benecke) ergänzt um eine Anmerkung zur Bearbeitung menschlicher Überreste, stellt die Bedeutung der Faunenrelikte vor. Leider sind die Kenntnisse zur Archäozoologie niederer Wirbeltiere und vor allem der Wirbellosen noch sehr spärlich, so daß ein entsprechender Beitrag fehlt. Drei weitere Beiträge (Hummel, Rameckers und Schutkowski) geben Einblick in den zunehmend bedeutsamen Bereich der "molekularen Archäologie".

Die basalen physikochemischen Datierungsmethoden (Trzeciok) werden durch die für umwelthistorische Rekonstruktionen beispielhafte Dendrochronologie ergänzt.

Die hier gebotene Stoffauswahl lehnt sich, neben dem Schwergewicht auf Methoden zur Analyse stofflicher Reste der Umwelt, an die Präsentationsmöglichkeit innerhalb eines Praktikums an. Themen und Beispiele sollen möglichst praxisnahe und praktikabel sein. Gleichzeitig sollen sie exemplarischen Charakter haben. Eine Zusammenstellung von Untersuchungsmethoden nach Organismengruppen oder biogenen Werkstoffen, wie sie z.b. Shackley (1981) veröffentlichte, war ebensowenig angestrebt wie eine Kompilation zur "biologischen Spurenkunde". Diese ist aber im Grunde nur die forensisch-angewandte Seite (z.b. De Forest, Gaensslen u. Lee 1983) einer biologischen Archäometrie, mit der sie die methodischen Probleme gemeinsam hat. (Neben dem archäologisch orientierten Berufsfeld ist die forensische Spurenkunde sicherlich ein weiteres Anwendungsfeld für archäometrische Kenntnisse). Es schien weiterhin nicht vordringlich und notwendig, neben die bewährten Darstellungen der physikalischen und chemischen Untersuchungs- und Analysemethoden eine gleichartige weitere zu stellen (vgl. z.B. Rottländer 1983; Mommsen 1986; Leute 1987; Riederer 1987). In einzelnen Darstellungen dieser Veröffentlichung wird jedoch in angemessener Weise auf solche Methoden verwiesen.

Im Gegensatz zu geläufigeren Darstellungen zur Archäometrie, die mehr in die Richtung von Methodenkatalogen tendieren, soll in dieser Konzeption besonderer Wert auf das jeweilige Erkenntnisinteresse gelegt werden. Der Rückgriff auf eine Methode zielt ja immer auf die Bereitstellung eines Erkenntnisgewinnes, der nicht mit der Bestimmung der materiellen Eigenschaften eines Objektes gleichzusetzen ist. Vielmehr soll die Materialanalyse zu Aufschlüssen in größeren Zusammenhängen beitragen. Hierzu werden entsprechende Beispiele vorgestellt. Mit diesen wird deutlich: es ist nicht die bloße Methode und der Zugriff hierauf, es ist vielmehr die Fragestellung des historisch arbeitenden Naturwissenschaftlers selbst, die den Forschungsfortschritt in der Archäometrie und historischen Umweltforschung bereitstellt.

Wegen der Bedeutung rechnergestützter Analysen und Auswertungen, auch für archäometrische Fragestellungen, wurde ein entsprechendes Kapitel mit aufgenommen (Darms), obwohl dies nicht zum konventionellen archäometrischen Repertoir gehört. Die Anforderungen, die bei rechnergestützten Arbeiten an den Nutzer gestellt werden, rechtfertigen längst eine eigenständige Behandlung dieser Thematik.

Schließlich ist eine umwelthistorische Materialkunde ohne technikgeschichtliche Aspekte unvollständig (vgl. Tabelle 1.1). Diese entziehen sich einer Thematisierung in diesem Rahmen. (Zur Technikgeschichte König 1990–1992; aber auch archäometrische Monographien).

So ergänzt diese Veröffentlichung mit ihren Akzenten und Ausschnitten bereits vorliegende Veröffentlichungen und verzichtet dabei bewußt auf die

Abhandlung sogar klassischer Themengebiete (z.B. Keramik). Wir sind aber zuversichtlich, daß gerade die Akzente dieses Leitfadens auf positive Resonanz stoßen und zu weiterer Beschäftigung mit archäometrischer und umwelthistorischer Thematik anregen.

Literatur

Neben zitierter Literatur sind auch Hinweise auf weiterführende Werke und einschlägige Zeitschriften aufgenommen.

Allen RO (ed) (1989) Archaeological chemistry IV. (Advances in chemistry series 220). American Chemical Society, Washington D.C.
Brandt A von (1992) Werkzeug des Historikers, 13. Aufl, Kohlhammer, Stuttgart Berlin Köln Mainz
Brothwell DR, Higgs E (eds) (1963) Science in Archaeology. Thames & Hudson, Basic Books, New York
De Forest P, Gaensslen RE, Lee HC (1983) Forensic science. An introduction to criminalistics. McGraw Hill, New York
DFG - Deutsche Forschungsgemeinschaft (1991) "Von der Quelle zur Karte" Abschlußbuch des SFB Tübinger Atlas des Vorderen Orients. VCH - Acta Humaniora, Weinheim
Dimbleby GW (1977) Training the environmental archaeologist. Bulletin 14, Institute of Archaeology, University of London
Fieller NRJ, Gilbertson DD, Ralph NGA (eds) (1985) Palaeobiological investigations: Research design, methods and interpretation. BAR 5258, 5266, Oxford
Hall AR, Kenward H (eds) (1982) Environmental archaeology in the urban context. Council of British Archaeology, Res Rep 43, London
Herrmann B (1989) Umweltgeschichte. In: Herrmann B, Budde A (eds) (1989) Natur und Geschichte. Schriftenreihe Expert, Nieders. Umweltministerium, Hannover, S 145-153
König W (ed) (1990-1992) Propyläen Technikgeschichte. 5 Bde, Propyläen Verlag, Berlin
Leute U (1987) Archaeometry. An introduction to physical methods in archaeology and the history of art. VCH, Weinheim
Mommsen H (1986) Archäometrie. Teubner, Stuttgart
Riederer J (1987) Archäologie und Chemie - Einblicke in die Vergangenheit. Staatliche Museen Berlin SMPK, Berlin
Robertson J (ed) (1992) Forensic examination of fibres. Horwood, Chichester
Rottländer R (1983) Einführung in die naturwissenschaftlichen Methoden in der Archäologie, Verlag Archaeologica Venatoria, Institut für Vorgeschichte der Universität Tübingen
Shackley M (1981) Environmental archaeology. Allen & Unwin, London

Zeitschriften

und Reihen zur Archäometrie bzw. mit erheblichen archäometrischen Anteilen.

Archaeometry. Bulletin of the Research Laboratory for Archaeology and the History of Art. Oxford University, London. Bd 1 (1958) -
BAR (= British Archaeological Reports) International Series und BAR British Series, mit zahlreichen monographischen Abhandlungen.Hadrian Books, Oxford
Berliner Beiträge zur Archäometrie. Staatliche Museen Berlin.Berlin. Bd 1 (1976) -
Circacea. Journal of the Association for Environmental Archaeology.University of York, York. Bd 1 (1983) -
Journal of Archaeological Science. Academic Press, London. Bd 1 (1974) -
PACT. European Networks of Scientific Cooperation in the Fields of Physical Chemical, Mathematical, and Biological Techniques Applied to Archaeology. Conseil de l'Europe, Strasbourg. ab 1984
World Archaeology. Routledge & Kegan Paul, Bd 1 (1989)-London

2 Isotopenanalysen in der Archäometrie
Teil A. Datierungen und Materialanalysen

Dietrich Trzeciok

2.1 Einleitung

Die Radioaktivität ist eine Eigenschaft der Materie, die mit den Atomkernen verknüpft ist. Ihre Gesetzmäßigkeiten sind daher unabhängig vom Aggregatzustand und von der chemischen Verbindung, in der die radioaktiven Atome vorkommen. Auch Variationen von Druck und Temperatur oder Stoffwechselvorgänge in Tieren und Pflanzen habe keinen Einfluß, da alle diese Veränderungen nur die Elektronenhülle beeinflussen. Die Gesetze des radioaktiven Zerfalls beschreiben daher den gleichmäßigen Gang einer Uhr.

In der Natur vorkommende, sehr langsam zerfallende Kerne, z.B. von Uran, Thorium oder Kalium ermöglichen so die Bestimmung weit zurückliegender geologischer Ereignisse. Kurzlebigere Kerne wie das Kohlenstoff-14-Isotop werden in der oberen Lufthülle der Erde durch Bestrahlung von der Sonne und dadurch induzierte Kernreaktionen ständig neu gebildet. Sie ermöglichen die Bestimmung kürzerer, vor allem für die Archäologie interessanter Zeitabschnitte.

Heute bieten Kernreaktoren mit hohen Neutronenflüssen und Beschleuniger zur Erzeugung energiereicher Teilchenstrahlung (Protonen, Deuteronen, α-Teilchen, schwere Ionen) eine Fülle von Möglichkeiten, in der Natur nicht vorkommende radioaktive Kerne für die Anwendungen in Wissenschaft und Technik herzustellen.

Beim Zerfall eines Kerns wird eine für diese Veränderung charakteristische Strahlung (Materieteilchen und/oder elektromagnetische Strahlung) ausgesandt. Mit geeigneten spektroskopischen Meßmethoden können damit die zerfallenden Kerne identifiziert werden. Ist darüber hinaus eine Bestimmung der Intensität der Strahlung möglich, so kann mit Hilfe einer Eichung auf den prozentualen Anteil eines chemischen Elements z.B. in einem archäologischen Fundstück geschlossen werden. Von dieser Möglichkeit wird vor allem bei der Neutronenaktivierungsanalyse (NAA) Gebrauch gemacht.

2.2 Grundbegriffe und Gesetze der Radioaktivität

2.2.1 Aufbau der Atomkerne (vgl. hierzu Lieser; Keller 1981)

Atomkerne sind aus Protonen und Neutronen aufgebaut. Das Proton ist ein elektrisch geladenes Teilchen und trägt eine positive elektrische Elementarladung. Das Neutron ist elektrisch neutral. Ist man nur an der Anzahl der Kernbausteine interessiert, unterscheidet man also nicht zwischen Proton und Neutron, so bezeichnet man sie auch als Nukleonen. Die Anzahl der Nukleonen eines Kerns nennt man seine Massenzahl **A**. Die Anzahl der Protonen heißt Kernladungszahl **Z**. Bezeichnet man die Anzahl der Neutronen mit **N**, so gilt **A = Z + N**. Jeder Kern wird durch sein **Z** und **N** eindeutig charakterisiert. Jeden so definierten Kern nennt man ein Nuklid. In einem elektrisch neutralen Atom ist die Anzahl der Protonen im Kern gleich der Anzahl der Elektronen in der Atomhülle.

Alle zu einem bestimmten chemischen Element gehörenden Nuklide (gleiche Protonenzahl) nennt man seine Isotope. Chemische Elemente haben bis zu zehn stabile Isotope und mehrere, meist künstlich erzeugte radioaktive Isotope. Zur Kennzeichnung eines Nuklids benutzt man die in der Chemie üblichen Buchstabensymbole und die Massenzahl **A** des Nuklids. Man erhält dann z.B. folgende Bezeichnungen: ^1H (normaler Wasserstoff), ^{12}C, ^{14}C, ^{40}K, ^{238}U usw.

Zur Beschreibung von Kernreaktionen ist eine andere Schreibweise erforderlich. Als Beispiel dafür sei die Bildung von C-14 aus N-14 in der hohen Atmosphäre dargestellt:

$$^{14}_{7}N \ (n,p) \ ^{14}_{6}C$$

Sie besagt: ein Stickstoffkern mit 7 Protonen und 7 Neutronen wird von einem Neutron (n) getroffen. Es entsteht kurzzeitig ein ^{15}N. Dieser Kern sendet spontan ein Proton (p) aus und wandelt sich dadurch in ^{14}C um.

2.2.2 Zerfallsarten

Instabile Kerne können auf verschiedene Weise zerfallen bzw. sich umwandeln. Viele schwere instabile Nuklide (mit großer Massenzahl) zerfallen, indem sie α-Teilchen aussenden. Diese sind nichts anderes als die Kerne des Heliumisotops ^4He. Zusätzlich wird in den meisten Fällen überschüssige Energie in Form von γ-Quanten abgestrahlt. Ein Beispiel für diese Zerfallsart ist die Umwandlung von ^{238}U in Thorium:

$$^{238}_{92}U \rightarrow\ ^{234}_{90}Th + \alpha + \gamma-\text{Quant}$$

Man nennt das zerfallende Nuklid Mutternuklid, das entstehende Nuklid Tochternuklid. Häufig ist dieses auch instabil und zerfällt selbst wieder. So kann sich eine ganze Zerfallsreihe bilden, bis schließlich ein stabiler Kern erreicht wird. Das natürlich vorkommende ^{238}U ist das Mutternuklid einer solchen Reihe. Es wandelt sich in 13 Schritten in das stabile Bleiisotop ^{206}Pb um. Diese Zerfallsreihe bildet die Grundlage vieler Altersbestimmungen. Eine weitere wichtige Zerfallsart ist der β-Zerfall. Er tritt auch bei leichten Kerne auf. Dabei wandelt sich im Kern entweder ein Neutron unter Aussendung eines β⁻-Teilchens in ein Proton oder ein Proton unter Aussendung eines β⁺-Teilchens in ein Neutron um. Das β⁻- Teilchen ist nichts anderes als ein Elektron. Ein Beispiel für den β⁻-Zerfall liefert das Kohlenstoffisotop ^{14}C:

$$^{14}_{6}C \rightarrow\ ^{14}_{7}N + \beta^- + \text{Energie}$$

2.2.3 Das Zerfallsgesetz

Das Zerfallsgesetz hat die Form

$$\frac{dN}{dt} = -\lambda N$$

Die Größe dN/dt = A heißt Aktivität. Sie wird in Becquerel gemessen. 1 Becquerel (Bq) = 1 Zerfall/Sekunde. λ heißt Zerfallskonstante. Sie ist ein Maß für die Geschwindigkeit mit der ein Nuklid zerfällt und ein wichtiges Merkmal zur Charakterisierung eines Radionuklids. Integriert man die obige Gleichung, so erhält man das Zerfallsgesetz in der Form

$$N(t) = N_0\, e^{-\lambda t}$$

Dabei ist N_0 die zur Zeit t = 0 vorhandene Anzahl der Kerne, N(t) die Anzahl zur Zeit t.

Eine anschaulichere Größe als λ zur Beschreibung des zeitlichen Verlaufs des Zerfalls ist die Halbwertszeit (HWZ) $T_{1/2}$. Sie gibt an, wie lange es dauert, bis die Hälfte der ursprünglich vorhandenen Kerne zerfallen ist. Nach zwei HMZ ist dann nur noch 1/4 der Kerne vorhanden usw. Im gleichen Verhältnis nimmt die Aktivität ab. Der Zusammenhang zwischen HWZ und Zerfallskonstante ist gegeben durch

$$T_{1/2} = \frac{0{,}693}{\lambda}$$

Die HWZ von ^{14}C beträgt 5730 Jahre. Im Laufe von 60000 Jahren (ca. 10 HWZ) nimmt die ursprünglich vorhandene Aktivität auf ein Tausendstel ab. Löst man das Zerfallsgesetz nach t auf, so erhält man:

$$t = 1{,}44 \times T_{1/2} \times \ln \frac{N_0}{N(t)}$$

Kennt man also die Werte für N_0 und $N(t)$, so läßt sich bei Kenntnis der HWZ die abgelaufene Zeit berechnen. Die Anfangskonzentration der Muttersubstanz ist jedoch oft nicht bestimmbar. In diesem Fall kann man eine andere Auswertung benutzen, bei der die Konzentrationen des Mutternuklids (Index 1) und des Tochternuklids (Index 2) zum Untersuchungszeitpunkt benötigt werden. Dafür erhält man:

$$t = 1{,}44 \times T_{1/2} \times \ln\left(1 + \frac{N_2(t)}{N_1(t)}\right)$$

Diese Formel bildet die Grundlage für viele Altersbestimmungen. Sie muß für spezielle Anwendungen jedoch noch weiter modifiziert werden.

2.2.4 Künstliche Kernumwandlungen

Beschießt man Atomkerne mit Teilchen geeigneter Energie, so kann es zu Kernreaktionen kommen, bei denen radioaktive Nuklide entstehen können. Als Projektile können Protonen, Neutronen, Deuteronen, α-Teilchen, schwere Ionen und in besonderen Fällen auch energiereiche γ-Quanten benutzt werden. Die Anzahl der während der Bestrahlungszeit t gebildeten radioaktiven Kerne hängt ab von der Anzahl N der bestrahlten Kerne, von der Teilchenstromdichte ϕ der Projektile und vom Wirkungsquerschnitt σ für die betreffende Reaktion. Für die Aktivität der bestrahlten Probe erhält man dann

$$A = \sigma\,\phi\left(N\ 1 - e^{-\lambda t}\right)$$

Kann man die Aktivität einer bestrahlten Probe messen, so läßt sich N und damit die Masse bzw. der Massenanteil des aktivierten Elements berechnen.

2.3 Meßmethoden

Will man den zeitlichen Verlauf des Zerfalls eines Radionuklids verfolgen oder die Aktivität einer bestrahlten Probe bestimmen, muß man die von den zerfallenden Kernen ausgehende Strahlung messen. Im Prinzip arbeiten alle Meßmethoden nach dem gleichen Schema: die Strahlung (Teilchen oder Quanten) wird in einem Detektor absorbiert, mit geeigneten elektronischen Hilfsmitteln in elektrische Spannungsimpulse umgewandelt, die mit einer Zähleinrichtung registriert werden. Gaszählrohre (Proportionalzählrohre, Geiger-Müller-Zählrohre) sind mit einem Gas (Edelgas, Methan, Butan) gefüllt. Jedes eindringende Teilchen oder γ-Quant kann durch Ionisation des Gases einen Spannungsimpuls erzeugen. Gaszählrohre sind vor allem für die Messung von α- und β-Strahlung geeignet. Feste Szintillationszähler benutzen Ionen-Einkristalle (z.B. mit Thallium dotiertes NaJ) als Detektoren. Sie werden zum Nachweis von γ-Strahlung eingesetzt. In diesem Fall ist die Größe des erzeugten Spannungsimpulses proportional zur Energie des absorbierten Quants. Mit der damit möglichen γ-Spektroskopie ist eine sichere Identifizierung der Nuklide möglich. Sollen mehrere Nuklide nebeneinander bestimmt werden, ist ein Halbleiterdetektor (Ge(Li)-Detektor) besser geeignet, da er ein besseres Auflösungsvermögen besitzt. Solche Detektoren werden daher bei der Aktivierungsanalyse benötigt. Bei Flüssig-Szintillationszählern wird der Ionenkristall durch eine Mischung spezieller organischer Verbindungen in flüssiger Phase ersetzt. In dieser Szintillationsflüssigkeit kann die zu untersuchende radioaktive Probe gelöst werden. Dabei erzielt man eine hohe Nachweiswahrscheinlichkeit, vor allem für niederenergetische β-Strahler wie Tritium oder ^{14}C.

Bei einigen Methoden der Altersbestimmung ist es erforderlich, das Mengenverhältnis zweier Nuklide zu bestimmen. Für Korrekturen braucht man bei der Radiokarbonmethode z.B. das Verhältnis $^{12}C/^{13}C$. Dafür benötigt man ein Massenspektrometer. Die (kleine) zu untersuchende Probe wird im Vakuum durch Erhitzen in die Gasphase gebracht und ionisiert. Die erzeugten Ionen werden in einem elektrischen Feld beschleunigt, auf einheitliche Energie gebracht und dann einem starken Magnetfeld ausgesetzt. Dabei werden ihre Flugbahnen je nach Masse mehr oder weniger stark gekrümmt. Nach Verlassen des Magnetfeldes sind die Ionen nach ihrer Masse in getrennten Ionenstrahlen sortiert und können von Kollektoren gesammelt werden.

2.4 Fehler und Statistik

Alle Meßwerte sind mit Fehlern behaftet. Sie nähern sich dem "wahren" Wert nur mehr oder weniger genau an. Man unterscheidet statistische und systematische Fehler. Statistische Fehler treten durch zufällige Einflüsse auf z.B. durch Fehler beim Ablesen eines Meßinstruments oder durch den von Natur aus statistischen Charakter des radioaktiven Zerfalls selbst. Wird die Messung einer Größe mehrfach wiederholt, so schwanken die Meßwerte X_i um den nicht bekannten "wahren" Wert X. Aus diesen Meßwerten läßt sich der Mittelwert $\overline{X}$, das arithmetische Mittel, berechnen.

$$\overline{X} = \frac{1}{n}(X_1 + X_2 + . + . + . + X_n)$$

wenn die Messung n-Mal wiederholt wurde. Ein Maß für die Streuung um den Mittelwert ist die Standardabweichung $\sigma = \sqrt{X}$ Man gibt dann als Ergebnis einer mehrfach wiederholten Messung für die Größe A an

$$A = \overline{X} \pm \sigma$$

Aus mehreren Messungen habe sich der Mittelwert für die Aktivität einer ^{238}U enthaltenden Probe zu A = 5000 Bq ergeben. Man würde dann als Ergebnis

$$A = (5000 \pm 71) \text{ Bq}$$

angeben. Der genaue Wert liegt also zwischen 4929 und 5071 Bq. Allerdings lernt man aus der Statistik, daß die Wahrscheinlichkeit dafür nur 68,3% beträgt. Möchte man eine größere Sicherheit haben, muß man als Vertrauensintervall 2σ wählen, also $X \pm 2\sigma$, In unserem Beispiel: A = (5000±142) Bq. Dann beträgt die Wahrscheinlichkeit, daß der "wahre" Wert innerhalb des Intervalls liegt, 95,4%.
Eine weitere Größe, die zur Beschreibung des Meßfehlers benutzt wird, ist der relative Fehler. Er ist definiert als

$$\frac{\sigma}{\overline{X}} = \frac{1}{\sqrt{X}}$$

und wird als Prozentzahl angegeben. In unserem Beispiel wäre der relative Fehler 1,42%.

Gehen in die Berechnung einer Größe mehrere fehlerbehaftete Meßgrößen ein, so müssen im Endergebnis alle Einzelfehler berücksichtigt werden. Werden z.B. die beiden Größen A und B zu C = A + B addiert

mit $\qquad A = \overline{X} \pm \sigma_X \qquad$ und $\quad B = \overline{Y} \pm \sigma_Y$,

so folgt $\qquad C = (X + Y) \pm \sigma_C$

mit
$$\sigma_C = \sqrt{\sigma_X^2 + \sigma_Y^2}.$$

Bei der Radiokarbonmethode gehen als fehlerbehaftete Größen die Halbwertszeit des ^{14}C und die spezifischen Aktivitäten, d.h. die Aktivitäten pro Gramm Kohlenstoff, der Probe zur Entstehungszeit des Fundstücks und zum jetzigen Zeitpunkt ein. Eine Altersangabe ist daher stets nur mit der zugehörigen Fehlerbreite sinnvoll.

An diesem Beispiel läßt sich auch gut der Einfluß systematischer Fehler erläutern. Systematische Fehler sind nicht zufallsbedingt und lassen sich nicht mit den Mitteln der Statistik beschreiben. Ihr Einfluß führt dazu, daß die Meßwerte nicht um den "wahren" Wert streuen sondern nach einer Seite hin verschoben sind. Solche Fehler können z.B. durch eine ungenau gehende Uhr, die zur Meßzeitbestimmung bei Aktivitätsmessungen benutzt wird, verursacht werden. Bei einer zu langsam gehenden Uhr würde also die Aktivität systematisch zu groß herauskommen.

2.5 Anwendungen der Radioaktivität in der Archäologie

2.5.1 Altersbestimmung (vgl. hierzu Hrouda 1978; Leute 1987; Riederer 1987)

Die Entwicklung der Radiokarbonmethode in den 40er Jahren bot der Archäologie zum erstenmal die Möglichkeit, absolute Datierungen vorzunehmen, die über die Zeitspanne der mit Hilfe der Dendrochronologie (vgl. Kap. 8) bestimmbaren Altersangaben hinausgehen. Heute werden für spezielle Probleme neben der ^{14}C-Methode, die Altersbestimmungen über ca. 50.000 Jahre hinaus nicht oder nur mit sehr komplizierten Zusatzmaßnahmen bei der Aufarbeitung der Proben zuläßt, auch andere Nuklide benutzt z.B. ^{40}K, ^{238}U und seine Folgeprodukte, ^{210}Pb oder auch ^{10}Be, die die bestimmbaren Zeitspannen deutlich erweitern.

Wichtigste Methode bleibt jedoch die Radiokarbonmethode. Für ihrer Anwendbarkeit werden zwei wichtige Voraussetzungen gemacht:

1. die Produktion von ^{14}C aus Stickstoff in der hohen Atmosphäre, wie sie in Abschnitt 2.1 dargestellt wurde, ist im Laufe der Jahrzehntausende konstant gewesen und

2. die Assimilationsrate durch die Pflanzen ist schnell gegen die Halbwertszeit.

Während die zweite Voraussetzung gut erfüllt ist, zeigte sich bald, daß dies für die erste nicht gilt. Sowohl durch den 11-jährigen Sonnenfleckenzyklus als auch die z.T. langfristigen Schwankungen anderer Sonnenaktivitäten wird die Bildung des ^{14}C beeinflußt. Auch die Durchmischung der Atmosphäre und die Einstellung des Gleichgewichts zwischen atmosphärischem und in den Ozeanen gelöstem Kohlendioxid müssen berücksichtigt werden. Ehe dies bekannt war und heute durch entsprechende Korrekturen berücksichtigt werden kann, führte diese Tatsache zu typischen systematischen Fehlern in der Altersbestimmung. Vor allem seit der Mitte des vorigen Jahrhunderts wird das Verhältnis der Kohlenstoffisotope ^{12}C und ^{14}C zusätzlich durch die Verbrennung großer Mengen nicht mehr ^{14}C enthaltender Brennstoffe durch den Menschen stark beeinflußt, ebenso durch oberirdische Kernwaffenversuche.

Für die Altersbestimmung wird die im Abschnitt 2.3 angegebene Formel in etwas anderer Form benutzt. Man ersetzt den natürlichen Logarithmus durch den dekadischen und die Anzahl der Kerne durch die dazu proportionale spezifische Aktivität. Die Formel lautet dann

$$t = 19035 \log \frac{A_0}{A(t)}$$

Man erhält damit das Alter der Probe in Jahren. Im dem Zahlenfaktor 19035 ist die HWZ des ^{14}C enthalten. Der heute akzeptierte Wert ist 5730 ± 40 Jahre. Der relative Fehler bei der Angabe der HWZ beträgt also 0,7%. Für rezenten Kohlenstoff im Gleichgewicht mit der Biosphäre gilt als bester Wert $A_0 = 13,56 \pm 0,07$ Zerfalle pro Minute und Gramm Kohlenstoff. Hierbei ist der relative Fehler also 0,5%. Die Bestimmung von $A(t)$, der spezifischen Aktivität der zu untersuchenden Probe, kann einige Schwierigkeiten bereiten. Eine Probe, die etwa 23.000 Jahre alt ist, das entspricht 4 HWZ des ^{14}C, hat nur noch eine spezifische Aktivität von einem Zerfall pro Minute und Gramm Kohlenstoff. Um sie mit der nötigen Präzision zu messen, bedarf es eines hohen meßtechnischen Aufwands und langer Meßzeiten. Für noch ältere Proben gilt das umso mehr. Der Kohlenstoff der Probe wird in eine gasförmige Verbindung, meist CO_2, CO, CH_4 oder C_2H_2 gebracht, von anderen Gasbestandteilen gereinigt und unter erhöhtem Druck von bis zu 3 bar direkt in ein Proportional- oder Geiger-Müller-Gaszählrohr gebracht. Man benötigt mehrere 100 cm^3. Meßzeiten bis zu mehreren Tagen sind erforderlich.

Da bei der Assimilation durch die Pflanzen $^{12}CO_2$ gegenüber $^{14}CO_2$ etwas bevorzugt eingebaut wird, entspricht das Verhältnis $^{12}C/^{14}C$ in Pflanzen und Tieren nicht ganz dem in der Atmosphäre. Der Unterschied beträgt etwa 3 bis 4%. Auch dafür muß eine Korrektur angebracht werden. Um schließlich die durch die Schwankungen der ^{14}C-Produktion verursachten systematischen Fehler zu berücksichtigen, wird, soweit möglich, eine Eichung an dendrochronologisch oder historisch datierten Proben vorgenommen.

Datierbar nach der ^{14}C-Methode ist praktisch jedes Material, das genügend Kohlenstoff enthält. Dabei muß berücksichtigt werden, daß das Probenmaterial durch die Analyse verloren geht. Die benötigte Kohlenstoffmenge richtet sich u.a. nach der geforderten Meßgenauigkeit. Im allgemeinen genügen etwa 5 g. Das entspricht je nach Zusammensetzung und Verschmutzungsgrad ungefähr folgenden Mengen: Holz oder Holzkohle 25 g, Torf 50–200 g, Elfenbein 50 g, Knochen 300–500 g. Die Vorbehandlung der Proben erfordert große Sorgfalt, da sie mit älterem Kohlenstoff z.B. aus Kalk oder mit jüngerem Kohlenstoff z.B. Wurzelresten kontaminiert sein können. An feiner Holzkohle können größere Mengen an Huminsäuren adsorbiert sein. Diese Verunreinigungen müssen sorgfältig entfernt werden, da sie sonst zu erhebliche Verfälschungen bei der Altersbestimmung führen würden.

Kurz sei noch auf eine andere Radioisotopenuhr hingewiesen, nämlich den Kalium-Argon-Zerfall. Das in der Natur zu 0,012% vorkommende Kaliumisotop ^{40}K zerfällt zu 11% in ^{40}Ar. Seine Halbwertszeit beträgt $1,25 \times 10^9$ Jahre. Diese Methode eignet sich also für die Bestimmung deutlich älterer Proben. Sie wird daher vor allem in der Geologie benutzt, um kaliumhaltige Mineralien und diese enthaltende Schichten zu datieren. Aber auch das Alter vulkanischer Ablagerungen kann damit bestimmt werden. Für die Anthropologie ist die Datierung derartiger Ablagerungen mit Hominidenfunden in Ostafrika wichtig geworden. Bei der Kalium-Argon-Methode wird das durch den Zerfall von ^{40}K entstehender ^{40}Ar aus der Probe durch Zermahlen und Ausheizen im Vakuum entfernt und gesammelt und dann die Menge bestimmt. Dabei muß sichergestellt sein, daß im Laufe der Zeit kein radiogenes ^{40}Ar entwichen ist bzw. die Probe nicht durch atmosphärisches ^{40}Ar kontaminiert wurde.

2.5.2 Materialanalyse durch Aktivierung

Häufig wird die chemische Materialanalyse in der Archäologie dazu benutzt, ein archäologisches Fundstück in bezug auf seine mögliche Herkunft hin zu charakterisieren z.B. Herstellungsorte und -zeiten zu ermitteln oder auch um spätere Fälschungen zu entlarven. Dabei geben neben den Hauptbestandteilen vor allem das Vorkommen von Nebenbestandteilen, häufig in geringsten Mengen im ppm-Bereich und darunter, sowie deren Mengenverhältnisse oft die gewünschte Information.

Die Aktivierungsanalyse bietet für derartige Untersuchungen mehrere Vorteile:

– eine große Anzahl chemischer Elemente kann gleichzeitig qualitativ und quantitativ bestimmt werden

– bei kleinen Objekten z.B. Pfeilspitzen, Münzen oder Tonscherben kann das ganze Stück zerstörungsfrei untersucht werden

– wenn von größeren Objekten Proben genommen werden müssen, reichen wegen der großen Empfindlichkeit der Aktivierungsanalyse meist einige Milligramm aus. Dabei ergibt sich jedoch das Problem der repräsentativen Probennahme, wenn das Stück eine inhomogene Zusammensetzung hat.

Im Abschnitt 2.4 wurde gezeigt, wie Radionuklide durch Bestrahlung stabiler Nuklide erzeugt werden können und welche Größen dabei eine Rolle spielen. Am häufigsten benutzt wird die Aktivierung mit Neutronen (NAA). Dafür ist die Bestrahlung an Kernreaktoren, die Neutronenflüsse bis zu 10^{14} Neutronen pro cm^2 und Sekunde liefern, am wirkungsvollsten. Mit der Kerneaktion

$$^{59}\text{Co (n, } \gamma\text{) } ^{60}\text{Co}$$

wird auch z.B. radioaktives ^{60}Co erzeugt. Beim seinem Zerfall zu ^{60}Ni sendet es zwei γ-Quanten mit Energien von 1,17 MeV und 1,33 MeV aus. Diese γ-Strahlung wird einem NaJ-Szintillationszähler oder besser mit einem Ge(Li)-Detektor registriert und führt im γ-Spektrum zu charakteristischen Linien bei 1,17 und 1,33 MeV. Damit kann Kobalt eindeutig identifiziert werden. Natürlich vorkommendes Kobalt besteht nur aus dem einen stabilen Isotop ^{59}Co (Reinelement). Soll eine quantitative Bestimmung des Kobaltgehalts in der Probe durchgeführt werden, muß eine Standardprobe mit genau bekanntem Kobaltgehalt und mit gleicher geometrischer Form unter identischen Bedingungen bestrahlt werden. Dann kann man aus dem Verhältnis der Intensitäten der Kobaltlinien für Standard und zu untersuchender Probe auf den Kobaltgehalt in der Probe schließen. Dabei ist die Herstellung eines Standards mit sehr kleinen Anteilen im ppm-Bereich oft nicht ganz einfach. ^{60}Co hat eine HWZ von 5,26 Jahren. Die erzeugte Aktivität läßt sich nach der Bestrahlung in Ruhe messen. Anderseits wird selbst nach Bestrahlungszeiten von Tagen oder evtl. Wochen nur ein kleiner Bruchteil der Sättigungsaktivität erreicht.

Anders liegen die Verhältnisse beim Silber. Es hat zwei stabile Isotope, ^{107}Ag mit einer relativen Häufigkeit von 51,83% und ^{109}Ag mit 48,17%. Bei der Bestrahlung mit Neutronen entstehen daraus die Radionuklide ^{108}Ag (HWZ 2,41) und ^{110}Ag (HWZ 24,6 s). Hier wird zwar die Sätigungsaktivität schnell erreicht, die Messung der Aktivität muß aber wegen der kurzen Halbwertszeiten in unmittelbarer Nähe des Bestrahlungsortes erfolgen. Bei der Bestimmung des Silbergehalts einer Probe kann man sich dann auf die Messung der spezifischen Aktivität des ^{108}Ag beschränken, muß aber berücksichtigen, daß das Ausgangsnuklid ^{107}Ag nur zu 51,83% vorkommt.

Viele Elemente haben noch mehr als zwei stabile Isotope, so daß bei der Aktivierung die Verhältnisse sehr kompliziert werden können. Mit welcher Empfindlichkeit ein Element mit der NAA nachgewiesen werden kann, hängt somit davon ab, ob es ein durch Neutronen aktivierbares Isotop (Wirkungsquerschnitt) besitzt, das beim Zerfall gut meßbare Strahlung aussendet und mit nicht zu geringer relativer Häufigkeit vertreten ist. Dazu sollte die Halbwertszeit nicht zu groß sein, damit bei zumutbaren Bestrahlungszeiten genügend Aktivität erzeugt werden kann.

Zum Schluß sei auch hier darauf hingewiesen, daß nur sorgfältig berechnete Fehlerangaben eine begründete Interpretation der Ergebnisse ermöglichen.

Teil B. Analyse Stabiler Isotope

Holger Schutkowski

2.6 Anwendungsbereiche

Das Verhältnis, in dem stabile Isotope bestimmter chemischer Elemente in biogenen Überresten vorliegen, ermöglicht die Analyse und Beschreibung historischer Umweltbedingungen und Lebensweisen. Unter Beachtung der bio-und geochemischen Prozesse, die zu Veränderungen der Isotopenzusammensetzung führen, sind es besonders die Bereiche der Rekonstruktion von Ernährungsgrundlagen, der paläoklimatischen Rekonstruktion, sowie Fragen kulturhistorischer Abläufe wie Migration und Handelsbeziehungen, welche über analytisch-chemische Methoden zugänglich sind und zum Verständnis von Mensch/Umwelt-Beziehungen beitragen können (vgl. z.B. Sandford 1993).

Die besondere Eignung stabiler Isotopenverhältnisse für eine Rekonstruktion der Ernährungsgrundlage menschlicher Bevölkerungen resultiert aus einem systematischen Unterschied zwischen der Isotopenzusammensetzung im Gewebe eines Konsumenten und der Nahrung. Von Interesse sind hier vor allem die stabilen Kohlenstoff- und Stickstoffisotope. Grundsätzlich gilt, daß das Verhältnis von schweren zu leichten Isotopen in den Geweben von Endkonsumenten sich dem Isotopenverhältnis der Primärproduzenten annähert. Das jeweils schwerere Isotop liegt gegenüber dem leichteren nur in sehr geringen Anteilen vor. Dies erklärt sich aus der Tatsache, daß unter physiologischen Bedingungen im Stoffwechsel generell gegen das schwerere Isotop diskriminiert wird. Auf den einzelnen Trophiestufen wird im Verlauf der Nahrungskette das Verhältnis schwerer zu leichter Isotope gewebespezifisch verändert. Es treten Fraktionierungen von Isotopen auf. Wenn nun die Isotopenzusammensetzung von Nahrungsklassen differieren, so kann der Anteil der jeweiligen Isotope in der Nahrung quantifiziert werden, indem der Fraktionierungsfaktor von den Verhältnissen stabiler Isotope im Gewebe des Konsumenten subtrahiert wird. Derartige Rekonstruktionen ermöglichen dann die Erfassung länger andauernder Ernährungsverhältnisse.

Isotopenfraktionierungen sind generell sehr gering (im Promillebereich), und werden daher konventionsgemäß in Form des Isotopenverhältnisses als

Abweichung gegen einen Standard als δ-Wert (z.B. $\delta^{13}C$ für das Verhältnis zwischen den stabilen Isotopen ^{13}C und ^{12}C) angegeben (s. Kap. 2.2).

Für eine Rekonstruktion der Ernährungsgrundlage menschlicher Bevölkerungen aus dem Verhältnis stabiler Isotope in bestimmten Geweben ist die genaue Kenntnis bestimmter Einflußgrößen erforderlich. Hierzu zählen lokale Isotopenzusammensetzungen der jeweiligen Nahrungsressourcen sowie umweltbedingte und physiologische Auswirkungen auf die Größenordnung der Fraktionierungsfaktoren zwischen Nahrung und Gewebe. Werden globale Durchschnittswerte verwandt, kann bei der Abschätzung des Konsums bestimmter Nahrungs- bzw. Ressourcenklassen durch mögliche lokale Abweichungen von den Durchschnittswerten ein erheblicher Fehler auftreten. Bei der Analyse von bodengelagertem Skelettmaterial ist zusätzlich der mögliche Einfluß diagenetischer Veränderungen unter der Liegezeit zu beachten. Sind diese Einflußgrößen in ihren Einzelheiten bekannt, ist neben einer Bestimmung von unterschiedlichen Nahrungsklassen auch eine Umrechnung auf die prozentualen Anteile möglich, in denen die Nahrungsklassen in der Diät vertreten sind (Bumsted 1985; Schoeninger 1988; Ambrose 1993). Darüber hinaus ermöglicht die Analyse stabiler Isotope prinzipiell die Erfassung individualisierbarer Daten.

Möglichkeiten paläoklimatischer Rekonstruktionen aus biogenen Überresten sind über die Bestimmung der Isotopenverhältnisse von Sauerstoff ($^{18}O/^{16}O$) und Wasserstoff (D/H) gegeben. Es besteht eine lineare Beziehung zwischen dem Isotopenverhältnis bestimmter Gewebe eines Konsumenten (Pflanze, Tier) und dem Isotopenverhältnis des über den Stoffwechsel inkorporierten Wassers (Epstein et al. 1976; Gat 1980). Das Isotopenverhältnis des Wasser ist wiederum abhängig von den lokal herrschenden Temperaturen, so daß $\delta^{18}O$- und δD-Werte für paläoklimatische Studien herangezogen werden können (vgl. z.B. Longinelli 1984; Luz et al. 1984).

Unterschiede in lokalen Isotopenverhältnissen sind auch Grundlage von Untersuchungen zu Migrationsbewegungen und Handelsbeziehungen in historischer Zeit. Über $\delta^{87}Sr$- oder $\delta^{208}Pb$-Daten ist so z.B. eine Trennung von indigenen und zugewanderten Individuen in einem gegebenen Habitat oder ein Nachweis für die Verwendung importierter Rohstoffe möglich (Ericson 1985; Dayton u. Dayton 1986). Die besondere Eignung stabiler Sr-Isotope für eine Erfassung historischer Migrationen ergibt sich aus dem Umstand, daß bei der Verstoffwechslung des natürlichen Sr-Angebotes keine Fraktionierung auftritt. Im Hartgewebe gemessene Isotopenverhältnisse spiegeln die Isotopie des jeweiligen Habitates wieder. Unter der Vorraussetzung von lokal unterschiedlichen Sr-Isotopien weicht daher bei Einwanderung in eine bestimmte Region die Isotopensignatur der mobilen Individuen von derjenigen der Zielgruppe ab.

2.7 Methode

2.7.1 Bestimmung der Verhältnisse Stabiler Isotope

Die Verhältnisse, in denen stabile Isotope in biologischen Geweben vorliegen, werden massenspektrometrisch nachgewiesen. Das Prinzip dieser Bestimmung beruht darauf, daß Gasmoleküle unterschiedlicher Massen durch Ablenkung in einem Magnetfeld getrennt werden. Hierzu wird ein Gas, das die zu untersuchenden Elemente enthält, in einem Hochvakuum an eine Ionenquelle geleitet, die einen positiv geladenen Ionenstrahl produziert. Der Ionenstrahl wird gebündelt und durch ein gekrümmtes Magnetfeld geleitet. Dabei werden die leichteren Moleküle im Ionenstrahl stärker abgelenkt als die schwereren. Es resultiert ein Spektrum von Ionenströmen mit unterschiedlichem Masse-/Ladungsverhältnis. Die so erzeugten Ionenströme werden in Kollektoren aufgefangen. Dabei werden Spannungen erzeugt, die proportional den Intensitäten der Ionenströme, also der Menge der jeweils vorhandenen stabilen Isotope sind (für weitere Hinweise zur Funktionsweise des Massenspektrometers vgl. Kap. 4). Die Verhältnisse, in denen die Isotope vorliegen, werden als δ-Werte entsprechend den unterschiedlichen Spannungen berechnet:

$$\delta\,^*X = \left(\frac{^*X/X_{Probe}}{^*X/X_{Standard}} - 1 \right)$$

wobei mit *X jeweils das schwerere Isotop bezeichnet wird. Je positiver der δ-Wert, desto mehr ist das schwerere Isotop in der Probe angereichert. Als Standards dienen: Karbonat aus *Belemnitella americana*, Pee Dee-Formation, South Carolina (PDB-Standard) für $\delta^{13}C$, atmosphärisches N_2 (AIR-Standard) für $\delta^{15}N$, Vienna Standard Mean Ocean Water (V-SMOW) für $\delta^{18}O$- und δD-Bestimmungen. Die Meßgenauigkeit der Bestimmung wird über die Standardabweichung ermittelt. Gewöhnlich gelten Genauigkeiten von weniger als ± 0.1‰ für Kohlenstoffisotope, von weniger als ± 0,4‰ für Stickstoffisotope, und von ± 0.2‰ bzw. ± 0.3‰ für Sauerstoff- und Wasserstoffisotope.

Die nachfolgend angeführten Methoden der Probenvorbereitung und Darstellung werden exemplarisch für C- und N-Isotope beschrieben. Für andere Elemente wird auf die entsprechende Spezialliteratur verwiesen. (z.B. Schimmelmann u. DeNiro 1985). Zur Bestimmung der Verhältnisse, in denen Kohlenstoff- und Stickstoffisotope vorliegen, müssen die Elemente der zu untersuchenden Probe vollständig als reine Gase in Form von CO_2 bzw. N_2 vorliegen. Hierzu wird die Probe in Anwesenheit von Kupferoxid und Silber in einem evakuierten und verschlossenen Quarzröhrchen für 4 Stunden bei 870°C erhitzt. Der organische Kohlenstoff reagiert mit dem Sauerstoff des Kupferoxids zu CO_2, elementare Stickstoffatome verbinden sich bei langsamer Abkühlung zu N_2. Die so entstandenen unterschiedlichen chemischen Fraktionen besitzen voneinander abweichende Gefrierpunkte und können daher durch differentielles Ausfrieren voneinander getrennt werden. Bei modernen Geräten ist die Verbrennung und Gasgewinnung bereits automatisiert und kann direkt mit der Analyse der Isotopenverhältnisse verbunden werden. Es erfolgt hier eine schnelle Verbrennung des organischen Materials bei 2000°C. Anschließend erfolgt eine Trennung der Gase chromatographisch und mit Hilfe von Kühlfallen, um dann direkt in das Massenspektrometer eingespeist zu werden. Zumindest für stabile Kohlenstoffisotope werden gleich gute Ergebnisse wie mit dem herkömmlichen Verfahren erzielt.

2.7.2 Reinigung und Darstellung der Proben

Bevorzugtes Substrat für eine Ernährungsrekonstruktion aus stabilen Isotopen ist das Kollagen. Das Kollagen bodengelagerter Hartsubstanzen kann durch eine Reihe von Fremdsubstanzen kontaminiert sein. Hierzu zählen unter anderem: Lipide, Carbonatphasen im Apatit des Knochens, Carbonate die durch die Liegezeit im Knochen entstanden sind, Kohlenstoff und Stickstoff im anhaftenden Sediment sowie einige organische Materialien, zu denen besonders Pilzhyphen, die Mikroflora und Fauna des Bodens sowie Huminstoffe aus den Böden gehören. Eine Entfernung dieser Kontaminationen gelingt in der Regel befriedigend durch zunächst mechanische und anschließend chemische Aufreinigung. Die mechanische Reinigung schließt die Entfernung spongiöser Knochenbestandteile sowie die Entfernung noch anhaftender kontaminierender Substanzen mit anschließender Reinigung in doppelt destilliertem Wasser im Ultraschall ein. Nach Trocknung bis zur Gewichtskonstanz wird die Probe demineralisiert, um das Kollagen der organischen Knochenfraktion darstellen zu können. Hierzu stehen mehrere Methoden zur Verfügung, deren Anwendung in Abhängigkeit vom Erhaltungszustand der Probe zu qualitativ und mengenmäßig unterschiedlichen Ausbeuten an Kollagen führt (vgl. Tuross et al. 1988).

Als derzeit gängigstes Verfahren wird die Extraktion von Kollagen als Gelatinephase verwandt (Longin 1971, modifiziert nach Schoeninger u. DeNiro 1984). Etwa 250 mg homogenisierter Knochensubstanz werden mit mindestens 10 ml 1 m HCl versetzt und bei Zimmertemperatur für 20 Minuten hydrolisiert. Anschließend wird die Probe bis zu einem möglichst neutralen pH-Wert mit doppelt destilliertem Wasser gewaschen. Zur Entfernung von Huminstoffen wird die Probe mit mindestens 10 ml 0,125 m NaOH versetzt und verbleibt für 20 Stunden bei Zimmertemperatur. Nach anschließendem Waschen in doppelt destilliertem Wasser bis zu einem möglichst neutralen pH-Wert erfolgt eine Inkubation der Probe für 10 Stunden in 0,001 m HCl (pH 3 bei 90°C).

Nicht gelöste Partikel werden abfiltriert, die Lösung bei 50 bis 100°C weitestgehend eingeengt und gefriergetrocknet. Ein möglicher Nachteil dieser ansonsten sehr effektiven Extraktionsmethode besteht darin, daß vor allem bei weniger gut erhaltenen Skelettresten die Gelatinephase mit nichtkollagenen organischen Bestandteilen verunreinigt sein kann.

Für diesen Fall liefert eine Darstellung der HCl-unlöslichen Kollagenfraktion gegebenenfalls besser reproduzierbare Resultate. Es werden Probenstücke von ca. 250 mg Gewicht in 50 ml HCl bei 4°C hydrolisiert, wobei darauf zu achten ist, daß das Gefäß, in dem sich die Probenstücke befinden, wiederholt geschüttelt werden muß. Bei unvollständiger Hydrolyse muß gegebenenfalls die Säure gewechselt werden. Nach 1–3 Tagen ist normalerweise die Extraktion abgeschlossen, die Probe wird nun mehrere Male in doppelt destilliertem Wasser gewaschen und anschließend gefriergetrocknet. Mit diesem Verfahren werden sowohl die Mineralphase als auch mögliche liegezeitbedingte Carbonateinlagerungen effektiv entfernt.

In ähnlicher Weise gelingt auch eine Darstellung der Kollagenfraktion, die in EDTA unlöslich ist. Ebenfalls ca. 250 mg schwere Probenstücke werden in 0,5 m EDTA bei 4°C und einem pH-Wert von 7,2 unter Rühren demineralisiert. Nach ca. 5 Tagen sollte dieser Vorgang abgeschlossen sein. Die Probe wird anschließend reichlich in doppelt destilliertem Wasser gespült, um den im EDTA enthaltenen Kohlenstoff und Stickstoff vollständig zu entfernen und dann gefriergetrocknet.

Als Alternative zu den beschriebenen Verfahren wird auch eine enzymatische Extraktion mit Kollagenase diskutiert (DeNiro u. Weiner 1988).

Bei der massenspektrometrischen Bestimmung der δ-Werte aus den gereinigten Gasen müssen zur Qualitätskontrolle der Messungen Standards mitgeführt werden. Als kostengünstige Lösung empfiehlt sich, z.B. bei der Untersuchung von bodengelagertem Skelettmaterial, einen frischen Tierknochen analog der beschriebenen Probenaufbereitung zu reinigen und zu homogenisieren, um anschließend die erforderlichen Mengen an Kollagen zu extrahieren.

Bei gutem Erhaltungszustand historischer Knochensubstanz beträgt die Ausbeute an Kollagen zwischen 15 und 30 Gewichtsprozent der eingesetzten Knochenmenge. Ausbeuten von weniger als 5% sind in der Regel nicht geeignet für eine Bestimmung von δ^{13}C- bzw. δ^{15}N-Daten.

Die Reinheit des extrahierten Kollagens kann anhand mehrer Kriterien überprüft werden. Einen ersten Anhaltspunkt liefert die Berechnung des C/N-Verhältnisses, für das empirische Werte zwischen 2,9 und 3,6 bei einem Mittelwert von 3,21 gefunden wurden. Eindeutige Hinweise auf eine mögliche Degradation des Kollagens unter der Liegezeit liefert jedoch nur eine Bestimmung der Aminosäurezusammensetzung des gewonnenen Kollagens. Hierzu wird das Kollagen für 20 Stunden in 6 n HCl bei 110–120°C hydrolisiert und anschließend ein Aminosäureprofil erstellt. Als Anhaltspunkt für physiologisch intaktes Kollagen gelten folgende prozentuale Verteilungen bestimmter Aminosäuren: Glycin ca. 33%, Hydroxiprolin ca. 9%, Prolin ca. 13%, Alanin ca. 11%. Hohe Anteile der unter physiologischen Bedingungen gering vertretenen Aminosäuren Serin, Ornithin und Asparaginsäure sind deutliche Hinweise auf Kontaminationen (vgl. Grupe 1992; Ambrose 1993). Da der Erhaltungszustand von Kollagen innerhalb eines Fundplatzes starken Schwankungen unterworfen sein kann, wird empfohlen, für eine Überprüfbarkeit der Ergebnisse folgende Angaben für jede Probe mitzuteilen: Die Kollagenkonzentration des untersuchten Gewebes, die Kohlenstoff- und Stickstoffkonzentration im Kollagen sowie das atomare C/N-Verhältnis (Ambrose 1993).

2.8 Natürliche Variabilität von Verhältnissen Stabiler Isotope

Pflanzen verwerten Kohlenstoff durch Assimilierung des atmosphärischen CO_2, dessen $\delta^{13}C$-Wert bei ca. −7‰ liegt (d.h. es enthält gegenüber dem PDB-Standard 7‰ weniger von dem schwereren Kohlenstoffisotop ^{13}C). Ausgehend vom CO_2 der Luft erfolgt hierbei die stärkste Veränderung des Kohlenstoffisotopverhältnisses. In Abhängigkeit von den unterschiedlichen Photosynthesemechanismen bei Pflanzen kommt es zu verschieden stark ausgeprägten Isotopenfraktionierungen. Man unterscheidet generell sogenannte C_3- von C_4-Pflanzen. Je nachdem, ob die Photosynthese nach dem Calvinzyklus oder dem Hatch-Slack-Zyklus abläuft, werden Moleküle mit drei (C_3-Pflanzen) bzw. vier Kohlenstoffatomen (C_4-Pflanzen) gebildet. C_3-Pflanzen diskriminieren stärker gegen atmosphärisches Kohlendioxyd als C_4-Pflanzen. $\delta^{13}C$-Werte von C_3-Pflanzen sind daher stärker negativ, d.h. sie weisen einen geringeren Anteil des schwereren Kohlenstoffisotops auf. Die Kohlenstofffixierung erfolgt bei C_3-Pflanzen mit einem mittleren Isotopenverhältnis von $\delta^{13}C = -26,5‰$, bei C_4-Pflanzen mit einem mittleren $\delta^{13}C$-Wert von −12,5‰ (Smith 1972). Selbst bei Berücksichtigung der natürlichen Variationsbreite liefern die Isotopenverhältnisse überschneidungsfreie Signaturen für diese Pflanzengruppen (Abb. 2.1).

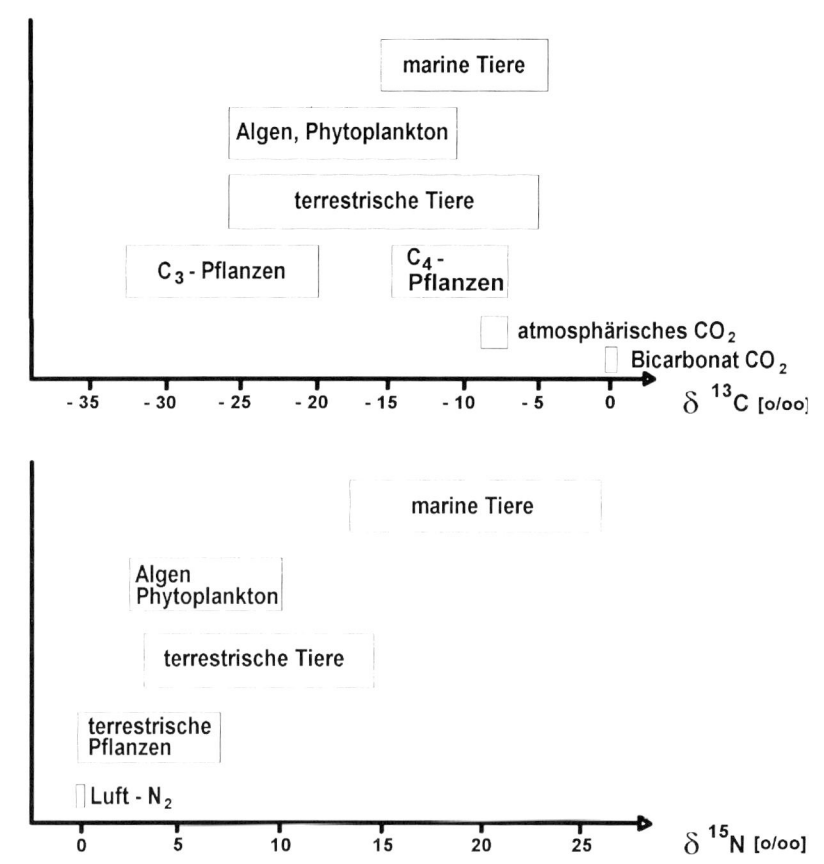

Abb. 2.1. Verhältnisse stabiler Isotope von Kohlenstoff und Stickstoff in terrestrischen und marinen Nahrungsketten

C_3-Pflanzen finden sich typischerweise in den gemäßigten Breiten. Zu ihnen gehören die Mehrzahl der bekannten Nutzpflanzen. C_4-Pflanzen bevorzugen demgegenüber typischerweise heiße, sonnige und trockene Standorte mit hohen Temperaturen und hoher Lichtintensität. Wichtige Vertreter dieser Gruppe sind Sorgum, Hirse, Mais und Zuckerrohr. Wird assimilierter pflanzlicher Kohlenstoff beispielsweise in das Kollagen von Säugern eingebaut, erfolgt eine nochmalige Fraktionierung der Kohlenstoffisotope um ca. +5‰ (van der Merwe 1982). Auf den weiteren Trophiestufen erfolgt dann praktisch keine weitere Fraktionierung. Für menschliche Bevölkerungen mit einer reinen C_3-Diät ergäbe sich folglich ein $\delta^{13}C$-Wert von im Mittel −21‰, bei einer C_4-Pflanzen-Diät ein mittlerer $\delta^{13}C$-Wert von −7‰ (Grupe 1992).

Unterschiede in den Kohlenstoffisotopenverhältnissen bei C_3-Pflanzen können durch eine Reihe von Standortfaktoren wie der Verfügbarkeit von Wasser, der Lichtintensität, der Temperatur, des CO_2-Partialdruckes und des Nährstoffangebotes beeinflußt werden. Die hieraus resultierenden Unterschiede können 3 bis 12‰ betragen. Die Auswirkungen solcher Unterschiede in den Mikrohabitaten auf die $\delta^{13}C$-Werte bestimmter Pflanzengruppen sind bei der Rekonstruktion menschlicher Nahrungsgewohnheiten zu beachten, wenn C_3-Ressourcen konsumiert worden sind (Ambrose 1993).

Erhebliche Unterschiede in den $\delta^{13}C$-Werten finden sich in gestuften Waldbiotopen. Dadurch, daß ein geschlossenes Laubdach eine ausreichende Durchmischung von biogenen und atmosphärischen CO_2 verhindert, erniedrigt sich der $\delta^{13}C$-Wert für atmosphärisches CO_2 in bodennahen Laubschichten. Die Blätter fixieren nun dieses an ^{13}C verarmte Kohlendioxid, was zu niedrigeren $\delta^{13}C$-Werten führt als in höher gelegenen Laubschichten. Es ergibt sich ein Gradient der Kohlenstoffisotopenverhältnisse in den Blättern mit steigendem $\delta^{13}C$-Werten in bodenferneren Arealen (van der Merwe 1982). Dieser sogenannte Canopy-Effekt bewirkt, daß $\delta^{13}C$-Werte von C_3-Pflanzen in geschlossenen feuchten Standorten am geringsten, in wärmer trockenen Standorten dagegen höher sind. Diese Unterschiede schlagen sich auch in der Nahrungskette und auf höheren Trophiestufen nieder.

Im Vergleich zu den C_3-Pflanzen ist die Variabilität der $\delta^{13}C$-Werte von C_4-Pflanzen noch nicht gut verstanden. Pflanzen, die nach dem Hatch-Slack-Zyklus assimilieren, scheinen relativ unempfindlich gegen umweltbedingte Isotopeneffekte zu sein. Darüber hinaus sind Unterschiede in den Deltawerten zwischen Pflanzenteilen und der ganzen Pflanze sehr gering und vernachlässigbar (Ambrose 1993).

In marinen Nahrungsketten kommt der Kohlenstoff aus gelöstem Bikarbonat (HCO_3) mit einem $\delta^{13}C$-Wert von annähernd 0‰. Die Isotopenfraktionierung ist im marinen Habitat generell nicht so stark wie im terrestrischen Biotop. Marine Nahrungsketten weisen daher allgemein höhere $\delta^{13}C$-Werte auf (Abb. 2.1). Menschliche Bevölkerungen, deren Ernährungsgrundlage auf marinen Ressourcen beruht, zeigen $\delta^{13}C$-Signaturen zwischen −12 und −16‰.

Die natürliche Variabilität von Isotopenverhältnissen des Kohlenstoffs können auf zweierlei Art für eine Rekonstruktion menschlicher Ernährungsbedingungen herangezogen werden. In Gegenden, wo der Konsum mariner Nahrungsbestandteile ausgeschlossen werden kann, liefern Unterschiede im Isotopenverhältnis Hinweise auf C_3- bzw. C_4-Pflanzen in der Nahrung. Schwarcz et al. (1985) gelang so, die Einführung von Mais als neuer Kulturpflanze in Nordamerika über einen steigenden Anteil dieser C_4-Pflanze in der konsumierten Diät aus den Skeletten historischer Gruppen Südontarios zu rekonstruieren. In Küstengebieten, wo C_4-Pflanzen selten sind, wird dagegen die Unterscheidung terrestrischer und mariner Nahrungsbestandteile möglich. So konnte Tauber (1981) anhand von $\delta^{13}C$-Werten in menschlichem Knochenkollagen den Ernährungswandel von mariner zu terrestrischer Diät bei meso- und neolithischen Bevölkerungsstichproben in Dänemark zeigen. Allerdings ist generell zu beachten, daß wegen der hohen Variabilität der $\delta^{13}C$-Werte im marinen Biotop und in marinen Nahrungsketten eine solche Unterscheidung nur möglich ist bei sorgfältiger Beachtung der Isotopenzusammensetzungen der lokal verfügbaren Ressourcen, die von den Menschen wahrscheinlich ausgebeutet wurden, d.h. Habitat und Ressourcen müssen bekannt sein.

Auch Fraktionierungen der Isotopenverhältnisse des Stickstoffs in der Nahrungskette liefern Unterscheidungsmöglichkeiten zwischen mariner und terrestrischer Nahrung und zwischen Gruppen terrestrischer Pflanzen. Landpflanzen diskriminieren generell gegen das schwerere Isotop ^{15}N. Die Diskriminierung ist bei Leguminosen gegenüber anderen terrestrischen Pflanzen noch verstärkt. Ihre δ^{15}N-Werte liegen durchschnittlich um 7‰ geringer als die von Nichtleguminosen (DeNiro u. Epstein 1981). Demgegenüber liegen die δ^{15}N-Werte von marinen Pflanzen um ca. 4‰ höher als diejenigen von terrestrischen Pflanzen. Die Differenz in den δ^{15}N-Werten von marinen gegenüber terrestrischen Organismen beträgt ca. 15‰.

Generell bestehen sowohl innerhalb als auch zwischen terrestrischen Habitaten deutliche Unterschiede in den Stickstoffisotopenverhältnissen zwischen Bodenpflanzen und tierlichen Organismen. Die Fixierung von Stickstoff in der Nahrungskette erfolgt hier letztlich aus Nitraten, Ammoniumverbindungen, dem Harnstoff von Tieren und aus Pflanzen mit der Fähigkeit zu einer bakteriell symbiontischen Stickstofffixierung. Unterschiedliche klimatische Bedingungen haben dabei meßbare Auswirkungen auf den Stickstoffgehalt des Bodens: Kühle und feuchte Waldböden zeigen eine erhöhte Stickstofffixierung mit der Folge eines geringeren δ^{15}N-Wertes, trockene und warme Savannenböden zeigen dagegen erhöhte δ^{15}N-Werte. Für eine Interpretation menschlicher und tierlicher δ^{15}N-Werte sind daher als Vergleich Messungen der Stickstoffisotopenverhältnisse aus dem Boden und den Pflanzen der jeweiligen lokalen Standorte nötig.

Im Verlauf der Nahrungskette kommt es auf den einzelnen Trophiestufen zu einer schrittweisen Anreicherung der δ^{15}N-Werte um 3–4‰, sowohl im terrestrischen wie im marinen Biotop. Bei terrestrischen Carnivoren führt dies zu einem mittleren δ^{15}N von > +9‰, während Herbivore ein δ^{15}N von < +5‰ zeigen (Schoeninger 1985). Damit wird prinzipiell die Erfassung unterschiedlicher Standorte von Organismen in der Nahrungskette möglich. Diese Verhältnisse gelten für globale Durchschnittswerte. Es besteht jedoch eine deutliche Variabilität auf den einzelnen Trophiestufen sowohl innerhalb als auch zwischen verschiedenen Habitaten. So zeigen z.B. dursttolerante Herbivore gegenüber obligat trinkenden Organismen im selben Habitat erhöhte δ^{15}N-Werte, da sie in der Lage sind, unter Situationen von Wasserstreß konzentrierten, ^{15}N-reduzierten Urin auszuscheiden. Tiere, die in kühl feuchten Standorten vorkommen, diskriminieren dagegen stärker gegen das schwerere Stickstoffisotop als Tiere aus warm-trockenen Standorten. Das heißt, die Zunahme der δ^{15}N-Werte in der Nahrungskette verläuft nicht konstant, sondern wird entscheidend von klimatischen und physiologischen Faktoren beeinflußt. Der mögliche Einfluß der Ernährung, des Klimas und der Physiologie auf historische Isotopenverhältnisse in Menschen und Tieren ist signifikant. So können

Menschen mit proteinarmer Ernährung und/oder einer normalen Wasserversorgung eine geringere schrittweise Zunahme der $\delta^{15}N$-Werte zeigen als solche Bevölkerungen mit proteinreicher Nahrung in heiß trockenen Habitaten (vgl. Ambrose 1993). Die genaue Kenntnis über das jeweilige Habitat der untersuchten Bevölkerung ist daher unerläßlich.

Ein umfassendes Beispiel für die Aussagemöglichkeiten bei der Rekonstruktion von Ernährungsweisen menschlicher Bevölkerungen und deren Abhängigkeit von den lokalen ökologischen Gegebenheiten und dem Ressourcenangebot hat Ambrose (1986) für ost- und südafrikanische Standorte vorgelegt. $\delta^{13}C$- und $\delta^{15}N$-Werte aus Knochenkollagen ermöglichen hier nicht nur eine Erfassung der Trophiestufe für verschiedene Säugetierarten, ihrer Habitatpräferenz und Anpassungen des Wasserhaushaltes an die jeweiligen Mikrohabitate, sondern erlaubten auch eine Differenzierung von Subsistenzstrategien bei menschlichen Bevölkerungen. So konnte bei Viehzüchtern zwischen Kamelhirten von solchen Gruppen unterschieden werden, die Schafe, Ziegen und Rinder hielten, bei Ackerbauern gelang eine Trennung aufgrund der jeweiligen charakteristischen Anbauprodukte (Getreide vs. andere Feldfrüchte).

Die aus den Möglichkeiten der Habitatdifferenzierung ableitbaren Implikationen für paläoklimatische Rekonstruktionen sind zwischenzeitlich verschiedentlich aufgegriffen worden. Schimmelmann et al. (1986) konnten die diagenetische Stabilität der Isotopenquotienten von C, N, H, und O für Arthropodenchitin experimentell nachweisen und erhielten für bodengelagerte Proben Verhältnisse der stabilen Isotope, die sich in guter Übereinstimmung mit Werten rezenter Proben aus vergleichbaren Mikrohabitaten befanden. Damit ist über eine Rekonstruktion von Paläoumwelten der Rückschluß auf klimatische Verhältnisse möglich. Ähnlich gute Erebnisse liegen für die Zellulosefraktion archäobotanischer Makroreste aus historischen menschlichen Siedlungen vor (Marino u. DeNiro 1987). Unterschiedliche Einflüsse der Nahrungszubereitung beeinflussen dabei nicht die erwarteten in vivo-Verhältnisse der stabilen Isotope. Besonders $\delta^{18}O$- und δD-Werte gelten als klimasensitive Marker bei Pflanzen, so daß von den Autoren paläoklimatische Aussagemöglichkeiten ähnlich denen bei Baumringen (vgl. Kap. 8) formuliert werden.

Die Bestimmung stabiler Isotopenverhältnisse für Zwecke der archäometrischen Material- und Werkstoffanalyse hat erheblich zum Verständnis historischer Herstellungstechniken und Handelsbeziehungen beigetragen (vgl. Riederer 1987; s. auch Kap 2, Teil A). Über die Erfassung von Importwegen bestimmter Rohstoffe hinaus können in Einzelfällen durch einen Vergleich lokaler Isotopenzusammensetzungen auch Migrationsvorgänge zwischen menschlichen Gemeinschaften nachvollzogen werden. δ-Werte stabiler Bleiisotope aus menschlichen Knochen des romano-britischen Gräberfeldes von Poundbury Camp, Dorset (Molleson et al. 1986) zeigten in einem Fall deutliche Abweichungen von den Isotopenverhältnissen lokaler Provenienz. Die auffällige Übereinstimmung mit entsprechenden Werten aus Attica machen hier die Einwanderung eines Individuums von Griechenland nach England wahrscheinlich.

3 Inspektionen der Oberfläche und des Objektinneren

Bernd Herrmann

Die Sichtprüfung, zu der dieses Kapitel Anwendungsbeispiele vorstellt, hat unter allen Untersuchungsverfahren aus naheliegenden Gründen die herausragende Bedeutung. Sie ist eine effektive und günstige Prüfungsmethode, die allerdings durch Auflösungsvermögen und spektrale Empfindlichkeit des menschlichen Auges eingeschränkt ist. Der Einsatz apparativer Hilfsmittel kann dem Auge An- und Einblicke gewähren, die ihm sonst nicht möglich wären. Im einfachsten Fall ist dies die *Verlängerung* des Auges zur Betrachtung unzugänglicher Oberflächen durch das Endoskop (s.u.) und die *Erhöhung der Auflösung* durch Lupe und Mikroskop, zunächst im sichtbaren Spektrum. Das Mikroskop erlaubt als Auflichtmikroskop die Betrachtung von Oberflächen unter höherer Auflösung ohne Beschädigung des Objektes. Da jedoch der Schärfentiefebereich eines Lichtmikroskopes für Gegenstände mit strukturierten Oberflächen oftmals nicht ausreicht, ist diese Anwendung praktisch vom Raster-Elektronenmikroskop übernommen worden.

Als Durchstrahlungsmikroskop gestattet das Lichtmikroskop die Betrachtung der Binnenstrukturen oder des Gefüges eines Körpers auch bei höheren Vergrößerungen. Hierfür müssen aus dem zu untersuchenden Gegenstand lichtdurchlässige Proben, d.h. Schliffe bzw. Schnitte, hergestellt werden. Auf die vielfältigen Möglichkeiten der invasiven wie nicht-invasiven Lichtmikroskopie wird hier nicht eingegangen (vgl. Gerlach 1985).

Die Verlängerung des Auges bei Nutzung des sichtbaren Spektrums erreicht mit dem Endoskop einerseits und Fernerkundungsaufnahmen (gesteuerte Kameras, Luftbild- und Satellitenaufnahmen) andererseits ihre Grenze. Hierbei, wie in der Mikroskopie, liegen die Begrenzungen in der erreichbaren Auflösung bzw. "förderlichen Vergrößerung", die auf technischen Gegebenheiten des Systems ebenso wie auf Korngrößen des Filmmateriales, der Zeilennatur von Videobildern u.ä., sowie vor allem physikalischen Prinzipien (Wellenlänge des Lichtes) beruhen.

Wird anstelle des sichtbaren Spektrums Strahlung anderer Wellenlängen eingesetzt, sind mit entsprechender apparativer Ausstattung weitergehende Informationen über Oberflächen, ggf. sogar auch über die Objekttiefe zu gewinnen. Die materialdurchdringende Eigenschaft von Röntgenstrahlen unten ist von großer praktischer Bedeutung. Hierzu und zur archäometrischen Anwendungen anderer elektromagnetischer Strahlung, wie des Infraroten ($<10^{-5}$ m) und des Ultravioletten ($<10^{-8}$ m) werden Beispiele gegeben. Für den Einsatz anderer Strahlungsarten, z.B. Radarwellen in der Prospektion, wird auf die Literatur verwiesen (z.B. Mommsen 1986; Leute 1987).

Einen besonderen Fall stellt der Einsatz von Elektronenstrahlen zur Bilderzeugung dar. Den Elektronenstrahlen können Materiewellen zugeordnet werden, deren Wellenlängen eine dem Lichtmikroskop gegenüber mehrtausendfache Auflösung zuläßt. Dieses Prinzip wird in der Elektronenmikroskopie eingesetzt und hat auch erhebliche archäometrische Bedeutung (s.u.).

3.1 Anwendungsbeispiel Endoskopie

Für die Beurteilung von Oberflächen in Hohlräumen werden Endoskope eingesetzt. Sie erlauben die Sichtprüfung auch an unzugänglicher Stelle.

Endoskope bestehen im Prinzip aus einer Lichtquelle, einem Lichtleiter (Glasfaser) und einem optischen System, die über ein Bedienteil gesteuert werden (Abb. 3.1). Am Ende des Lichtleiters befindet sich ein Objektiv. Je nach dessen Auslegung sind unterschiedliche Blickrichtungen (direkt, seitlich, retro) und unterschiedliche Bildwinkel (zwischen 10° und 120°) möglich. Die Tiefenschärfe beträgt, abhängig von der Optik, gewöhnlich zwischen 8 und 50 mm. Technisch realisiert sind Tiefenschärfen bis zu 400 mm. Neben Tele- und Weitwinkelobjektiven sind auch Zoom-Optiken erhältlich. Lichtleiter und Objektiv können in einer starren Einheit angeordnet sein, welche den geraden Weg zum Inspektionsort erfordert ("Boreskop"). Flexible Einheiten ("Fiberskop") ermöglichen auch indirekte Wegführungen. Mit dem Bedienteil kann bei den meisten Endoskopen die Abwinkelung des Objektivendes am Lichtleiter vorgenommen werden. Hierdurch ist eine Rundumsicht vor Ort möglich. Das gewonnene Bild wird über den Lichtleiter zum Okular geführt und ist dort entweder direkter, monokularer Beobachtung zugänglich oder es wird über Videotechnik verarbeitet. Über eine Kameraadapter ist auch die Bilddokumentation einfach. Spezielle Endoskope können auch mit UV-Licht betrieben werden.

Endoskope werden eingesetzt u.a. zur Binnenuntersuchung von Mumien. Korrosionsprüfungen an der Berliner Quadriga (Abb. 3.2) oder der Nelson-Säule in London gehören heute ebenso zum selbstverständlichen Anwendungsbereich wie andere denkmalpflegerische Bauwerksinspektionen oder etwa die Prüfung auf Pilzbefall von Captain Scotts Antarktis-Segler "Discovery". Wird der Lichtleiter dabei durch einen Arbeitskanal geführt, lassen sich auch Hilfswerkzeuge z.B. für die Probenentnahme vor Ort einsetzen. Endoskopische Untersuchungen gehören daher in die Kategorie der zerstörungsarmen Untersuchungsmethoden,

Inspektionen der Oberfläche und des Objektinneren 31

da sie einen Zugang in das Objektinnere voraussetzen, der nötigenfalls mit (örtlich begrenzten) invasiven Mitteln hergestellt wird.

Die Beurteilung endoskopischer Bilder bedarf einiger Erfahrung. Zum einen gibt es naturgemäß aus der Alltagserfahrung praktisch kein verfügbares Wissen über die Beschaffenheit von inneren Oberflächen. Zum anderen schränkt auch der Bildausschnitt (Blickrichtung und Bildwinkel) eine spontane Beurteilungsmöglichkeit ein.

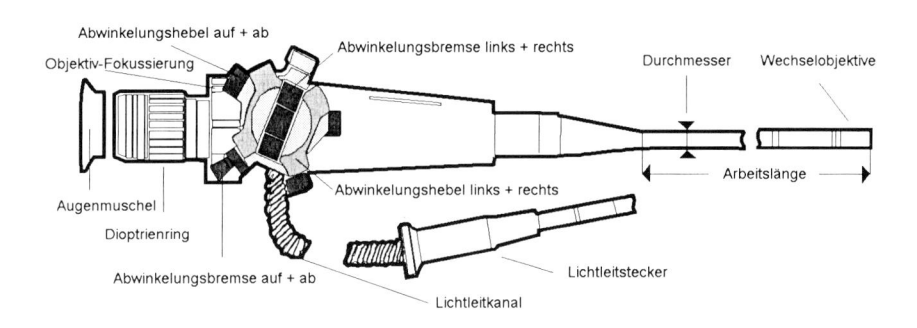

Abb. 3.1. Aufbau eines Endoskopes (Olympus)

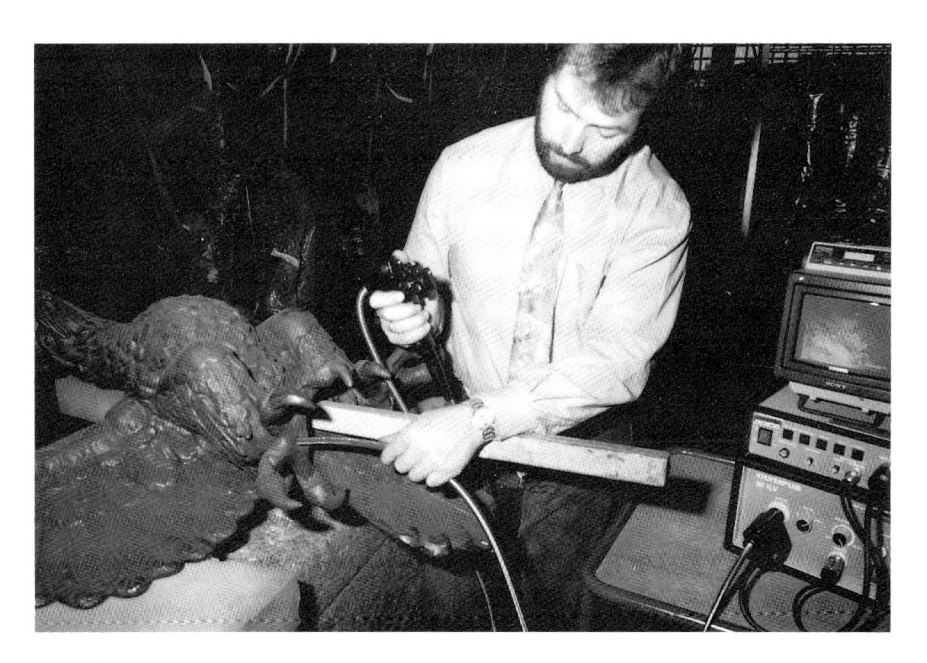

Abb. 3.2. Endoskopische Inspektion des Adlers aus der Quadriga-Figurengruppe auf dem Brandenburger Tor in Berlin. Rechts Monitor und Lichtquelle (Foto: Olympus, Hamburg)

3.2 Anwendungsbeispiel Infrarot Reflektographie, Ultraviolett Fluoreszenz

Zur Untersuchung von Gemälden, Zeichnungen oder Handschriften bzw. Drucken im kunsthistorischen, kodikologischen oder historisch-quellenkundlichen Bereich kann die Infrarot-Reflektographie vorteilhaft sein. Viele Farbstoffe und Zeichenmaterialien haben eine geringe IR-Absorption, so daß es z.B. möglich ist, die Unterzeichnungen unter den Farbschichten eines Gemäldes oder das von einer Staub- bzw. Firnisschicht bedeckte Gemälde selbst zu analysieren (van Asperen de Boer et al. 1992; Abb. 3.3).

3.3a

Abb. 3.3. Beispiel eines mittels IR-Reflektographie erfaßten Binduntergrundes. Bemalung einer Tempelsäule (Hokaji Tempel, Kyoto)
3.3a. Schwarzweißfilm – Aufnahme im sichtbaren Spektrum
3.3b. Aufnahme im Nahen Infrarot
(Foto: S. Miura, National Research Institute of Cultural Properties, Tokyo. Ich danke der Fa. Hamamatsu Photonics, Herrsching, für ihre freundliche Unterstützung)

Genutzt wird hierfür die Strahlung des nahen Infrarot-Bereiches zwischen 700 nm und 2,2 µm. Für die Beobachtungen dienen optisch modifizierte Videokameras, die mit Halbleitern (CCD) oder Röhren (Vidicon) entsprechender spektraler Empfindlichkeit bestückt sind. Demgegenüber decken IR-empfindliche Filme nur geringere Spektralbereiche ab. Zudem macht ihr Einsatz eine Abschirmung sonstiger Wärmestrahlung erforderlich. (Das hier gegebene Anwendungsbeispiel ist nicht identisch mit den aus der Prospektion geläufigen Thermalbildern, die mit 3–5 µm und 8–14 µm erstellt werden).

Diesem Anwendungsbeispiel ähnlich ist eine Untersuchung von Oberflächen mit UV-Licht. Die einheitliche Fluoreszenz eines Materials wird durch nachträgliche Veränderungen beeinflußt. Veränderungen der Schriftstücke, aber auch Retouchen an Werkstoffen bzw. Exponaten sind so vergleichsweise einfach auszumachen. Ein häufiger Anwendungsfall ist die optische "Verstärkung" verblaßter Tinten oder Beschriftungen durch gängige UV-Analyselampen. Ebenfalls von praktischer Bedeutung ist die "IR-Reflexionsspektroskopie", bei der das Reflexionsvermögen (%) von Pigmenten, z.B. Tinten, im Nahen Infrarotbereich registriert wird. Verschiedene Eisengallustinten weisen unterschiedliche Reflexionsspektren auf. Mit Hilfe dieser Reflexionsdiagramme war es z. B. möglich, nachträgliche Eintragungen in den Originalpartituren von Joh. S. Bach zu identifizieren (vgl. Max-Planck-Gesellschaft Spiegel 3, 1987).

3.3 Anwendungsbeispiel Raster-Elektronenmikroskopie

3.3.1 Grundlagen der Raster-Elektronenmikroskopie

Das Raster-Elektronenmikroskop (REM) verbindet die hohen Auflösungseigenschaften der Elektronenmikroskopie mit der Anwendung der Oberflächenabbildung (Abb. 3.4).

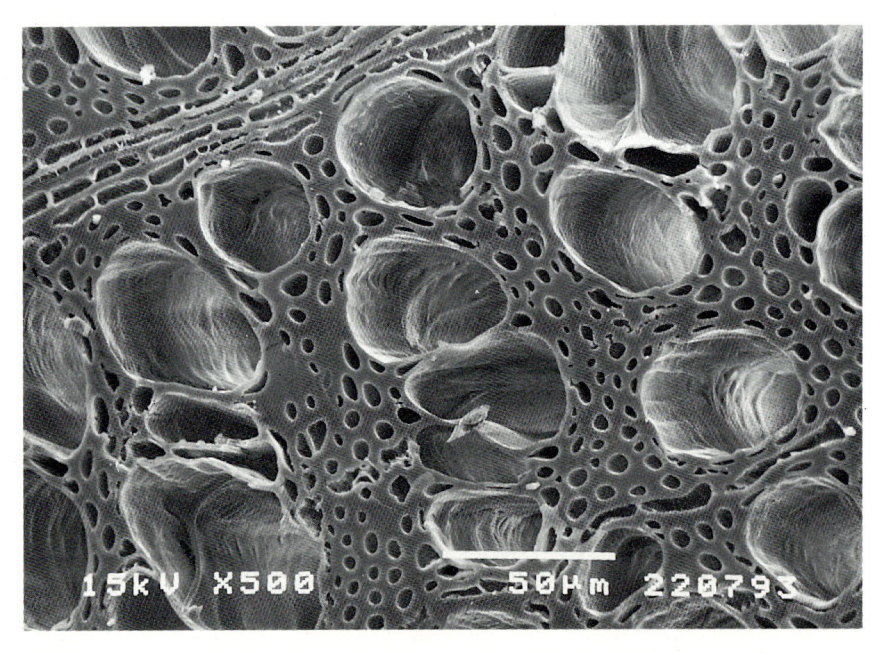

Abb. 3.4. Raster-EM-Bild mittelalterlicher Buchenholzkohle. Typisch ist die große Schärfentiefe

Das Prinzip eines REM (Abb. 3.4) beruht darauf, daß in einem Vakuum ein gebündelter Elektronenstrahl zeilenweise über die Oberfläche einer Probe geführt wird und dabei unterscheidbare elektromagnetische Signale auftreten (Lange u. Blödorn 1981). Auf die Probe treffende Elektronen können ohne Energieverlust "rückgestreut" werden (Rückstreuelektronen, RE) oder in die Probe eindringen, was den Austritt langsamer "Sekundärelektronen"(SE) zur Folge hat. SE treten aus einem oberflächennahen Objektbereich von wenigen Nanometer aus, wobei die Schichtdicke vor allem materialabhängig ist. Die Anzahl der emittierten SE steigt mit zunehmendem Einfallswinkel des Primärstrahles. Sie ist ferner abhängig von der Oberflächenmorphologie, den Materialeigenschaften und der elektrischen Ladung der Probe.

Zur Bilderzeugung werden die beim zeilenweisen "Abrastern" der Probenoberfläche je Oberflächenelement auftretenden Elektronen über einen Detektor nachgewiesen und in ein Videosignal umgewandelt. Das übliche REM Bild ist ein SE-Bild. Durch die Saugspannung am Kollektor des Detektors werden die SE gleichsam "angezogen". Daher sind an der Bilderzeugung auch Elektronen aus solchen Probenarealen beteiligt, die verdeckt zum Detektor liegen. SE-Bilder zeichnen sich auch in tiefliegenden Objektarealen durch hohen Binnenkontrast aus.

Im Gegensatz zu SE bewegen sich die RE wegen ihrer höheren Energie geradlinig und werden von der Saugspannung nicht zu Bahnänderungen veranlaßt. Es tragen damit zunächst nur jene RE zur Bilderzeugung bei, welche vom Objekt direkt den Detektor erreichen. Da RE aus abgeschatteten Objektpartien diesen nicht erreichen und entsprechend nicht zur Bilderzeugung beitragen, erhöhen RE den Abschattungskontrast des Bildes und damit den plastischen Gesamteindruck. Der Bildeindruck (Abb. 3.6) variiert damit je nach Verwendung von SE und RE, für die es jeweils auch eigene Detektoren gibt. Das Rückstreubild ist der Wirklichkeit näher, da das SE-Bild Informationen enthält, die über die Morphologie hinausgehen. Weil SE aus den oberflächennahen Objektschichten austreten, bestimmen deren Eigenschaften den Bildeindruck mit. Elemente höherer Ordnungszahl geben einen helleren Bildeindruck als solche niedriger Ordnungszahl. Mit erhöhter Beschleunigungsspannung nimmt die Objektschicht zu, aus der SE emittiert werden. Eine verbesserte räumliche Strukturauflösung ist die Folge. Es ergibt sich damit ein direkter Zusammenhang zwischen Beschleunigungsspannung und Vergrößerung. Allerdings ist bei höheren Beschleunigungsspannungen die "Durchstrahlung" kleiner Oberflächenstrukturen möglich, insbesondere von Kanten.

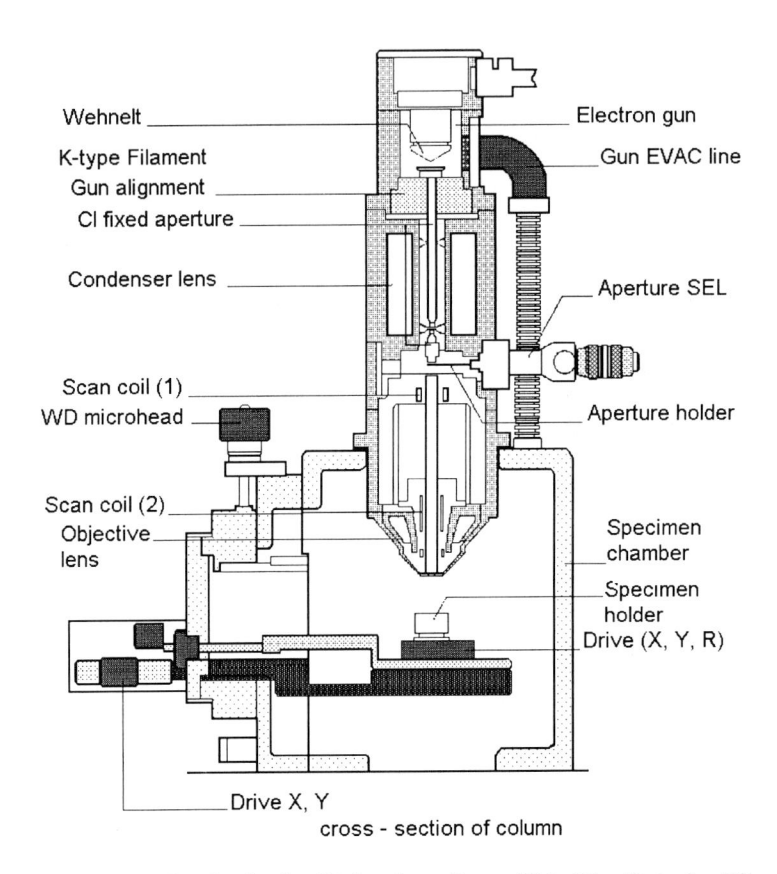

Abb. 3.5. Längsschnitt durch die Säule eines Raster-EM. Die Kathode (Filament) befindet sich in der Elektronen-Kanone. Der Elektronenstrahl tritt durch den Wehnelt-Zylinder aus. Nun wird der Strahl durch zwei Aperturblenden geführt, deren untere in der Größe variabel ist und mechanisch gewechselt werden kann. Neben den Aperturblenden bündelt eine elektromagnetische Linse (Condensor) den Strahl. Zwei Ablenkspulen (Scan coils) führen den Strahl über die Probe ("Abscannen" bzw. "Abrastern" der Probe). Diese befindet sich in der Kammer und kann in 5 Richtungen bewegt werden (x, y, z, Rotation, Kippen). Die Focussierung erfolgt über die elektromagnetische "Objektivlinse". Das gesamte System wird evakuiert. Nicht eingezeichnet ist der Detektor, der in die Kammer hineinragt. Die von der Probe ausgehenden Signale werden vom Detektor registriert, in einem Szintillator in Licht umgewandelt und von einem Photomultiplier verstärkt. Die weitere Verarbeitung als Videosignal bis zur Präsentation auf dem Monitor ermöglicht vielfältige Manipulationen und Darstellungsformen des Bildes (Abb: JEOL)

Abb. 3.6. Vergleich zwischen Sekundärelektronenbild (Abb. 3.6; S. 37) und Rückstreuelektronenbild (Abb. 3.6; S. 37). "Flache" Wirkung des SE-Bildes gegenüber dem hohen Abschattungskonstrast des RE-Bildes. Femurkompakta des Neanderthalers von Le Moustier (Größenangabe in µm)

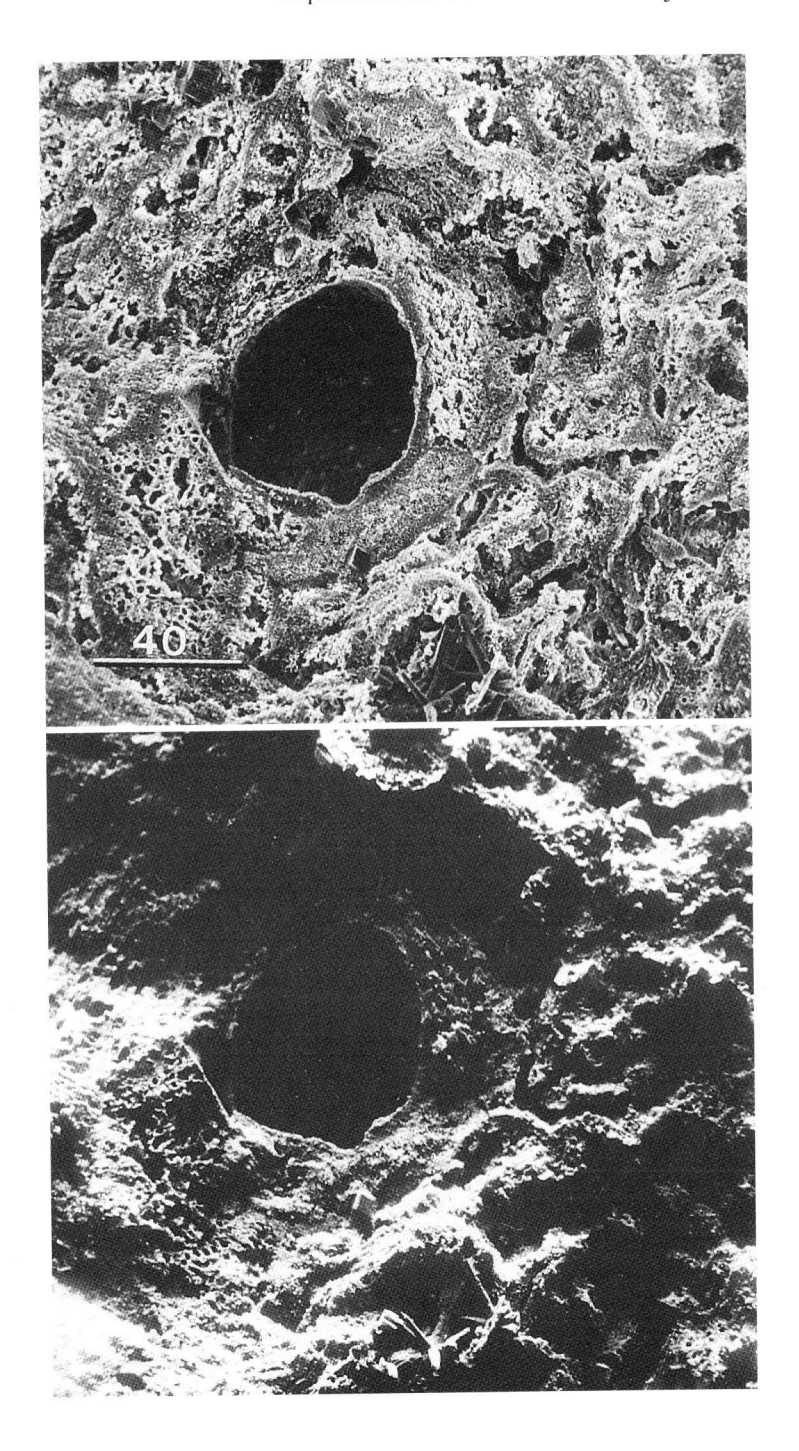

Inspektionen der Oberfläche und des Objektinneren 37

3.3.2 Grundlagen der Abbildbarkeit

Für Untersuchungen im REM muß die gasarme und wasserfreie Probe in der Regel auf einen Objektträger aufgeklebt werden. Gewöhnlich dient hierzu eine kolloidale Silber- oder Graphit-Lösung. Grundsätzlich muß für die Erstellung eines REM-Bildes die Probe elektrische Leitfähigkeit aufweisen. Diese stellt man entweder durch Imprägnierung mit leitenden Materialien (Diffusion von Metalldämpfen) oder durch Bedampfung mit Graphit oder Gold her. Anderenfalls können die in der Probe auftretenden Ströme nicht abfließen und beeinträchtigen als "Aufladungen" die Bildqualität erheblich bzw. machen eine Abbildung unmöglich. Aufladungen, Erwärmung und evtl. die Zerstörung organischer Substanzen in der Probe sind von erheblicher praktischer Bedeutung bei der Bilderzeugung. Besonders das Aufbrechen von Kohlenwasserstoffen mit nachfolgender Gasbildung sollte vermieden werden. Dies gelingt im Problemfall meist durch Reduzieren der Beschleunigungsspannung, d.h. einem verminderten Energieeintrag in die Probe.

Die oben genannte Bedingung einer gasarmen und wasserfreien Probe kann materialbedingt zu Schwierigkeiten führen. Besonders gashaltige Stücke wie Bausteine werden daher vorher durch mäßiges Erwärmen oder Evakuieren in einem Rezipienten teilentgast, um das Vakuumsystem des REM zu entlasten.

Feuchte, z.B. bodenfeuchte Stücke werden ohne Strukturveränderung nach dem "kritischen Punkt"-Verfahren getrocknet. Gegebenenfalls sind auch spezielle moderne Kryotechniken der Elektronenmikroskopie heranzuziehen. Ansonsten reicht einfache Lufttrocknung oder Trocknung in der aufsteigenden Alkoholreihe aus, wie überhaupt im Regelfall die Herstellung von REM-Proben nicht sonderlich aufwendig ist, sofern die Probe Vakuumbeständigkeit zeigt. Sollen jedoch mehrtausendfache Vergrößerungen erreicht werden, ist allerdings größerer präparatorischer Aufwand erforderlich. Für praktische Belange genügen zumeist Vergrößerungen bis zu wenigen Tausend, da mit zunehmender Vergrößerung auch die interpretierbaren Bildanteile abnehmen. Höchste Vergrößerungen werden für die Untersuchung an Makromolekülen oder atomaren Oberflächen in speziellen REMs benötigt (z.B. Feldemissions-REM, Raster-Tunnel-Mikroskop).

Die Verarbeitungsmöglichkeiten des Videosignales bei der Bilderzeugung sind vielfältig. Die Bilddokumentation erfolgt über einen hochauflösenden Videoschirm, von dem das Bild abfotografiert wird, kann aber auch direkt auf ein Videoband aufgezeichnet oder über einen Bildprinter ausgegeben werden.

Die Abbildungen der Oberfläche einer Probe kann um Informationen über den Probenaufbau durch Schnitt- bzw. Bruchpräparate ergänzt werden. Während Schnittpräparate den Vorzug definierter Ebenen bieten, sind Bruchpräparate aufschlußreicher in bezug auf das Gefüge der Probe.

3.3.3 Materialanalyse

Infolge der Wechselwirkung zwischen Elektronenstrahl und Probe kommt es auch zum Auftreten von Röntgenstrahlung. Von besonderer praktischer Bedeutung ist diejenige Röntgenstrahlung, welche durch Herabfallen oder Springen von energiereichen Elektronen von äußeren Elektronenschalen auf energieärmere, innere Schalen freigesetzt wird. Abhängig von der Elementart und Sprungdistanz wird eine "charakteristische Röntgenstrahlung" frei, die ein ausgeprägtes Linienspektrum bildet. Aus diesem Spektrum lassen sich Aufschlüsse über die vorliegende Atomart gewinnen, letztlich also über die materielle Zusammensetzung einer Probe. Hierzu wird die emittierte Strahlung entweder über ein wellenlängendispersives oder ein energiedispersives Spektrometer erfaßt.

Wellenlängendispersive Spektrometer beugen die Röntgenstrahlen an einem Kristallgitter und zerlegen sie nach Wellenlängen. Sie können auch an REMs gekoppelt werden. In ihrer technischen Realisationsform als sog. Mikrosonde erreichen wellenlängendispersive Spektrometer Nachweisempfindlichkeiten bis in den ppm-Bereich (vgl. Kap. 5).

Häufiger sind sogenannte energiedispersive Spektrometer an REMs angeflanscht. In ihnen nimmt ein stickstoffgekühlter Halbleiterdetektor die charakteristische Röntgenstrahlung auf. Das automatisierte Analysensystem ermittelt die Energie der aufgenommenen Strahlung für alle Elemente simultan und stellt diese geordnet dar. Analysierbar ist heute der Bereich zwischen den Elementen 3 (Li) und 92 (U). Die ermittelten Spektren sind für halbquantitative Aussagen verwendbar (Abb. 3.7).

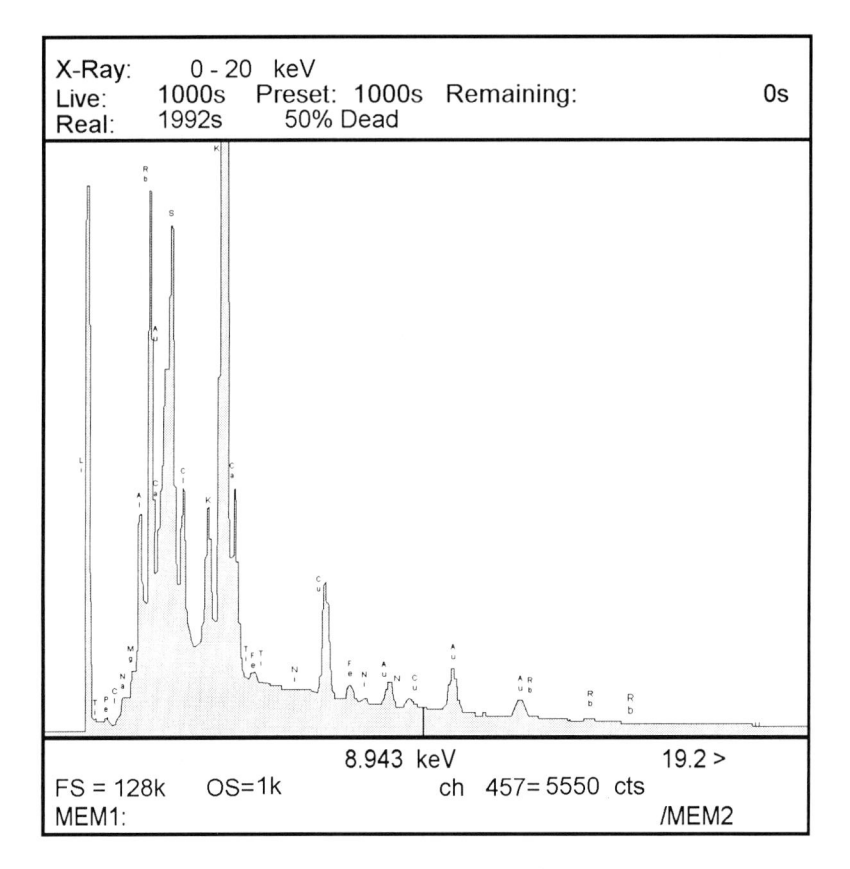

Abb. 3.7. Gesamtemissionsspektrum einer Kartonage einer ägyptischen Mumie. Die roten, grünen, blauen und weißen Felder der Bemalung sind mit Goldrändern gegeneinander abgesetzt. Die Energie der Röntgenstrahlen (keV) wird nach ihren Beträgen geordnet. Die technischen Eigenschaften des REMs und des Detektors bestimmen den jeweils registrierten Spektralbereich eines jeden Elementes. Die Peakhöhe ist daher nur indirekt ein Maß für die Elementkonzentration. Im Spektrum sind hier nachgewiesen: Ca, Au, S, Fe, Cl, Ni, Mg, Cu, Al, Rb, Ag, Al, K. Dargestellt ist der Energiebereich zwischen 0,1 und 19,2 KeV. Im Zählkanal 457 (entsprechend 8.943 keV) sind während der Zählzeit (1992 s) insgesamt 5550 Quanten gezählt worden. An dieser Stelle liegt kein identifizierbarer Spektralanteil, es handelt sich um "Rauschen"

Für derartige Untersuchungen sollen die Proben mit Kohlenstoff (statt mit Metallen) bedampft werden. Erforderlich sind höhere bzw. hohe Beschleunigungsspannungen, die zu Belastungen der Probe führen können.

Neben dem Vorteil der zerstörungsfreien Multielementanalyse bietet die energiedispersive Analyse einen weiteren Anwendungsvorteil durch sogenannte Elementverteilungsbilder. Der Ort der emittierten Strahlung kann im Bild dargestellt und so die elementare Verteilung flächenmäßig bzw. räumlich erfaßt werden (Abb. 3.8).

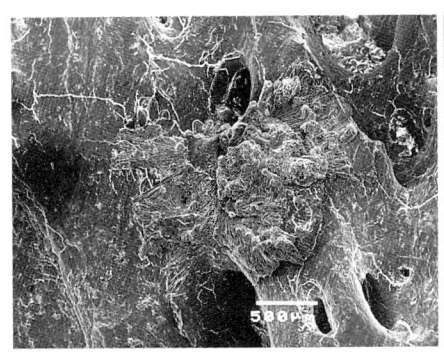

Abb. 3.8. Links: REM-Bild einer Knochenoberfläche mit aufliegendem Kristall. Rechts: Verteilungsbild für das Element Eisen (Fe) bei gleichem Bildausschnitt. (Es handelt sich um Eisenphosphat, Vivianit. Mittelalterlicher menschlicher Knochen aus Bodenlagerung.)

In der Mehrzahl der Fälle müssen die Proben für die REM-Beobachtung vorbereitet werden. Es kann dabei erforderlich sein, die Probengröße auf die Größe der Kammer und des Probentisches abzustimmen, d.h. nur Teile einer Probe zu untersuchen. Standardmäßig können Proben bis mandarinengröße untersucht werden. In Spezialkammern ist sogar die Beobachtung sehr großer Stücke möglich. Je nachdem kann die Raster-Elektronenmikroskopie ein invasives Untersuchungsverfahren sein. Da allerdings die zur Herstellung der Leitfähigkeit aufgedampften Metallschichten entfernt werden können, ist die Beeinträchtigung der Probe häufig unerheblich.

3.4 Anwendungsbeispiel Radiographie

Kaum ein Jahr nach der Entdeckung der Röntgenstrahlen berichtete König (1896) bereits über die Untersuchung von Mumien mit dieser neuen Technik, deren Vorzüge unmittelbar einleuchteten. Für die Inspektion und Untersuchung von Körpern und Gegenständen sind Röntgen-Strahlen seitdem ein unentbehrliches Hilfsmittel geworden, insbesondere weil mit ihnen "Einsichten" gewonnen werden können, die sonst nur durch invasive, objektschädigende Untersuchungsverfahren möglich sind.

3.4.1 Das Röntgenbild

3.4.1.1 Röntgenstrahlen und Abbildungsgeometrie. Röntgenologische Verfahren sind zerstörungsfreie Untersuchungsverfahren. Sie beruhen auf der Tatsache, daß energiereiche elektromagnetische Wellen ($<10^{-10}$ m, "Röntgenstrahlen") Material teilweise zu durchdringen vermögen und dabei zur Bilderzeugung genutzt werden können. Röntgenstrahlen sind ionisierende Strahlen, die in einer Röntgenröhre erzeugt werden. Die Qualität der erzeugten Strahlung ist abhängig von der Röhrenspannung (kV) und dem Röhrenstrom (mA). Bei hoher Röhrenspannung tritt kurzwellige Strahlung mit hoher Energie ("harte Strahlung"), bei niedriger Röhrenspannung längerwellige Strahlung mit geringer Energie ("weiche Strahlung") durch das Strahlenaustrittsfenster der Röhre aus. Das Strahlenbündel geht vom Focus der Röntgenröhre aus und folgt dem geometrischen Strahlensatz (Abb. 3.9). Der "Zentralstrahl" entspricht einer Geraden, die vom Focus durch die Mitte des Strahlenaustrittsfensters verläuft. Wird der Abstand zwischen Focus und abzubildendem Objekt hinreichend groß gewählt (wenigstens 2 m) und liegt das Objekt dem Röntgenfilm auf, kann die Strahlendivergenz vereinfachend vernachlässigt werden (vgl. Abb. 3.9a und 3.9b). Die vom Strahlenbündel eingeschlossenen Flächen folgen dem Abstandsquadratgesetz. Bei Verdoppelung des Abstandes (z.B. des Objektes vom Focus) beträgt demnach die auf das Objekt treffende Strahlenmenge nur noch 1/4 der Menge, die im Abstand 1 auf das Objekt traf (Abb. 3.9c). Wird bei der Abbildung eine schiefe Zentralprojektion gewählt, können räumliche hintereinander gelagerte Objekte überlagerungsfrei dargestellt werden (Abb. 3.9d).

Abb. 3.9 a Vergrößernde Abbildung durch focusnahe Lagerung des Objektes; große Strahlendivergenz

Abb. 3.9 b Annähernd verzeichnungsfreie Abbildung durch filmnahe Lagerung; geringe Strahlendivergenz

Abb. 3.9 c Die Dosis einer Strahlung verringert sich mit dem Quadrat der Entfernung von ihrer Quelle

Abb. 3.9 d Durch schiefe Zentralprojektion können räumlich hintereinander liegende Strukturen nebeneinander abgebildet werden

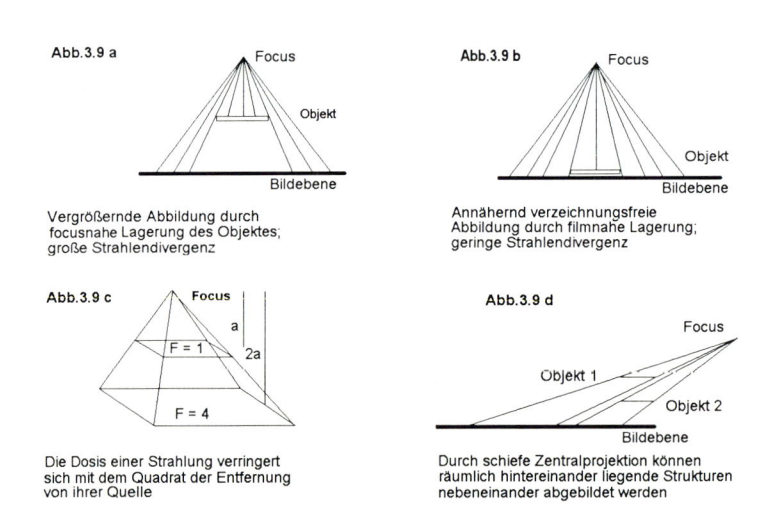

Abb. 3.9. Grundzüge der Abbildungsgeometrie

3.4.1.2 Grundlagen der Abbildbarkeit. Röntgenstrahlen vermögen fotographische Filme zu schwärzen. Sie können Stoffe durchdringen und werden dabei geschwächt. Beide Eigenschaften werden für die Erzeugung radiographischer Abbildungen genutzt. Das Röntgenbild beruht auf der Absorption der Strahlung bzw. auf Absorptionsdifferenzen innerhalb eines durchstrahlten Körpers. (Andere Wechselwirkungen der Strahlung mit Materie bleiben hier unberücksichtigt). Die Absorption der Strahlung ist abhängig von der Dicke des Stoffes, sie ändert sich linear mit der Dichte, sie steigt mit der dritten Potenz der elementaren Ordnungszahl des Stoffes und proportional mit der dritten Potenz der Wellenlänge der verwendeten Röntgenstrahlen.

Die in der Materie erzeugte Dosis (= der von der Strahlung übertragene Energiebetrag pro Masseeinheit) hat für die richtige Belichtung eines Röntgenfilmes als Energiedosis pro Zeit Bedeutung. Über die Änderung der Grundparameter Belichtungszeit (s), Röhrenstrom (A) und Röhrenspannung (kV) lassen sich objektspezifische Dosiswerte erreichen. Während im medizinischen Bereich die Dosisbeträge wegen der schädlichen Wirkung der Röntgenstrahlen so klein wie möglich sein sollen, hat dieser Aspekt für archäometrische Anwendungen keine Bedeutung. In der medizinischen Praxis werden die Röntgenfilme zur Verminderung der Strahlenexposition nicht direkt von der Röntgenstrahlung belichtet. Vielmehr wird der Film in eine Kassette eingebracht, in der sich eine Folie befindet ("Verstärkungsfolie"). Auf die Folie auftreffende Röntgenstrahlen bewirken die Emission von Fluoreszenzlicht im sichtbaren Spektrum aus der Folie. Verstärkungsfolien ersparen Dosis, erhöhen aber die Randunschärfen im Bild wegen der ungerichteten Abstrahlung des Fluoreszenzlichtes. Aufnahmen mit Verstärkungsfolien sind in der Archäometrie entbehrlich. Sie können im Grenzbereich der Leistungsfähigkeit einer Röntgenanlage zusätzliche Reserven bedeuten, da sie helfen, ggf. mehr als 50% der Energiedosis einzusparen.

Für archäometrische Belange sollten grundsätzlich Filme eingesetzt werden, wie sie in der Materialprüfung üblich sind. Diese sind feinzeichnender als gewöhnliche klinische Röntgenfilme. Da Dosisfragen aber kein vorrangiges Problem bei archäometrischen Aufnahmen darstellen, kann der Sachverhalt genutzt werden, daß klinische Röntgenfilme bei direkter Belichtung mit Röntgenstrahlen durchaus hohe Feinzeichnungsqualität aufweisen. Einige einschlägig bewährte Filme sind:

Kodak X-omat MA, NMB*;
Dupont Cronex 4, NDT* und
Fuji Rx.   (* Filme aus der Materialprüfung)

Beim Durchdringen eines Körpers kommt es zur Richtungsänderung der Strahlung ohne Energieverlust. Diese "klassische Streuung" kann für die Mehrzahl der archäometrischen Anwendungen vernachlässigt werden. Bei sehr dichten Körpern, wie Sedimentprofilen oder sedimentgefüllten Behältern (z.B. Urnen) oder stark wasserhaltigen Körpern, kann aber ein erheblicher Streustrahlenanteil auftreten. Hierdurch verschlechtert sich die Bildqualität.

Durch Verwendung eines "Streustrahlenrasters" kann dieser Qualitätsverlust wenigstens teilweise kompensiert werden.

Die Belichtungswerte für den Röntgenfilm sind also objektspezifisch. Darüber hinaus sind film- wie anlagenspezifische Parameter zu berücksichtigen, so daß keine allgemeinen Empfehlungen gegeben werden können. In der Regel finden sich die erforderlichen Belichtungswerte unter Mithilfe eines erfahrenen Radiologen mit wenigen Probeaufnahmen.

Für schwierige Objekte wird man zweckmäßig eine erste Orientierung unter Nutzung einer Röntgenfernsehkette (Röntgenbildverstärker) versuchen, mit der das Objekt im "Fernsehmodus" begutachtet werden kann. Dies hat den Vorzug, daß die Objekte während der Beobachtung bewegt werden können, wodurch sehr schnell Informationen über die Raumlage von Strukturen gewonnen werden können. Zu bedenken ist auch, ob im Anwendungsfall der Einsatz einer Röntgenanlage aus dem Bereich der Materialprüfung, welche in der Regel höhere Leistungen zulassen als medizinische Anlagen, zweckmäßig ist.

3.4.1.3 Das Summationsbild. Das klassische Röntgenbild ist ein "Summationsbild". Es entsteht durch Absorptionsdifferenzen, die innerhalb eines durchstrahlten Objektes auftreten, wodurch der Röntgenfilm differential geschwärzt wird. Alle röntgenschattengebenden Strukturen werden auf einer Ebene abgebildet. Damit ist das Röntgenbild ein projektivisches Bild. Die relativen Größendifferenzen sind unter Berücksichtigung des geometrischen Strahlensatzes zu bewerten (filmferne Partien werden gegenüber filmnahen Partien vergrößert dargestellt, Winkel können verändert projiziert sein; vgl. Abb. 3.9).

Um die relative Lage zweier Strukturen zu beurteilen, sind Summationsbilder in wenigstens zwei Aufnahmeebenen erforderlich. (Abb. 3.10). Bei einander dicht überlagernden Strukturen, z.B. der Untermalung eines Bildes kann dies unmöglich sein; eine Beurteilung erlaubt dann aber in der Regel die äußerliche Inaugenscheinnahme.

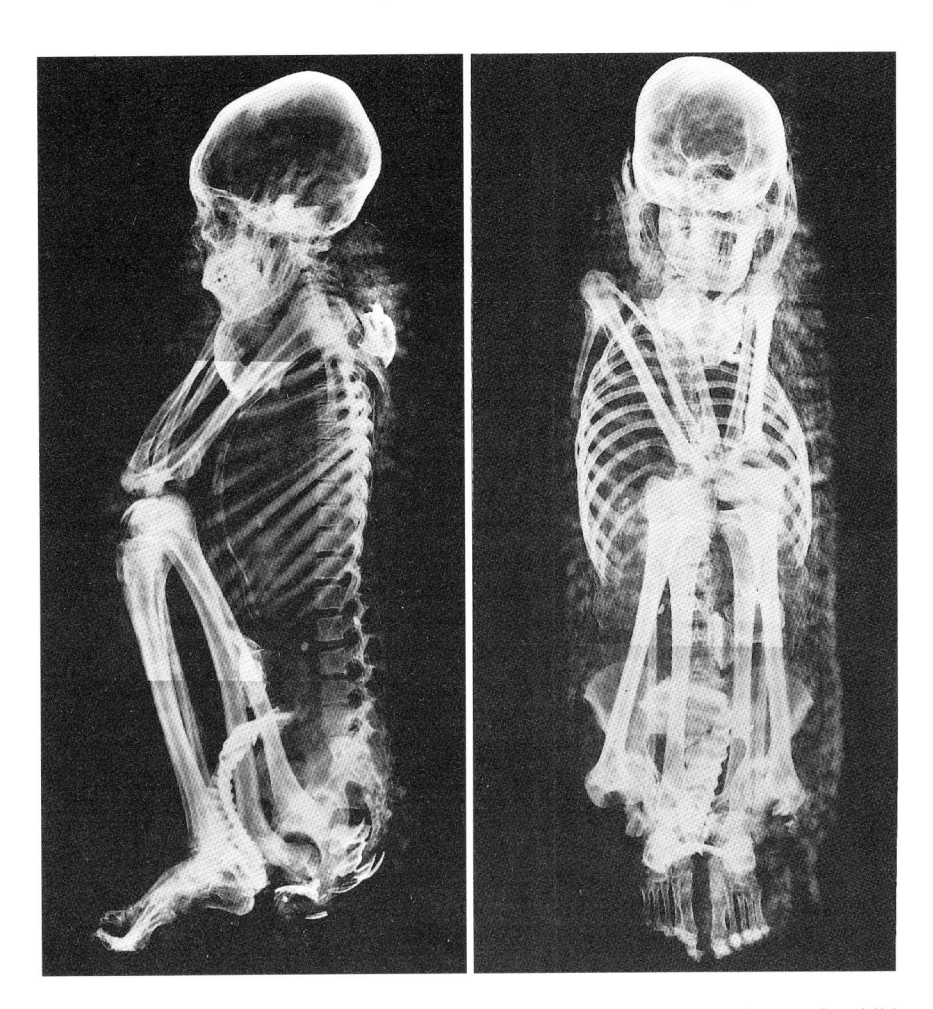

Abb. 3.10. Präkolumbisches südamerikanisches Mumienbündel. Links: Summationsbild bei lateralem Strahlengang. Überformat durch Simultanbelichtung überlappender Filmblätter. Aufnahmeparameter: Film-Focus-Abstand (FFA) 250 cm, Film Cronex 2, Direktbelichtung, 75 kV, Belichtungsautomat, Maschinenentwicklung 5 min. Rechts: Summationsbild bei anterior-posteriorem Strahlengang. Fragmente von Schneckengehäusen vor der Halsgrube, am Nacken und vor dem Becken. (aus: Herrmann u. Meyer (1993), Mumie 41)

Aus einfachen theoretischen Gründen ist das Summationsbild immer etwas größer als das Original. Die Vergrößerung kann durch entsprechende Lagerung des Objektes im Strahlengang erhöht werden (vgl. Abb. 3.9a). Überformatige Aufnahmen sind unter Verwendung einzelner, überlappender Filmblätter leicht zu erstellen (vgl. Abb. 3.10). Ist das Objekt größer als das von der Röhre ausgeleuchtete Feld, ist die Aufnahme in mehreren Einzelbelichtungen vorzunehmen. Hierzu muß die Röhre verschoben werden, wobei es zwangsläufig zu projektivischen Verzeichnungen der Bildanschlüsse kommt. Damit passen die Bildteile nicht mehr problemlos aneinander.

Kleine Objekte sind zweckmäßig bei reduziertem Film-Focus-Abstand abzubilden. Bei geringerer Objektgröße kann die Körnigkeit des Filmes für die Abbildungsqualität nachteilig sein. Kleine Objekte lassen sich mit hoher Punktauflösung durch die Mikroradiographie darstellen (Abb. 8.6). Hierzu wird das Präparat auf einen hochauflösenden Film (z.B. Kodak, High Resolution Plates; Auflösung: >2000 Linien pro mm). Die Aufnahmen können nur mit besonderen Mikroradiographie-Anlagen erstellt werden. Das Filmmaterial ist wegen hoher Empfindlichkeit umständlicher in der Handhabung und benötigt eine Spezialentwicklung. Eine mikroskopische Nachvergrößerung bis ca. 80fach ist möglich.

Einen technisch anderen Weg geht die direkt vergrößernde Röntgentechnik (**DI**rekt **MA**gnifikation), bei der das Objekt mit einer Spezialröhre vielfach vergrößert auf dem Film abgebildet wird (Ely 1980; Abb. 3.11). Wichtigste technische Voraussetzung für die hochauflösende DIMA ist eine Focusgröße <100 µm, während man Vergrößerungen mittlerer Auflösung auch mit konventioneller Röhrentechnik (Focus 0,1–0,3 mm) erreichen kann (vgl. Prinzip in Abb. 3.9a). Durch den Auflösungsgewinn der DIMA erübrigt sich die Verwendung hochauflösender und dosiszehrender Filme.

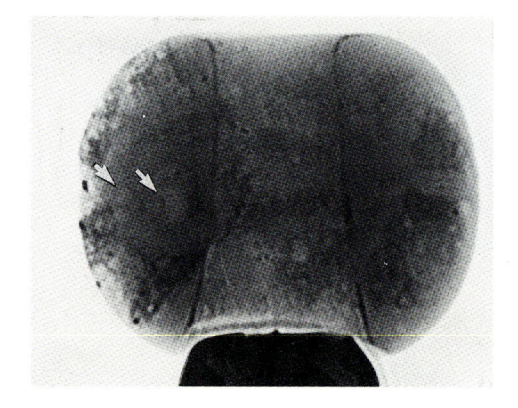

Abb. 3.11. Abbildung einer mittelalterlichen blauen Millefiori-Perle, Durchmesser 8 mm, mit zwei sternförmigen roten Blütenmotiven auf kreisförmig hellfarbenem Grund. Verarbeitet wurden drei Glassorten. Abbildung in DIMA-Technik. Das verwendete Röntgensystem (Feinfocus FXS–100.20) arbeitet mit einer bis zu 68fachen geometrischen Vergrößerung. Die punktförmige Röntgenquelle hat eine Auflösung von < 5 µm. 9fache Direktvergrößerung, 60 kV, 0.1 mA. Abbildung mit digitalem Bildaufarbeitungssystem. Das Blütenmotiv ist auf der rechten Perlenhälfte sichtbar, links neben dem Perlenkanal Gasblasen (Pfeile) und dichtere Partikel . (Aufnahme: G. Fredow, N. Lange, Feinfocus GmbH, Garbsen)

3.4.1.4 Die Schichtaufnahme oder Tomographie. Im Summationsbild werden im Strahlengang hintereinanderliegende Objektstrukturen ineinander projiziert. Mit der schiefen Zentralprojektion (Abb. 3.9d) ist zwar deren Abbildung nebeneinander möglich, allerdings mit erheblichen Detailverzerrungen. Die Schichtaufnahmetechnik ermöglicht dagegen die verzeichnungsfreie Darstellung von Teilen aus wählbarer Objekttiefe. Ein derartiges "Schnittbild" wird in konventioneller Röntgentechnik dadurch erstellt, daß während der Aufnahme der Strahler und der Film gegensinnig bewegt werden. Hierdurch werden alle oberhalb und unterhalb der dazustellenden Ebene liegenden Strukturen relativ zum Film bewegt. Nur die Strukturelemente der interessierenden Bildebene verharren in relativer konstanter Raumlage, so daß allein sie scharf abgebildet werden. Andere Strukturen erscheinen wegen ihrer relativen Bewegung verwischt, weshalb diese Abbildungstechnik heute kaum noch eingesetzt wird.

Verwischungsfreie Schichtaufnahmen sind dagegen mit einem Computer-Tomographen (CT) möglich. Das Objekt wird hierfür durch einen Scanner bewegt, in dem sich ein Röntgenstrahler auf einer Kreisbahn um das Objekt bewegt. Sein "Strahlenfächer" durchdringt dabei aus ständig wechselnden Positionen das Objekt. Eine Vielzahl von Detektoren mißt die aus dem Objekt austretende Strahlung. Die Röntgendetektoren ermitteln auf diese Weise letztlich die Absorptionswerte eines jeden Volumenelementes (Voxel). In einem Computer werden diese Absorptionswerte als Grauwerte von Bildpunkten (Pixel) zu einem Monitorbild zusammengesetzt (Abb. 3.12). Das Monitorbild kann auf vielfältige Weise computergestützt verarbeitet werden und so weiteren Informationsgewinn erbringen.

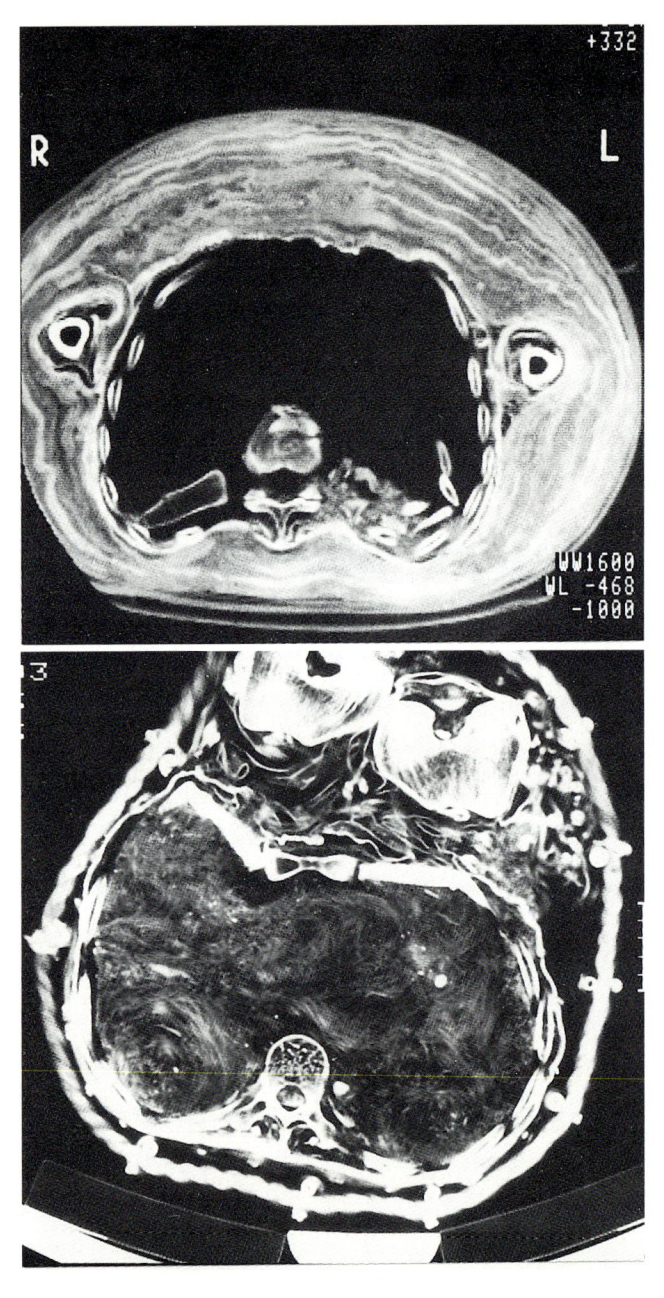

Abb. 3.12. Computer-Tomographie. Querschnitte durch zwei Mumienbündel, etwa in Thoraxmitte. Oben: ägyptische Mumie mit zahlreichen Bandagenumwicklungen. Thorax völlig entleert. Seitlich vom Thorax Oberarme. Rechte untere Bildecke: Kenndaten der Bildschirmdarstellung. Unten: südamerikanische Mumie mit angehockten Beinen, Thorax mit Pflanzenfasern ausgestopft (Objekt aus Abb. 3.10)

Inspektionen der Oberfläche und des Objektinneren   49

Die Schichtdicke kann von wenigen mm bis zu mehreren cm betragen. Konstruktionsbedingt lassen sich im CT zunächst nur Schichten einer Ebene darstellen. Rechnergestützt ist es heute möglich, auch andere Schichtverläufe darzustellen (Abb. 3.13). Spezielle Software ermöglicht die selektive Unterdrückung oder Verstärkung gleicher Grauwertsignale, so daß selektive Darstellungen von Objektdetails, z.B. nur des Skelettes einer Mumie, möglich sind, während andere Objektdetails in der Bildschirmdarstellung ausgeblendet werden. Die ausgewählten Details können auch als 3D-Rekonstruktionen einschließlich wechselnder Beobachterperspektiven dargestellt werden.

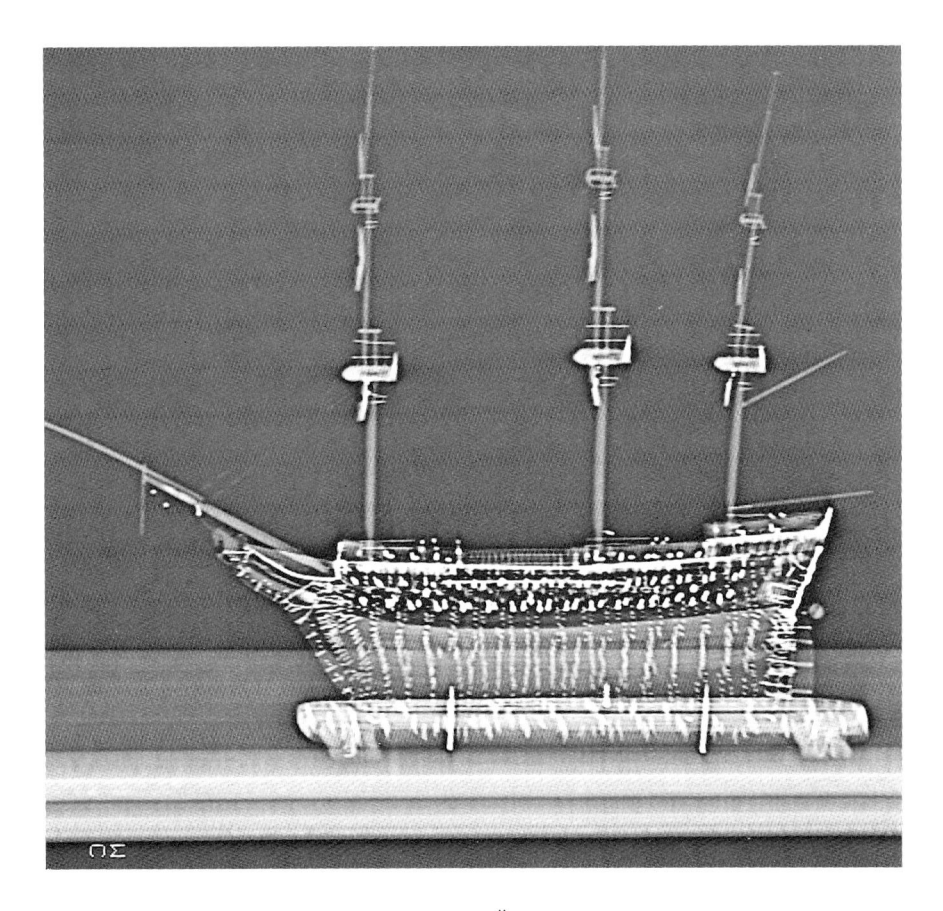

Abb. 3.13a. Computertomographen können Übersichtsaufnahmen errechnen, die den klassischen Summationsbildern entsprechen. Abb. 3.13a. Übersichtsaufnahme (sog. Tomogramm) eines "Knochenschiffmodells", französisch, um 1780. Länge 50 cm, Breite 8 cm (Germanisches Nationalmuseum Nürnberg)

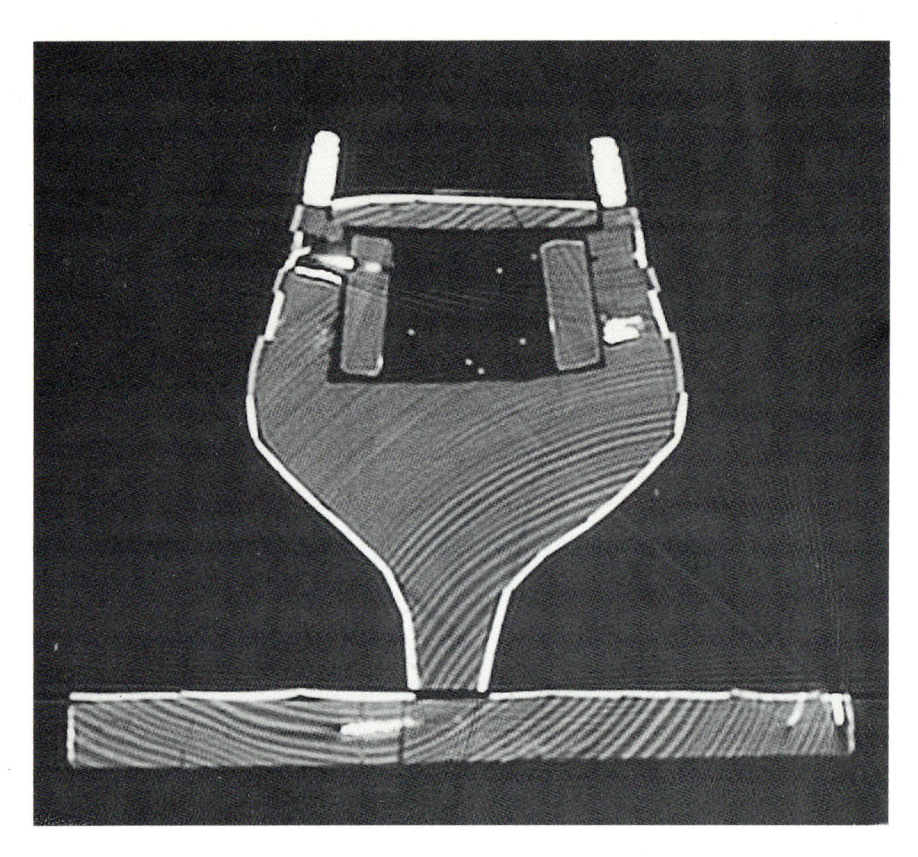

Abb. 3.13b. Die Querschnittaufnahme durch den Rumpf zeigt, daß auf einem Holzkern Plättchen aus Knochen befestigt wurden. Der Hohlraum dient der Aufnahme versenkbarer Kanonen. Die Jahrringe des verwendeten Holzes werden durch die hohen Auflösungseigenschaften des Systems sehr detailliert erfaßt (Aufnahme: Siemens AG, Bereich Medizinische Technik, Erlangen, mit Computertomograph SOMATOM Plus-S und HiQ-S. Für die Unterstützung danke ich Herrn Dr. Peter Bertsch und seinen Mitarbeitern)

Die Computer-Tomographie ist die Methode der Wahl für Untersuchungen von Hohlkörpern aller Art einschließlich verpackter Gegenstände (Abb. 3.12, 3.14). Ihre Auflösung ist hervorragend. Da auch mit hohen Röhrenspannungen gearbeitet werden kann, lassen sich auch von absorptionsstarken Objekten feinzeichnende Abbildungen anfertigen (Abb. 3.14).

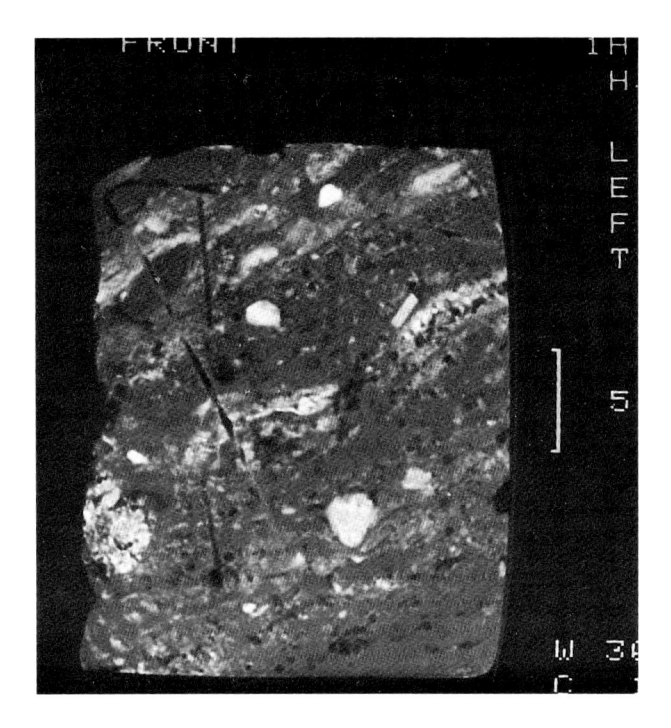

Inspektionen der Oberfläche und des Objektinneren 51

Abb. 3.14. CT-Schnitt durch einen Sedimentblock einer spätmittelalterlichen Kloake (Göttingen, Johannisstr. 28) Schichtdicke 8 mm, 125 kV, 0.45 As. Erkennbar sind zahlreiche Sedimentschichten und röntgendichte Einschlüsse (Steine, Scherben) und zahlreiche kleine Hohlräume. Die "Röhren" in der linken Bildhälfte sind durch Fundnadeln verursachte Artefakte. (Aufnahme: H.-J. Körber, Maßstab: 5 cm)

Da die Daten für die Bilderzeugung auf Datenträger abgespeichert werden können, ist eine spätere Auswertung der Aufnahmen, selbst unter neuen Fragestellungen, jederzeit wieder möglich.

3.4.2 Röntgenähnliche Abbildungsverfahren

In der Medizin ist der diagnostische Fortschritt in den Bereichen Kernspintomographie und Sonographie gegenwärtig besonders bemerkenswert. Beide Verfahren haben zumindest auch theoretische Bedeutung für die Archäometrie. Völlig ungeeignet ist hingegen die Positronen-Emissions-Tomographie (PET), die nur am Lebenden möglich ist.

Kernspintomographie. Bei der Kernspintomographie werden keine Röntgenstrahlen zur Bilderzeugung eingesetzt. In die Proben wird in einem starken äußeren Magnetfeld ein Hochfrequenzsignal eingestrahlt. Hierdurch werden die Rotationsachsen der Atomkerne aus dem Magnetfeld herausgedreht. Nach

Unterbrechung des Hochfrequenzsignales stellen sich die Kerne allmählich wieder in Richtung des Magnetfeldes ein, wobei sie ein Hochfrequenzsignal abgeben, aus dem rechnergestützt eine Abbildung erzeugt werden kann. Überwiegend werden Abbildungen gegenwärtig über die Darstellung der Dichteverteilung und der Bindungsverhältnisse von Wasserstoffatomen in den Körpern erzeugt. Der geringe Wassergehalt praktisch aller archäometrisch zu untersuchenden Proben schließt diese Bilderzeugung nahezu aus. Versuche mit rehydrierten mumifizierten Körperteilen erbrachten keine ermutigenden Resultate (Abb. 3.15).

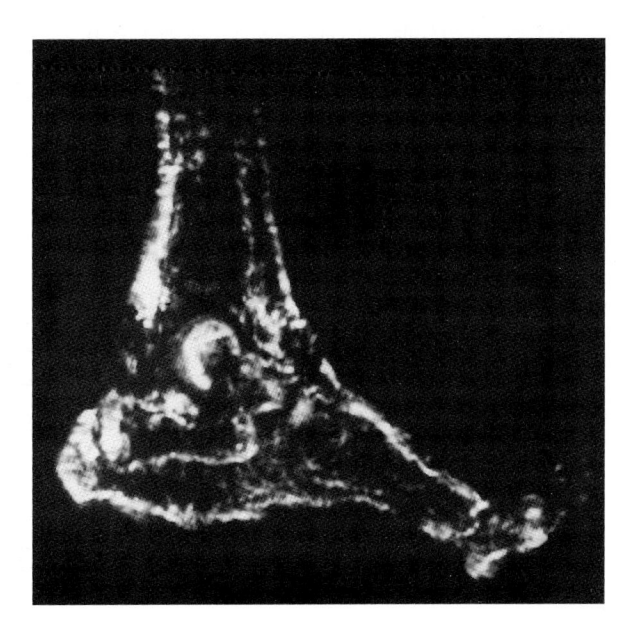

Abb. 3.15. 100 MHz (2.3 Tesla) Protonenbild eines Mumienfußes (Kleinkind, präkolumbisches Peru) nach Rehydrierung mit grundsätzlich unbefriedigendem Resultat. (aus: Herrmann, in Knußmann (1988) Handbuch der Anthropologie, Bd 1,1,S 697)

Sonographie. Auch Schallwellen (1–15 MHz) können zur Bilderzeugung genutzt werden. Voraussetzung ist eine kontinuierliche Verteilung von Materie im untersuchten Körper. Luftgefüllte Hohlräume oder Strukturen mit hoher Schallabsorption verursachen Unterbrechungen des Schallaufes bzw. "Schallschatten". Anwendungen an trockenen Sammlungsobjekten sind damit praktisch ausgeschlossen.

4 Gaschromatographie und Massenspektrometrie

Jens Rameckers

4.1 Die Untersuchung organischer Bestandteile in archäologischen Objekten

In vielen Fällen unterstützt die chemisch-analytische Materialanalyse die Beschreibung alter Gegenstände durch ihren Beitrag zu deren historischer Einordnung. Mit Hilfe analytischer Daten lassen sich oft Aussagen über Herkunft, Zusammensetzung und Herstellungstechniken archäologischer Funde treffen. Darüber hinaus ist durch die Differenzierung einzelner Bestandteile, wie beispielsweise der Bindemittel und Pigmente in Farben von Gemälden (Kühn 1983), die Möglichkeit gegeben Echtheit bzw. Fälschung u.a. kunsthistorisch bedeutender Objekte zu bestimmen.

Im Gegensatz zu zahlreichen Untersuchungen anorganischer Bestandteile eines Fundes ist seinen organischen Komponenten bisher weniger Bedeutung beigemessen worden. Ein Grund dafür ist die hohe Reaktivität organischer Verbindungen. Dies hat zur Folge, daß die Bestandteile eines Fundes bis hin zu seiner Entdeckung und Bearbeitung unterschiedlich starken strukturellen Veränderungen, bedingt durch physikalische, chemische und biogene Einflüsse, unterliegen können. Aus diesem Grund eignen sich nur sehr wenige, besonders stabile organische Substanzen, wie Lipide und einige Proteine, oder besonders konservierte Stoffe als Material für eine chemische Analyse. Die Bestimmung des Succinatgehaltes von Bernstein z.B. diente lange Zeit nur der Identifizierung seiner Herkunft und Verbreitung (Lebez 1968).

Für eine weitreichendere Interpretation dieser Analyseergebnisse stellt sich aber auch die Frage nach Art und Wirkungsweise liegezeitbedingter Einflüsse und allgemein dem damit möglicherweise verbundenen teilweisen oder vollständigen Abbau organischer Verbindungen (Rottländer 1985a). Besondere Bedeutung haben unter diesem Aspekt gewonnene Erkenntnisse z.B. für den Vergleich der Lebensweisen von historischen und rezenten Bevölkerungen. Die Untersuchung eines auf 1000 v. Chr. datierten Abfallhaufens der Thule Eskimos unter Berücksichtigung der charakteristischen Veränderungen des organischen Materials bis zu seiner Bearbeitung, führte z.B. zu der Erkenntnis, daß andere

Tierarten als bisher angenommen für die damals lebenden Menschen von existentieller Bedeutung waren (Morgan et al. 1984).

Neben der Rekonstruktion anthropogener Bearbeitungstechniken von biologischen Werkstoffen pflanzlichen und tierischen Ursprungs bietet die Analyse ihrer organischen Substanzen eine Möglichkeit die Werkstoffe zu identifizieren. So gelang es z.B. durch die Analyse der Fettsäurekomponenten einiger Knochenfragmente und des sie umgebenden Sediments aus der Höhle von Tautavel, die 230000–500000 Jahre alten Reste eines Pferdes zu identifizieren (Lumley 1979).

Auch die Inhalte alter Gefäße lassen sich gelegentlich noch nach vielen hundert Jahren bestimmen, wie Untersuchungen an Amphoren des Mittelmeerraumes zeigen konnten (Condamin et al. 1976). Die chemische Analyse hilft hier unter anderem bei der Erkennung einzelner Inhaltsstoffe und deren Verarbeitung, z.B. von Kosmetika aus einem römerzeitlichen Parfumflakon (Jáky et al. 1964) oder von Nahrungsresten an Keramikscherben (Patrick et al. 1983; Rottländer 1985b).

Besondere Bedeutung kommt dem Fundmaterial menschlichen Ursprungs zu. Bei den Überresten von Menschen handelt es sich in der Regel um jene Strukturen des Körpers, die von Natur aus sehr beständig sind (Knochen und Zähne). Nur in selteneren Fällen bleiben darüber hinaus durch intendierte oder zufällige Konservierung (Mumien, Moorleichen, Gletscherleichen) Weichgewebereste erhalten, die eine Erweiterung des Untersuchungsmaterials darstellen. An den so erhaltenen Resten des Gehirns einer 3000 Jahre alten Mumie konnten beispielsweise noch aktive Spuren eines Enzyms nachgewiesen werden (Weser et al. 1989). Neben den im menschlichen Organismus natürlich vorkommenden organischen Stoffen (Lipide, Proteine, Säuren, Hormone, etc.) könnten die Entdeckung und der bestätigte Nachweis von toxischen Rückständen, wie bestimmter Alkaloide, u.a. Rückschlüsse auf den Konsum bestimmter Drogen zulassen (Balabanova et al. 1992).

Bereits zum Zeitpunkt der Bergung eines archäologischen Fundes muß darauf geachtet werden, daß die dabei angewendeten Techniken und Verfahren nicht eine spätere Analyse im Labor beeinträchtigen. Soll z.B. eine Fettsäureanalyse durchgeführt werden, müssen zwei mögliche Arten von Kontaminationen berücksichtigt werden. Im ersten Fall handelt es sich um Kontaminationen, die durch Berühren des Fundstückes mit bloßen Händen auftreten. Eine Vorsorge hiergegen ist z.B. das Tragen von Latex-Handschuhen bei der Bergung und der weiteren Bearbeitung eines Stückes. Die zweite Form von Verunreinigungen stellt der Eintrag von Substanzen aus dem Lagerungsmilieu dar. So müssen gegebenenfalls bodengelagerte Fundstücke von anhaftendem Sediment gereinigt werden, um Summationseffekte bei der Extraktion auszuschließen. Dieser Arbeitsschritt erfolgt auf mechanische Weise, da beim Einsatz von Lösungsmittel die gesuchten Substanzen gelöst oder durch Verdrängung aus dem Fundstück ausgespült werden könnten.

Zum Zeitpunkt der Probenvorbereitung muß zusätzlich die Einrichtung geeigneter Kontrollmechanismen bedacht werden. Sie dienen der Überprüfung und Verifizierung der gemessenen Werte und deren Aussagekraft (vgl. Kap. 6).

Bei allen Analysen ist daher das Mitführen einer Blind- bzw. Leerprobe angezeigt. Hierbei handelt es sich um Proben, welche die gesamte Vorbereitungsphase unter Einschluß sämtlicher verwendeter Chemikalien und Reagenzien bis zur eigentlichen Messung durchlaufen, ohne jedoch zu untersuchendes Probenmaterial zu enthalten. Sind alle Verfahrensschritte und Chemikalien kontaminationsfrei, darf nach Messung der Leerprobe das Ergebnis keine der ursprünglich gesuchten Substanzen aufweisen.

Andere Formen der Kontrolle stellen die Negativ- bzw. Positivkontrollproben dar. Bei diesem Kontrollverfahren werden sowohl bekannten Materialien, die keine der gesuchten Substanzen enthalten (Negativkontrolle), als auch bereits untersuchte Probenstücke mit bekanntem Substanzgehalt (Positivkontrolle) vor der Analyse eine definierte Menge der gesuchten Stoffklasse zugegeben. Mit den dadurch standardisierten Bedingungen besteht eine Bezugsmöglichkeit, die zur Überprüfung des Reiheitsgrades der angewandten analytischen Verfahrensweisen, sowie der späteren Kontaminations- und Fehlerabschätzung dient.

Die definierte Integration bestimmter Kontrollmechanismen in das Versuchsdesign hängt von den Umständen und Einflüssen ab, denen das Probenmaterial ausgesetzt war. So ist in vielen Fällen bei Fundstücken, die aus dem Sediment geborgen wurden eine parallele Analyse von Bodenproben der Fundstelle angezeigt, um z.B. mögliche Einträge aus dem Sediment in das Untersuchungsobjekt abschätzen zu können (Morgan et al. 1973; Heron et al. 1990).

Das Methodenspektrum zur Untersuchung organischer Bestandteile eines archäologischen Fundes reicht von einfachen Nachweisreaktionen über quantitative Bestimmungen bis zur Strukturaufklärung seiner molekularen Elemente. Durch histologische Färbetechniken z.B. sind chemische Substanzklassen nachweisbar. Aussagen über die Zusammensetzung dieser Gemische kann jedoch nur nach Trennung in die einzelnen Komponenten z.B. mit Hilfe chromatographischer Verfahren erfolgen. Werden in diesem Zusammenhang beispielsweise die Erhaltungsformen und strukturellen Veränderungen der Komponenten unter dem Einfluß diagenetischer Prozesse untersucht, schließt sich häufig eine massenspektrometrische Bestimmung an. Der Einsatz verschiedener analytischer Verfahren ist damit direkt mit der Fragestellung verbunden.

4.2 Untersuchungsmethoden

Am Beginn der Untersuchungen steht die Auswahl der Methode. Für den Nachweis bestimmter Substanzen müssen diese zunächst aus dem Fundmaterial isoliert werden. Die chemische Bearbeitung teilt sich daher in zwei Abschnitte. Der erste Abschnitt ist die *Extraktion*. Von ihrem Wirkungsgrad und der Reinheit des Extraktes hängt der zweite Teil, die *Analyse* einzelner Substanzen, ab.

Der Nachweis und die Quantifizierung organischer Substanzen erfolgt häufig über molekularbiologische oder biochemische Analysetechniken, wie z.b. durch **R**adioimmunoassays (**RIA**) oder **E**nzymimmunoassays (**EIA**). Neben der hohen Praktikabilität eignen sich diese beiden Methoden besonders zur Bestimmung niedriger Substanzkonzentrationen, bis in den Nano- und Picogrammbereich hinein (Herrmann 1992). Das Grundprinzip hierbei ist eine kompetitive Proteinbindung zweier Reaktionspartner auf der Basis einer Antigen-Antikörper-Reaktion. Einer der Reaktionspartner ist markiert und fungiert als sogenannter *Tracer*, beim anderen handelt es sich um die gesuchte Substanz aus der Probe. Der Nachweis einer Substanz erfolgt dabei aufgrund bestimmter Eigenschaften ihres Moleküls, wie Affinität oder Antigenität (Emrich 1976). Bei beiden Verfahren kann während einer Analyse jeweils nur eine Substanz bekannter Struktur bestimmt werden.

Extrakte enthalten jedoch oft Gemische verschiedener Substanzen einer Stoffklasse. Für die Bestimmung der einzelnen Komponenten muß daher eine Trennung des Gemisches erfolgen. Die Wahl des Trennverfahrens hängt in erster Linie von der molekularen Struktur und damit von den chemischen Eigenschaften der zu untersuchenden Stoffklasse ab. Als die wichtigsten chromatographischen Techniken, die zur Trennung und Analyse von Substanzgemischen Anwendung finden, sind die chromatographischen Verfahren.

Chromatographie bezeichnet allgemein ein Verfahren zur Trennung eines Stoffgemisches in seine einzelnen Komponenten. Der Name ("Farbschreibung") geht auf den russischen Botaniker Tswett zurück, dem 1903 die Aufspaltung des grünen Blattfarbstoffes Chlorophyll in seine Bestandteile gelang.

Das Grundprinzip dieser Art der Stofftrennung beruht auf der Wechselwirkung der Gemischkomponenten mit zwei nicht mischbaren Phasen. Das Gemisch wird auf eine feste, nach Möglichkeit homogene stationäre Phase (z.B. Kieselgel) aufgetragen. Die zweite mobile Phase, in vielen Fällen ein Lösungsmittel, strömt an der stationären Phase entlang. Dabei gehen die Gemischkomponenten zum Teil in die mobile Phase über. Wäre die mobile Phase ebenfalls stationär oder deren Geschwindigkeit klein genug, so stellten sich nach kurzer Zeit Phasengleichgewichte ein. Die Konzentration von Molekülen jeder Komponente wäre dann in beiden Phasen gleich groß. Durch die Kinetik der mobilen Phase jedoch verringern sich ständig die Molekülanteile in und über der entsprechenden Sektion der stationären Phase. Die aufgenommenen und weitertransportierten Moleküle treten an anderer Stelle, an der sich weniger oder keine Moleküle befinden, wieder in die gleiche Wechselwirkung mit beiden Phasen, d.h. sie verbleiben in Abhängigkeit der beiden Phasenkonzentrationen in der stationären Phase. Die Trennung des Gemisches hängt neben der Geschwindigkeit des Lösungsmittelstromes von der unterschiedlichen Intensität der Wechselwirkung der Gemischkomponenten mit der stationären Phase ab.

Zu den heute bedeutendsten chromatographischen Verfahren gehören die **HPLC** (**H**igh-**P**erformance-**L**iquid-**C**hromatography), ein besonders hochauflösendes Verfahren in der Flüssigkeitschromatographie, die **Ga**schromatographie (**GC**) und die **D**ünnschicht**c**hromatographie (**DC**). Letzteres gewinnt in neuerer Zeit durch die Automatisierung sowohl bei der Probenaufgabe als auch bei der anschließenden Auswertung der Ergebnisse wieder zunehmend an Bedeutung. Die Methode der gaschromatographischen Analyse bietet in Verbindung mit der Massenspektrometrie über die quantitative und qualitative Bestimmung ganzer Stoffklassen hinaus die Möglichkeit unbekannte Molekülstrukturen aufzuklären und zu identifizieren.

4.2.1 Gaschromatographie

Bei der Gaschromatographie leitet man als mobile Phase ein Gas durch eine Röhre. Diese Röhre bezeichnet man als Chromatographie-Säule. Sie beinhaltet die stationäre Phase, die entweder in fester Form (Gas-Solid-Chromatography) oder als flüssiger Film (Gas-Liquid-Chromatography) die Säule auskleidet. Das Probengemisch wird nicht, wie bei anderen Methoden, auf die stationäre Phase aufgetragen, sondern in flüchtiger Form der mobilen Phase, dem Trägergas zugesetzt. Die Trennung erfolgt je nach Dauer der Wechselwirkung jeder Komponente mit einem lokalen Sektor der stationären Phase. Die Höhe des Trenneffektes hängt hierbei von Parametern wie der Anzahl zu trennender Komponenten, der Säulenlänge und der Strömungsgeschwindigkeit des Trägergases ab.

Es muß daher im Vorfeld geprüft werden, welche Materialien sich als mobile und stationäre Phase zur optimalen Trennung des isolierten Stoffgemisches eignen. Sollte es sich bei der zu untersuchenden Stoffklasse um ein nichtflüchtiges Substanzgemisch handeln, besteht die Möglichkeit dieses durch eine chemische Strukturveränderung (Derivatisierung) in einen flüchtigen Zustand zu überführen. Bei der Derivatisierung werden einzelne Atome oder Atomgruppen ersetzt (Substitution). Die neu gebildeten Stoffe dürfen dadurch jedoch nicht in den, für die weitere Analyse wichtigen, Eigenschaften verändert werden. Bei der Untersuchung von freien Fettsäuren z.B. handelt es sich um eine unpolare und nicht-flüchtige Substanzklasse, die sich in dieser Form nicht zur chromatographischen Analyse eignet. Durch eine Verseifung und anschließender Veresterung der freien Säuren, wird ein Wasserstoffatom durch eine Methylgruppe ersetzt. Durch diesen Schritt ist es möglich, das Probengemisch in einen gasförmigen Zustand zu überführen, ohne die charakteristischen organischen Reste der Säuren zu verändern. Welche Verfahren der Derivatisierung sich im einzelnen für bestimmte Stoffklassen eignen, hängt von ihren chemischen und physikalischen Eigenschaften und Strukturen ab.

Die zu trennenden Substanzen treten aufgrund ihrer unterschiedlichen Wechselwirkungen räumlich getrennt und somit zeitlich nacheinander am Ende der Säule aus dem Phasensystem aus. Dort befindet sich ein Detektor, der die ankommenden Komponenten in Signale umwandelt und diese über einen Verstärker zu einer elektronischen Datenverarbeitungseinheit übermittelt. Die Daten können als analoges Peak-Diagramm über einen Drucker oder einen Bildschirm ausgegeben werden.

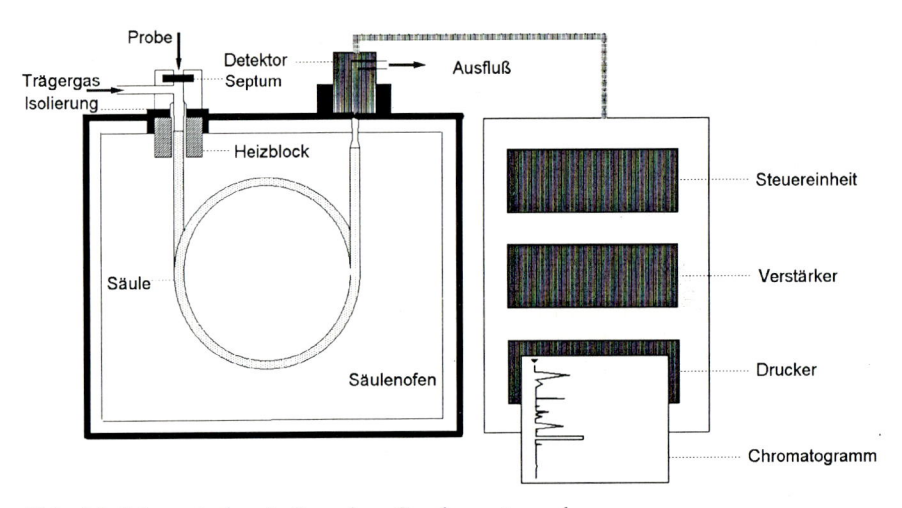

Abb. 4.1. Schematischer Aufbau eines Gaschromatographen

Eine wichtige Kenngröße bei der Auswertung der erhaltenen Chromatogramme ist die Zeitspanne zwischen dem Zusetzen des Probengemisches und dem Austreten jeder einzelnen Komponente aus dem Säulensystem. Die zeitweilige Zurückhaltung einzelner Substanzen durch die stationäre Phase bezeichnet man als Retentionszeit. Aufgrund der unterschiedlichen Retentionszeiten lassen sich Rückschlüsse auf den chemischen Charakter der Komponenten ziehen.

Gaschromatographie und Massenspektrometrie 59

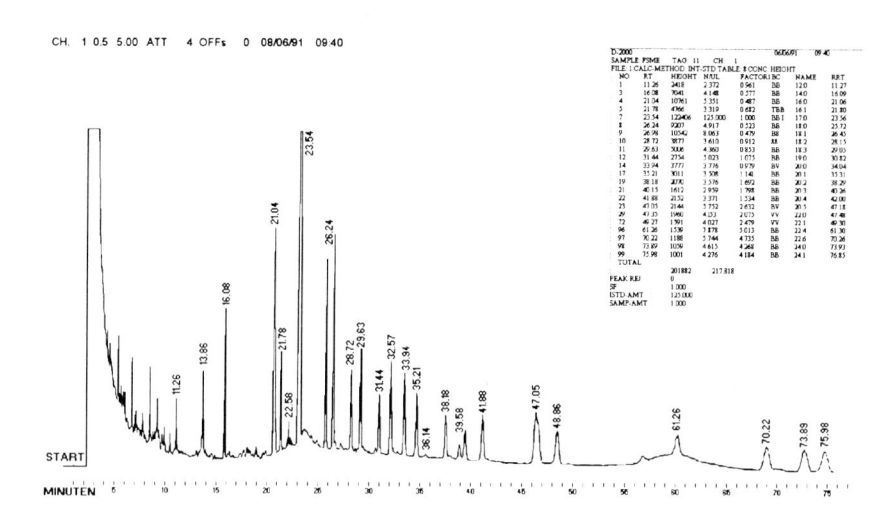

Abb. 4.2. Gaschromatogramm mit Wertetabelle. Am unteren Rand des Chromatogramms ist der Zeitverlauf der Messung als Minutenskala angegeben. Vom linken Rand, dem Zeitpunkt der Probenaufgabe auf die Säule, werden zuerst die kleinen leichtflüchtigen Bestandteile als Peaks aufgezeichnet, mit zunehmender Größe der Teilchen nimmt auch die Dauer ihrer Wanderung zu. Signifikante Peaks bekommen an der Spitze ihre Retentionszeit vermerkt. Diese Werte werden in der Tabelle am Ende des Chromatogramms mit den relativen Retentionszeiten bekannter Substanzen verglichen. Dadurch ist eine Identifikation und Zuordnung möglich

Durch die mathematische Integration der erhaltenen Peakflächen kann der Volumenanteil einer Substanz im Probengemisch bestimmt werden. Bei diesen Berechnungen ist zu berücksichtigen, daß die Retentionszeiten von Druck und Durchflußgeschwindigkeit des Trägergases abhängen. Wegen der Kompressibilität der Gasphase und der damit verbundenen Druckschwankungen im Säulensystem ist die direkte Messung der Volumina mit einem Fehler behaftet. Aus diesem Grund müssen spezielle Korrekturfaktoren, die sowohl Druck- als auch Temperaturschwankungen berücksichtigen in die Berechnungen einbezogen werden. Die Bedeutung dieser Faktoren wird deutlich, wenn steuerbare Parameter wie Säulentemperatur und Trägergasdurchflußrate während einer Analyse verändert werden, mit denen sich probenspezifische Trennungen optimieren lassen.

Eine wichtige Voraussetzung dafür ist eine möglichst hohe Reinheit der eingesetzten Probe, denn stoffklassenfremde Bestandteile können in hohem Maße die Effektivität der Säule und damit das Trennergebnis beeinträchtigen.

Mit der Gaschromatographie lassen sich nicht nur Gase und Lösungsmittel trennen, sondern auch Großteile anderer Substanzklassen, falls sie bis zu einer Temperatur bis 300°C unzersetzt verdampfbar sind. Schwer flüchtige Substanzen können oftmals zu leichterflüchtigen Verbindungen derivatisiert werden (vgl. Kap. 4.2.1). Solange dabei nicht ein zu analysierendes Charakteristikum dieser Verbindung zerstört oder verändert wird kann dann dieses Derivat zur Gaschromatographie verwendet werden.

4.2.2 Massenspektrometrie

Eine hochleistungsfähige Methode zur Identifizierung und besonders zur Strukturaufklärung organischer Verbindungen stellt die Massenspektrometrie dar. Sie ist eine Methode zur Trennung und Messung von Massen im Bereich molekularer und atomarer Größenordnungen. Bei diesem Verfahren wird die Probe ionisiert und mit Hilfe eines Magnetfeldes nach Masse und Ladung getrennt. Dazu muß die Probe in gasförmigem Zustand vorliegen. Die Ionisation molekularer Bestandteile kann auf unterschiedliche Weise erfolgen. Um ein ungeladenes Teilchen z.B. in ein positiv geladenes Ion umzuwandeln, ist es nötig, ihm mindestens soviel Energie zuzuführen, daß dadurch ein Elektron aus seinem äußersten besetzten Orbital entfernt wird. Je nach Art des Probenmaterials werden bestimmte Ionisationstechniken angewendet. Bei der Untersuchung organischer Proben findet häufig die Elektronen-Ionisation Anwendung. Hierbei wird die zu analysierende Substanz einem von einer Glühkathode emittierten Elektronenstrahl ausgesetzt. Andere Ionisationstechniken in der Massenspektrometrie sind z.B. die Feld-, Photo-, Thermo-, Funken- und die Chemische Ionisation.

Die mit hoher Geschwindigkeit von der Ionenquelle kommenden Ionen treten in ein homogenes Magnetsektorfeld ein, dessen Feldlinien senkrecht zur Bewegungsrichtung der Teilchen orientiert sind. Innerhalb des Magnetfeldes werden die Teilchen entsprechend ihrem Masse-Ladungs-Verhältnis abgelenkt. Die dadurch getrennten Ionen können fotografisch oder durch den Einsatz spezieller Detektoren registriert und als Spektrum aufgezeichnet werden.

Gaschromatographie und Massenspektrometrie 61

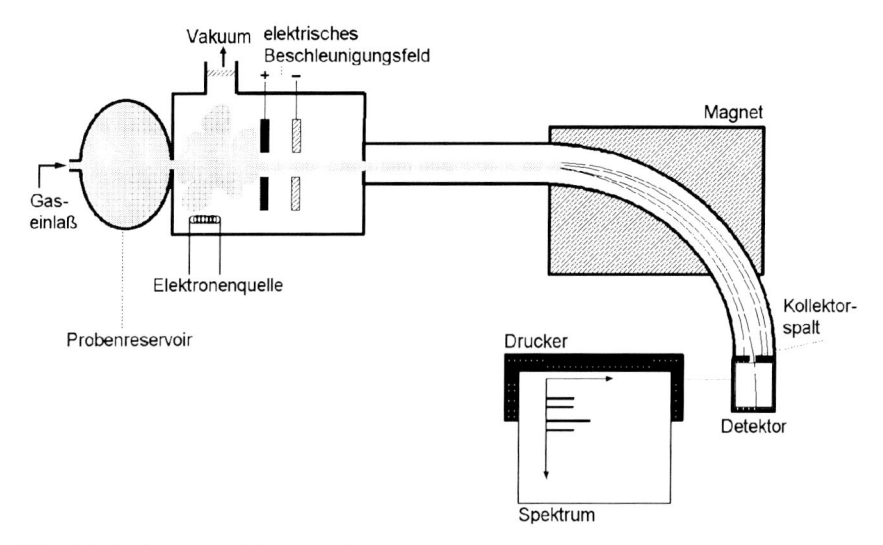

Abb. 4.3. Aufbau eines Massenspektrometers

Die Auswertung der erhaltenen Daten lassen Rückschlüsse auf die chemische Struktur der Probe zu. Durch die Bestimmung der atomaren und molekularen Anteile einer Substanz ist die Möglichkeit gegeben die Summen- und Strukturformel dieses Stoffes zu errechnen.

Palmitinsäure: $CH_3(CH_2)_{14}COOH$

%B: relative Intensität zum Basispeak
M(+): Basispeak
m/e: Masse-Ladungsverhältnis

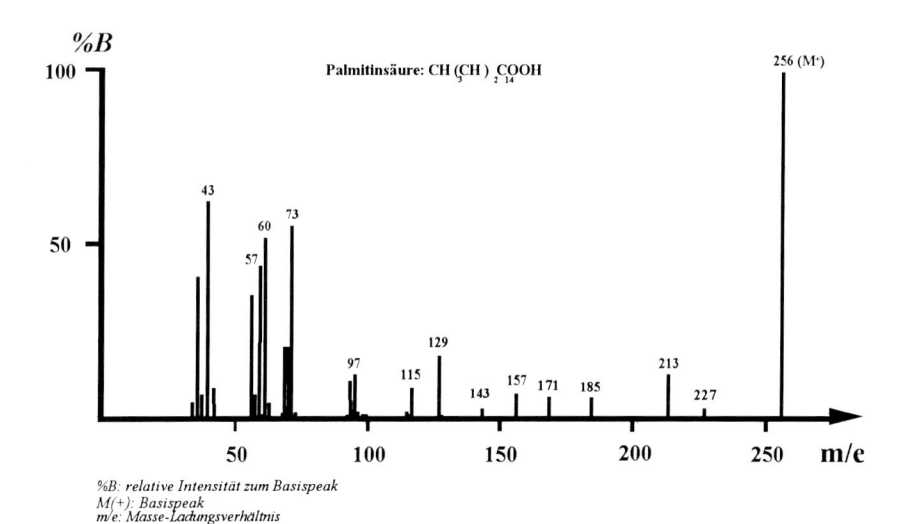

Abb. 4.4. Das Massenspektrogramm einer Fettsäure

Da die Originalspektren oft eine unhandliche Papierlänge von mehreren Metern haben, werden die Meßergebnisse in der Regel normiert und als Strichspektren (vgl. Abb. 4.4), Tabellen (vgl. Tabelle 4.1) oder in Form einer Matrix dargestellt (vgl. Tabelle 4.2).

Bei der Normierung setzt man entweder die Intensität eines Ions als Basispeak gleich 100 und gibt die übrigen Ionenwerte in Prozent davon an (% B oder % rel. Int.), oder man setzt die Summe aller Intensitäten gleich 100 und drückt die Einzelwerte als Prozentangabe davon aus (% S oder % Σ)

Tabelle 4.1 Massenspektrum von *Thiophen* in Tabellenform (nach Leibnitz u. Struppe 1984).

MZ	% B	% Σ	MZ	% B	% Σ
25	2,0	0,6	50	6,0	1,7
26	5,6	1,6	51	3,7	1,0
27	1,6	0,4	52	0,2	0,06
28	0,4	0,1	56	1,6	0,4
29	0,1	0,03	57	12,7	3,6
32	3,6	1,0	58	65,4	18,3
33	0,8	0,2	59	2,4	0,7
34	0,4	0,1	60	2,9	0,8
36	1,3	0,4	61	0,1	0,03
37	6,7	1,9	68	0,6	0,2
38	7,8	2,1	69	7,1	2,0
39	28,2	7,9	70	0,3	0,1
40	1,7	0,5	71	0,3	0,1
41	2,0	0,6	80	0,6	0,2
42	4,3	1,2	81	3,8	1,1
43	0,2	0,06	82	2,7	0,8
44	2,0	0,6	83	6,0	1,7
45	55,3	15,5			28,0
46	1,3	0,4	85	5,1	1,4
47	2,4	0,7	86	4,4	1,2
48	0,7	0,2	87	0,2	0,06
49	2,9	0,6			

MZ: Massenzahl
%B: relative Intensität zum Basispeak
%Σ: relative Intensität zur Summe aller Intensitäten

Tabelle 4.2 Massenspektrum von *Thiophen* in Matrixform (nach Leibnitz u. Struppe 1984).

MZ	0	1	2	3	4	5	6	7	8	9	10	11	12	13
25	2,0	5,6	1,6	0,4	0,1			3,6	0,8	0,4		1,3	6,7	7,8
39	28,2	1,7	2,0	4,3	0,2	2,0	55,6	1,3	2,4	0,7	2,9	6,0	3,7	0,2
53				1,6	12,7	65,4	2,4	2,9	0,1					
67		0,6	7,1	0,3										0,6
81	3,8	2,7	6,0	100	5,1	4,4	0,2							
Σ	357,4 34,0	10,6	16,7	106,6	18,4	71,8	57,9	7,8	3,3	1,1	2,9	7,3	10,4	8,6
%Σ		9,5	3,0		29,8	5,1	20,1	16,2	2,2	0,9	0,3	0,8	2,0	2,9	2,4

MZ: Massenzahl
Σ: Summe aller Intensitäten
%Σ: relative Intensität zur Summe aller Intensitäten

Sind für alle Ionen des Spektrums genaue Massenbestimmungen durchgeführt worden, so kann man diese in sogenannten Elementkarten (*element maps*) anordnen. In diesen Elementkarten bekommen alle Ionen mit bestimmten Heteroatomen eine eigene Spalte (Budzikiewicz 1972). Alle Ionen, die Kohlenstoff, Wasserstoff und Sauerstoff enthalten stehen dann in einer Spalte (z.B. je eine Spalte für alle $C_nH_mO_2$-, C_nH_mN-Ionen usw., vgl. Tabelle 4.3).

Tabelle 4.3 Ausschnitt aus der Elementkarte von *Androst-4-en-3,17-dion* (nach Budzikiewicz 1972).

m/e	CH	CHO	CHO$_2$
143	$C_{11}H_{11}$		
144	$C_{11}H_{12}$		
146	$C_{11}H_{14}$		
147	$C_{11}H_{15}$	$C_{10}H_{11}$	
148	$C_{11}H_{16}$	$C_{10}H_{12}$	
149	$C_{11}H_{17}$	$C_{10}H_{13}$	
150		$C_{10}H_{14}$	
159	$C_{12}H_{15}$	$C_{11}H_{11}$	
162		$C_{11}H_{14}$	
163		$C_{11}H_{15}$	
171	$C_{13}H_{15}$		
173	$C_{13}H_{17}$	$C_{12}H_{13}$	
175		$C_{12}H_{15}$	
229		$C_{16}H_{21}$	
271			$C_{18}H_{23}$
286			$C_{19}H_{26}$

m/e: Masse-Ladungsverhältnis

Mit der Massenspektrometrie lassen sich darüber hinaus auch die einzelnen Isotope einer Substanz bestimmen. Die natürlich vorkommenden Elemente sind meistens Gemische von Isotopen. Ihre Atomkerne unterscheiden sich in der Anzahl der Neutronen, nicht aber durch die Zahl der Protonen. Isotope gehören daher dem gleichen Element an, haben aber unterschiedliche Massen (vgl. Kap. 2, Teil A).

Aufgrund der anfallenden Datenmengen bei der massenspektrometrischen Analyse übernehmen Computersysteme die exakte Massenzuordnung und -berechnung aller Ionen eines Spektrums, geben diese als Strichspektren aus und vergleichen sie mit den möglichen Elementarkomponenten in bereits bestehenden EDV-Datenbanken.

4.3 Kopplung und Anwendungsbeispiele der Gaschromatographie und Massenspektrometrie

Die Verbindung zwischen Gaschromatographie als hochleistungsfähige Trennmethode und der massenspektrometrischen Untersuchung einzelner Probenbestandteile stellt eine gegenseitige Ergänzung dar. Das Massenspektrometer ersetzt bei dieser Methodenkopplung den Detektor des Gaschromatographen und bietet damit über die Identifizierung und den quantitativen Nachweis hinaus die Möglichkeit zur Strukturaufklärung und Isotopenbestimmung organischer Verbindungen. Für eindeutige Aussagen ist ein hoher Reinheitsgrad der eingesetzten Probe erforderlich. Stoffgemische können durch additive Überlagerung einzelner Komponenten zu Summationen führen und somit das Spektrum verfälschen. Ideale Voraussetzungen für die massenspektrometrische Untersuchung werden damit durch eine vorherige gaschromatographische Trennung der Gemischkomponenten geschaffen.

Die Kombination beider Systeme wird durch mehrere Gemeinsamkeiten erleichtert. Bei beiden Methoden wird die Probe im gasförmigen Zustand analysiert. Darüber hinaus liegt der Substanzbedarf im Pico- bis Nanogrammbereich und die Analysegeschwindigkeiten sind mit prozessorgesteuerten Meßprogrammen so auf einander abstimmbar, daß an einem GC-Peak mehrere massenspektrometrische Messungen durchgeführt werden können. Die heute technische Kombination beider Verfahren in nur einem Gerätesystem bezeichnet man als *on-line-Kopplung*. Ihre analytische Effektivität liegt weit über dem Einsatz zweier Einzelgeräte.

Anwendung finden die Gaschromatographie und GC/MS-Kopplung im archäometrischen Bereich vor allem bei der Bestimmung von Isotopen zur Ermittlung des Alters, der Herkunft und des Ursprungs organischer und anorganischer Substanzen. So hat man durch die Identifikation von

Traubensäuren und Weinsteinresten eines Kruges, der auf 5500 v. Chr. datiert wurde, Hinweise auf die älteste Weinherstellung erhalten (Anon 1992).

Heron, Evershed und Goad untersuchten 1990 bodengelagerte Gefäßscherben, um zu klären, ob und in welcher Weise der Eintrag von Lipiden durch bodenbewohnende Organismen die diagenetischen Prozesse der organischen Rückstände von ehemaligen Gefäßinhalten beeinflußt. Die Untersuchungen ergaben deutliche Unterschiede in Menge und Zusammensetzung zwischen den Lipiden des umgebenden Sedimentes, die von höheren Pflanzen und Mikroorganismen stammen, und jenen, die aus den Scherben isoliert wurden. Diese Ergebnisse stellen in Aussicht, daß durch Analyse der organischen Reste genauere Rückschlüsse über die Funktion der zugehörigen Gefäße möglich sind, wie am Beispiel wachsartiger Rückstände gezeigt werden konnte. Durch die Differenzierung von Wachsen pflanzlichen Ursprungs und Bienenwachs aus frühmittelalterlichen Gefäßen konnte deren Verwendung bei der Gewinnung und Verarbeitung dieser Stoffe nachgewiesen werden. Die Möglichkeit diese pflanzlichen Wachse bestimmten Arten zuweisen zu können, bot darüber hinaus neue Erkenntnisse über deren Bedeutung im Nahrungsspektrum der damaligen Zeit (Evershed 1993).

Die Identifikation bestimmter Pflanzenarten gelang ebenfalls an Proben aus Harzen, Teer und Pechen, die aus Hölzern gewonnen wurden und beim Bau von Schiffen Verwendung fanden. Anhand der Zusammensetzungen und charakteristischen Strukturveränderungen der Inhaltsstoffe ließen sich temperaturabhängige Verarbeitungsweisen erkennen, die regional unterschiedlichen Herstellungstechniken entsprechen (Evershed et al. 1985).

Daß zur Balsamierung ägyptischer Mumien fossiler Asphalt verwendet wurde, ließ sich durch GC/MS-Analysen von Proben verschiedener Mumien des Britischen Museums zeigen. Darüber hinaus ergab der molekulare Strukturvergleich mit heutigen Asphalten unterschiedlicher Herkunft, daß der Ursprung des damals verwendeten Materials im Bereich des Toten Meeres lokalisiert werden konnte (Rullkötter u. Nissenbaum 1988).

Ein weiteres Beispiel für den Einsatz der GC/MS-Kopplung ist der wahrscheinlich gelungene Nachweis bestimmter Drogen, wie Kokain, Haschisch und Nikotin in ägyptischen Mumien (Balabanova et al. 1992). Dazu wurden Proben von Haaren, des Haut-, Muskel- und Knochengewebes von neun Individuen untersucht, deren Herkunft aus einer Zeit zwischen 1070 v. Chr. bis 395 n. Chr. bestimmt wurde. Zwar unterschieden sich die absoluten Mengen und Mengenverhältnisse der Drogen in den einzelnen Geweben, jedoch konnten alle gesuchten haluzinogenen Stoffe in jeder Probe belegt werden. Noch ungeklärt ist in diesem Zusammenhang die Tatsache, daß auch Stoffe aus Pflanzen, die erst nach 1500 n. Chr. in der alten Welt Verbreitung gefunden haben isoliert werden konnten. Es bleibt zu prüfen, ob diese Substanzen, wenn auch nur in geringeren Anteilen, ebenfalls in der Flora des alten Ägypten zu finden waren und nur durch die heute sehr niedrigen Nachweisgrenzen moderner Methoden entdeckt werden konnten. Eine weitere Überlegung geht dahin, daß sich andere Substanzen im

Verlauf diagenetischer Prozesse in strukturell sehr ähnliche Stoffe umgewandelt haben könnten. Damit wird deutlich, welchen Stellenwert die Untersuchungen diagenetischer Prozesse für die Interpretation analytischer Ergebnisse haben. Die in diesem Beispiel erzielten Resultate könnten jedoch Einblick in die Gewohnheiten früherer Kulturen oder über deren medizinische Kenntnisse geben. So sehen die Autoren ihre Resultate auch im Zusammenhang mit der Veröffentlichung von Deines et al. (1958). Hier wird unter anderem die Verabreichung von Drogen an Kindern im alten Ägypten beschrieben, um diese zu beruhigen.

Ebenfalls denkbare Anwendungsbereiche in der Archäometrie sind GC/MS-Analysen bezüglich der Anteile und Zusammensetzung organischer und anorganischer Bestandteile in Farben und Bemalungen archäologischer Funde, sowie in kunst- und kulturhistorisch bedeutenden Überresten oder Dokumenten. Erkenntnisse hierüber ließen Rückschlüsse über deren Wechselwirkungen mit zersetzenden Umwelt- und Milieufaktoren zu. Damit können chemisch-analytische Methoden einen Beitrag zur Erhaltung und Rekonstruktion kulturhistorisch wertvoller Objekte leisten. Der anhaltende Fortschritt in der Entwicklung und Verfeinerung der Analysemethoden bietet immer öfter die Möglichkeit, seltene und wertvolle Objekte auch invasiv zu untersuchen, ohne dadurch große Teile des Untersuchungsobjektes unwiederbringlich zu zerstören. Für die gaschromatographische Analyse von paläolithischen Höhlenmalereien reichte z.B. eine Probenmenge von der Größe einer Stecknadelspitze aus (Clottes 1993). Die damit verbundene Zerstörung ist äußerst geringfügig und kaum wahrnehmbar. Die erzielten Ergebnisse hingegen führten nicht nur zu neuen Erkenntnissen über die Zusammensetzung der verwendeten Farben und ihres Ursprungs, sondern auch über die Bedeutung der Abbildungen, sowie der Vorgehensweise und die Maltechniken der Urheber.

Es wird deutlich, daß die Betrachtung der organischen Strukturen in Fundobjekten unterschiedliche Aussagekraft haben können. Im allgemeinen dienen die Erkenntnisse über Zusammenhänge zwischen organischen Verbindungen, deren biologischen Ursprüngen und den umgebenden Einflüssen auf Fundobjekte neben der Identifikation und der Beschreibung auch der Rekonstruktion historischer Sachverhalte.

5 Spurenelementanalysen

Holger Schutkowski

5.1 Anwendungsgebiete

Der Einsatz elementanalytischer Verfahren in der Archäometrie umfaßt im wesentlichen die Untersuchung von zwei großen Materialgruppen. Zum einen sind dies biogene Hartsubstanzen, die vor allem in Form bodengelagerter Skelettfunde (Knochen, Zähne) anfallen. Von Bedeutung für bestimmte Fragestellungen sind auch pflanzliche Makroreste. Die andere Gruppe bilden archäologische Objekte der materiellen Kultur wie z.B. Metallgegenstände, Keramik, Gläser oder Steinartefakte.

5.1.1 Biogene Substanzen

Elementuntersuchungen an biogenen Substanzen konzentrieren sich auf bodengelagerte menschliche Skelettfunde. Demgegenüber treten andere Materialien numerisch und aufgrund schlechterer Erhaltungsaussichten von ihrer Bedeutung her in der Hintergrund, jedoch sind z.B. Haare aus historischen Fundzusammenhängen grundsätzlich für eine Elementanalyse geeignet (z.B. Grupe u. Dörner 1989; Sandford u. Kissling 1993).

Eine der physiologischen Funktionen des Skelettes besteht in der Speicherung chemischer Elemente, die für den Bau- und Erhaltungsstoffwechsel benötigt und bei Bedarf mobilisiert werden können. Der Eintrag von Elementen in den Körper erfolgt zum größten Teil über die Aufnahme von Nahrung, die Zufuhr über Trinkwasser oder Inhalation aus der Luft ist dagegen mengenmäßig vernachlässigbar.

Die chemische Zusammensetzung des Knochens variiert einerseits durch Unterschiede im Elementangebot, die sich aus den geochemischen Gegebenheiten eines Lebensraumes ableiten. Andererseits kommt es durch biochemische Vorgänge zu Konzentrationsveränderungen gegenüber dem natürlichen Angebot. Entscheidend sind dabei Veränderungen, die beim Transport eines Elementes durch die Nahrungskette stattfinden. Gleichzeitig wird der Elementgehalt im

Knochen durch z.B. alters- und geschlechtsvariable Stoffwechselraten beeinflußt. Die prinzipielle Kenntnis dieser Zusammenhänge ist Voraussetzung für eine Interpretation von Spurenelementverteilungen (Price et al. 1985; Grupe u. Herrmann 1988; Lambert u. Grupe 1993).

Das Skelettsystem zeigt im Vergleich zu anderen Organen eine relativ langsame Umbaurate. Die mittlere Verweildauer der im Knochen gespeicherten Elemente beträgt zwischen einem halben und mehreren Jahren. Gemessene Elementgehalte reflektieren also längerfristige, über einen mehrjährigen Zeitraum andauernde Zustandsbilder.

Für eine Reihe von Elementen bestehen differentielle Verteilungen in den Grundnahrungsmitteln. Diese Verteilungsmuster lassen sich auch nach der Verstoffwechselung prinzipiell im Knochen wiederfinden. Ein Hauptanliegen der Elementanalyse besteht daher in der Rekonstruktion des Ernährungsverhaltens menschlicher Bevölkerungen. Das Angebot der konsumierten Nahrung resultiert aus den verfügbaren Ressourcen und ist damit abhängig von den ökologischen Rahmenbedingungen des jeweiligen Biotops. Je nach Subsistenzform werden die Ressourcen darüber hinaus unterschiedlich genutzt. Daher können über Elementanalysen auch Mensch-Umwelt-Beziehungen im Sinne von Nahrungserwerbsstrategien erschlossen werden. Aus der Binnengliederung einer Bevölkerung nach biologisch (Alter, Geschlecht) oder sozial definierten Kriterien (Status, Rang) ergeben sich Anhaltspunkte für eine Interpretation gruppentypischer Verteilungsmuster von Elementen. Die Bestimmung umweltrelevanter Elemente aus bodengelagerten Skeletten ermöglicht prinzipiell eine Abschätzung der Schadstoffbelastung, der Menschen in historischer Zeit ausgesetzt waren. In einzelnen Fällen können auffällige Spurenelementmuster an pathologisch veränderten Skeletten als Kriterium für eine Differentialdiagnose von Krankheitsbildern genutzt werden.

5.1.2 Archäologische Objekte

Für die Herstellung von Werkzeugen, Geräten und Gegenständen des täglichen Gebrauchs stehen dem Menschen Rohmaterialen zur Verfügung, die er als natürlich anstehende Ressourcen aus seiner Umwelt gewinnt und weiterverarbeitet. Die Verfügbarkeit dieser Materialien ist durch das Angebot des jeweiligen Naturraumes vorgegeben und variiert in seinen Komponenten entsprechend der geochemischen Diversität des Naturraumes. Über Materialanalysen an archäologischen Objekten werden Informationen darüber zugänglich, welche Werkstoffe zur Herstellung von Gegenständen der materiellen Kultur von Menschen bestimmter historischer Zeitabschnitte jeweils verwendet wurden. Damit sind zunächst Angaben möglich über die chemische Zusammensetzung von Objekten, ihre Herkunft, oder ggf. auch nur die Herkunft verwendeter Materialien. Die Kombination verschiedener Materialien, z.B. bei Metall-Legierungen, ermöglicht Informationen über das technologische Niveau bei der Verarbeitung. Die Provenienz von Objekten erlaubt darüberhinaus Rückschlüsse auf Handelsbeziehungen, die Materialqualität archäologischer Objekte Hinweise auf die wirtschaftliche und gesellschaftliche Situation einer Bevölkerung (Riederer 1987).

5.2 Spurenelemente in der natürlichen Umwelt

Eine Voraussetzung für die Analyse von Spurenelementen im Knochen ist, daß diejenigen Elemente, welche dem Körper über die Nahrung zugeführt werden, auch in nennenswerten Mengen im Skelett gespeichert werden. Für einige Elemente, z.B. Sr, Ba oder Pb, die aufgrund ihrer chemischen Eigenschaften eine besonders hohe Affinität zum Hydroxylapatit der mineralischen Matrix aufweisen, ist dies zu über 90% gegeben. Andere für die oben genannten Fragestellungen relevanten Elemente, z.B. Zn oder Cu, spiegeln im Skelett immer noch erhebliche Anteile der zugeführten Mengen wider.

Spurenelemente werden in den Hauptnahrungskomponenten differentiell angereichert, abhängig von der Trophiestufe in der Nahrungskette und dem jeweiligen Biotop. Während Pflanzen als Primärproduzenten nahezu ungehindert das Elementangebot des Bodens verwerten, kommt es auf den höheren Trophiestufen der Konsumenten durch stoffwechselbedingte Diskriminierungsmechanismen zu Konzentrationsänderungen gegenüber dem Elementgehalt der konsumierten Nahrung. Vegetabile Nahrung ist z.B. mit den Elementen Sr und Ba angereichert, während in tierlichen Nahrungsbestandteilen höhere Konzentrationen für Zn und Cu kennzeichnend sind. Der Verzehr pflanzlicher Produkte führt daher bei einem herbivoren Konsumenten zu einem erhöhten Gehalt an Sr und Ba im Knochen. Omnivore oder carnivore Organismen zeigen dagegen erhöhte Zn- bzw. Cu-Gehalte. Für eine Abschätzung des Anteils pflanzlicher und tierlicher Nahrungsmittel in menschlichen Skelettfunden ist der Bezug auf Elementkonzentrationen von Tierknochen des selben oder zumindest eines ökologisch vergleichbaren Standortes sinnvoll. Allerdings liefern nur strikt herbivore Organismen eine aussagekräftige Bezugsgröße, da z.B. Carnivore in der Lage sind, auch die Knochen ihrer herbivoren Beutetiere zu verstoffwechseln. Dies kann dann zu einer Anreicherung mit den Elementen Sr und Ba in einer Größenordnung führen, wie sie für Herbivore kennzeichnend ist.

Eine Quantifizierung von Diskriminierungsmechanismen auf unterschiedlichen Trophiestufen ist derzeit nur für Sr möglich und wird gewöhnlich über die "observed ratio" (OR) beschrieben (Rosenthal 1981). Danach ist:

$$OR = \frac{Sr/Ca_{sample}}{Sr/Ca_{precursor}}$$

Dieses Verhältnis ist altersabhängig und beträgt für erwachsene Säuger ca. 0,25. Mit Hilfe dieses Wertes läßt sich dann der Sr/Ca-Quotient der Grundnahrung ermitteln.

Neben typischen Konzentrationen in vegetabilen und animalischen Nährstoffen sind sowohl Sr, aber auch Zn und Cu jedoch gleichfalls in Meeresfrüchten angereichert, so daß es zu Überschneidungen kommen kann, was die Herkunft der zugeführten Nahrung betrifft: erhöhte Sr-Gehalte können bei einer Küstenbevölkerung sowohl auf dem Konsum erheblicher Mengen pflanzlicher als auch mariner Nahrung beruhen. Für eine Rekonstruktion von Hauptnahrungskomponenten ist daher die Erstellung von Multielementspektren notwendig, da eine Einzelelementbestimmung für die Beantwortung derartiger Fragen nicht ausreicht. Dies gilt z.B. auch für die Frage, ob Veränderungen von Spurenelementmustern im Altersgang auf physiologischen Ursachen beruhen oder nahrungsbedingt sein können (vgl. Kap. 5.4).

Spurenelementkonzentrationen im Knochen zeigen eine vergleichsweise hohe intraindividuelle Variabilität (Brätter et al. 1977). Daher ist es erforderlich, jeweils Gruppen von Individuen eines Gräberfeldes zu untersuchen. Statistisch wünschenswert sind Stichprobengrößen von 30–40 Individuen. Da dies jedoch bei historischem Skelettmaterial nicht immer erreicht werden kann, sollten Gruppengrößen von 15 nicht unterschritten werden.

5.3 Methodische Grundlagen

5.3.1 Verfahren zur Analyse von Spurenelementen

Für die Analyse von Spurenelementen stehen verschiedene Verfahren zur Verfügung, die sich neben Kostenfaktoren vor allem durch die Nachweisempfindlichkeit und den Bedienungskomfort unterscheiden. Die Anwendung eines bestimmten Verfahrens wird daher wesentlich von der Fragestellung und den dafür erforderlichen Nachweisgrenzen abhängen.

Die Mehrzahl der gängigen Analysemethoden beruht auf der Abgabe bzw. Aufnahme optischer Strahlung durch Atome. Hierzu zählen die Atomabsorptionsspektrometrie, die Atomemissionsspektrometrie und die Plasmaemissionsspektrometrie. Ebenfalls verbreitet sind solche Verfahren, bei denen der Analyse Spektren von Röntgenstrahlung (Röntgenfluoreszenzspektrometrie, Elektronen-Mikrosonde, PIXE) oder Gammastrahlung (PIGE) zugrunde liegen.

5.3.1.1 Atomabsorptionsspektrometrie (AAS). Unter Atomabsorption versteht man einen Vorgang, bei dem Atome im energetischen Grundzustand Energie in Form von Licht bestimmter Wellenlänge aufnehmen und dadurch in einen energetisch angeregten Zustand angehoben werden. Je größer die Anzahl von Atomen des zu bestimmenden chemischen Elementes im Lichtweg ist, desto mehr Strahlungsenergie einer bestimmten Wellenlänge wird absorbiert. Über die Schwächung des Lichtstrahles (Extinktion) kann auf die Konzentration des absorbierenden Stoffes zurückgeschlossen werden.

Der grundsätzliche Aufbau eines Absorptionsspektrometers setzt sich aus folgenden Komponenten zusammen (Abb. 5.1):

- einer Strahlungsquelle, die das Spektrum desjenigen chemischen Elementes aussendet, das gemessen werden soll;
- einer Atomisierungseinrichtung, welche die zu analysierende Probe in Atome zerlegt, z.B. durch die Energie einer Brenngasflamme;
- einem Monochromator, der die einfallende Strahlung spektral zerlegt und mit Hilfe eines Austrittsspaltes die Resonanzlinie für das analysierende Element von anderen Spektrallinien des selben Elementes aussondert;
- einem Empfänger zur Messung der auftreffenden Strahlungsintensität sowie einem Signalverstärker und einer Meßwertanzeige.

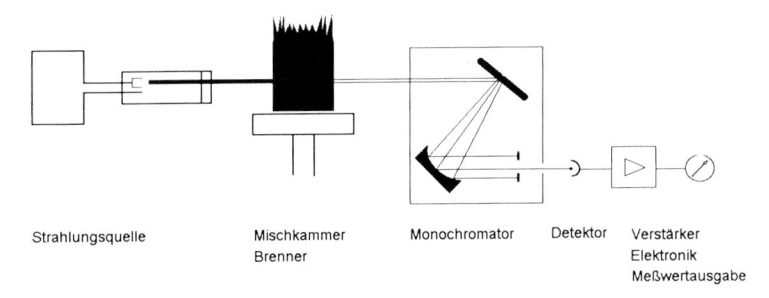

Abb. 5.1. Prinzipieller Aufbau eines Atomabsorptions-Spektrometers (nach Welz 1983)

Sämtliche marktgängigen Geräte sind heutzutage mit z.T. sehr komfortabler Bedienungssoftware ausgestattet, so daß für den Bereich der Meßwertanzeige und der Ausgabeprotokolle unterschiedliche Standards bestehen.

Als gängige Strahlungsquellen für den Routinebetrieb werden Hohlkathodenlampen verwendet, die aus einem mit Edelgas gefüllten Glaszylinder bestehen, in dessen Boden eine Kathode und eine Anode eingeschmolzen sind. Die Kathode besteht jeweils aus dem Element, dessen Spektrallinien emittiert werden sollen. Durch Anlegen einer lampenspezifischen Spannung zwischen den Elektroden kommt es zu einer Glimmentladung und in der Folge zu einem Strahlungsfluß aus der Kathode. Gegenüber Hohlkathodenlampen bieten elektrodenlose Entladungslampen den Vorteil höherer Strahlungsintensität bei sehr geringer Linienbreite und sind daher besonders für Ultraspurenanalytik geeignet.

Über eine Atomisierungseinrichtung werden aus den in der Probe befindlichen Ionen oder Molekülen Atome im Grundzustand erzeugt. Diese Atome absorbieren einen Teil der Strahlung, die von der Strahlungsquelle erzeugt wird. Die Empfindlichkeit der Messung ist dabei direkt abhängig vom Grad der Atomisierung des jeweils zu bestimmenden Elementes. Durch die Art der Atomisierung unterscheiden sich die drei gebräuchlichsten Techniken der Atomabsorptionsspektrometrie:

Flammen-Technik. Am weitesten verbreitet ist die Atomisierung einer Probe über das Versprühen einer Meßlösung in eine Flamme. Dies geschieht üblicherweise mit Hilfe eines pneumatischen Zerstäubers, der die angesaugte Probenlösung in eine Mischkammer versprüht und das so entstandene Aerosol in die Flamme des Brenners überführt. Dort erfolgt zunächst ein Verdampfen des Lösungsmittels und möglicher fester Partikel, anschließend die Dissoziation der gasförmigen Moleküle in Atome. Je nachdem, welches Element bestimmt werden soll, entscheiden reduzierende und oxidierende Eigenschaften sowie die Temperatur der Flamme über die Wahl des Gasgemisches. Üblich sind eine Luft/Acetylen- oder Lachgas/Acetylen-Flamme. Durchflußraten und Mischungsverhältnisse von Oxidans und Brenngas sind gerätespezifisch und sollen hier nicht näher behandelt werden. Entscheidend ist eine effektive Produktion von Atomen und die Vermeidung von störenden Wechselwirkungen des zu bestimmenden Elementes mit anderen in der Probe enthaltenen Bestandteilen bzw. Verbrennungsprodukten. (Für nähere Informationen zu möglichen Interferenzen, welche die Qualität des Atomisierungsvorganges beeinträchtigen können (vgl. z.B. Welz 1983.) Die Flammentechnik ist für die Bestimmung nahezu aller Elemente geeignet und ermöglicht, obwohl nur jeweils Einzelementanalysen durchgeführt werden können, einen relativ hohen Probendurchsatz.

Graphitrohrofen-Technik. Im Gegensatz zur Flammen-AAS, bei der nur ein Teil der Probe in die Flamme gelangt und dort eine geringe Verweildauer hat, wird mit der Graphitrohrofen-Technik die gesamte Probenmenge atomisiert und für längere Zeit im Lichtstrahl gehalten. Anstelle der Mischkammer-Brenner-Einheit wird für die Atomisierung ein elektrisch beheiztes Graphitrohr verwendet. Die Probe wird direkt über eine Lochbohrung in das Rohr eingebracht und auf einer Graphitplattform abgesetzt. Das Rohr wird, meist stufenweise, über ein Heizprogramm erwärmt. Auf diese Weise werden zunächst das Lösungsmittel und Matrixbestandteile der Probe entfernt. Erst dann wird durch einen raschen Temperatursprung der verbleibende Probenrest atomisiert. Für die Detektion von Elementen, für die nur eine geringe Konzentration im ppb-Bereich (ng/g) zu erwarten ist, wird zur Vermeidung von Interferenzen während der Atomisierung ein mit Pyrokohlenstoff beschichtetes Graphitrohr verwendet. Während des gesamten Atomisierungsvorganges herrscht im Graphitofen eine inerte Gasatmosphäre, deren reduzierende Eigenschaften die Atomisierung fördern. Alle in der Probe enthaltenen Moleküle des zu bestimmenden Elementes werden atomisiert und können für einen längeren Zeitraum im Graphitrohr und damit im Lichtweg gehalten werden. Dies erhöht gegenüber der Flammentechnik sowohl die Meßgenauigkeit als auch die Nachweisempfindlichkeit. Nachteilig sind jedoch der relativ hohe Zeitaufwand pro Messung mit einem entsprechend reduzierten Probendurchsatz und eine Beschränkung der Methode auf den Nachweis bestimmter Elemente.

Hydrid-Technik. Bei der Anwendung der Hydrid-Technik macht man sich zu Nutze, daß bestimmte chemische Elemente der IV.–VI. Hauptgruppe, z.B. Arsen oder Quecksilber, mit naszierendem (angeregtem) Wasserstoff gasförmige Hydride bilden. Als Reduktionsmittel dient hierbei eine Natriumborhydrid-lösung. Über die Hydridbildung wird eine erhöhte Spezifität im Nachweis-verfahren erreicht, da es zu einer Abtrennung und Anreicherung des zu unter-suchenden Elementes und in der Folge zu einer erheblichen Verminderung von Störeinflüssen kommt. Die Atomisierung der gasförmigen Hydride erfolgt üblicherweise in einer elektrisch beheizbaren Quarzglasküvette.

5.3.1.2 Andere Verfahren.

Atomemissions-Spektrometrie (AES). In der AES werden Lichtwellen, die von thermisch angeregten Atomen oder Ionen abgegeben werden, analysiert. Durch hinreichend hohe thermische oder elektrische Energie können freie Atome oder Ionen angeregt und auf ein energetisch instabiles Niveau angehoben werden. Wenn diese Atome oder Ionen in einen energetisch stabilen oder den Grund-zustand zurückfallen, emittieren sie Licht, das durch ein Prisma oder Gitter in Spektrallinien aufgelöst wird. Je nach Element ist die Wellenlänge des emittierten Lichtes spezifisch und kann mit Hilfe der AES gemessen werden. Über die Intensität der Linie läßt sich die Menge des jeweils enthaltenen Elementes bestimmen. Die Anregung und Atomisierung der Probe erfolgt üblicherweise durch eine elektrothermische Energiequelle in einem Lichtbogen-system.

ICP-AES. Bei der AES durch ein induktiv gekoppeltes Plasma (**I**nductively **C**oupled **P**lasma) erfolgt die Atomisierung einer Probenlösung über die Wechselwirkung zwischen einem Hochfrequenzfeld und einem ionisierbaren Gas, üblicherweise Argon. Unter Plasma versteht man hierbei ein durch hohe Temperaturen (>6000°C) erzeugtes Gasgemisch, das neben neutralen auch geladene Teilchen (Ionen oder Elektronen) enthält. Die hohen Temperaturen erlauben eine vollständige Atomisierung der zu bestimmenden Elemente bei weitestgehender Minimierung chemischer Interferenzen. Die atomisierten Elemente emittieren ein Spektrum analysierbarer Strahlung, wobei die zu unter-suchenden Elemente über die jeweiligen Wellenlängen der Strahlung spezifiziert sind. Ein entscheidender Vorteil der ICP-AES gegenüber anderen Systemen besteht in der Möglichkeit, simultan ein Multielementspektrum der Probe zu analysieren und damit einen außerordentlich hohen Probendurchsatz zu erreichen.

Anstelle einer AES-Einrichtung kann die ICP auch mit einem Massenspektrometer kombiniert werden. Die im Argonplasma generierten Ionen werden dann einem Massenspektrometer zugeführt und die Elementbestimmung erfolgt über das Masse/Ladungs-Verhältnis. Die ICP-MS erlaubt neben der Multielementbestimmung auch die Quantifizierung von Isotopenkonzentrationen und -verhältnissen.

Elektronen-Mikrosonde (vgl. Kap. 3)

Röntgenfluoreszenz-Spektrometrie. Eine feste oder flüssige Probe wird Röntgenstrahlen ausgesetzt und es kommt zur Emission sekundärer Röntgenstrahlung. Diese kann entweder nach ihrem Energiegehalt oder ihrer Wellenlänge getrennt werden und ermöglicht über die Lage der Spektrallinien die Identifizierung und über die Intensität der Linien eine Quantifizierung von Elementen.

Bei der **Particle Induced X-ray Emission (PIXE)** führt die Bestrahlung eines Untersuchungsobjektes mit schnellen Teilchen (z.B. Protonen aus einem Beschleuniger) in einer Hochvakuumkammer zu einer Anregung der Probe. Die dabei freigesetzte sekundäre Röntgenstrahlung ermöglicht entsprechend ihrer Energie und Intensität eine elementspezifische und quantitative Analyse.

Mit dem vergleichbaren Verfahren der **Particle Induced Gamma Emission (PIGE)** erfolgt die Detektion der Elemente über ein Gammastrahlenspektrum (Jenkins 1988).

Mit **Röntgenfluoreszenz-Verfahren** können Elemente mit einer Ordnungszahl größer als 9 ohne Probenentnahme auf kleinster Fläche analysiert werden. (Nähere Informationen s. Kap. 2, Teil A).

Neutronen-Aktivierungs-Analyse (NAA). Dieses Verfahren macht sich zu Nutze, daß bei der Bestrahlung einer Probe mit Neutronen oder Photonen Isotope gebildet werden, deren Gammastrahlung analysiert werden kann. Die Auswertung erfolgt über einen Vielkanalanalysator und ermöglicht die simultane Multielementbestimmung bis in sehr geringe Konzentrationsbereiche. (Nähere Informationen s. Kap. 2, Teil A).

Daneben eignet sich für bestimmte Elemente wie z.B. Phosphor eine einfache **photometrische Bestimmung**, ohne daß Interferenzen bei der Messung auftreten.

5.3.2 Probenvorbereitung und Messung

Bei allen Arbeitsschritten, die der Vorbereitung von Proben zur Elementanalyse dienen, sind Kontaminationen zu vermeiden bzw. auszuschließen. Wenn möglich, sollte bei Skelettresten die Probenentnahme bereits in situ erfolgen. Wo dies nicht möglich ist und eine Beprobung an bereits magaziniertem Material erfolgt, sind Informationen über die Art der Reinigung und etwaige Konservierungsmaßnahmen des Untersuchungsgutes, z.B. Härtung mit flüssigen Leimen oder Klebstoffen, einzuholen. Eine Entfernung der Härtungssubstanzen ist durch Behandlung mit den jeweiligen Lösungsmitteln möglich.

Bei Chemikalien sind grundsätzlich hochreine Qualitäten zu verwenden, z.B. Säuren der Qualität "suprapur". Die Salpetersäure, welche für den Aufschluß der Probe benötigt wird (s.u.), sollte vor Gebrauch noch einmal destilliert werden, in jedem Fall für die Verwendung bei Elementen, die mit der Graphitrohrofen-Technik gemessen werden. Wasser wird nur in Form von doppelt destilliertem Wasser (Aqua bidest.) eingesetzt. Die Reinigung von Glaswaren erfolgt durch Ausdämpfen mit konz. HNO_3. Wenn irgend möglich, sollten Gefäße mit nicht benetzbaren Oberflächen verwandt werden, z.B. aus Polyethylen, besser noch aus Teflon, da es durch Adsorption zu selektiven Elementverlusten kommt. Pinzetten und Spatel sollten aus Keramik hergestellt sein oder aus Metall mit einem Teflonüberzug bestehen. Sofern für die Probenvorbereitung und Messung kein Reinlabor zur Verfügung steht, ist kontaminationsfreies Arbeiten an einem Platz mit laminar air flow-System erforderlich.

5.3.2.1 Probenvorbereitung. Die folgenden Angaben beziehen sich auf die Analyse von bodengelagertem Skelettmaterial (vgl. Abb. 5.2). Auf die Vorbereitung anderer Materialien wird weiter unten kurz eingegangen.

Benötigt wird ca. 1 g kompakte Knochensubstanz, die mit einem Trepanbohrer oder einer Trennscheibe aus dem Knochen entnommen wird. Dabei ist darauf zu achten, daß wegen der intraindividuellen Variabilität von Elementkonzentrationen im Skelett ein standardisierter Probenentnahmeort gewählt wird. Konventionsgemäß hat man sich international auf Femurkompakta, möglichst aus der Diaphysenmitte, geeinigt, ggf. kann auch Kompakta der Tibiadiaphyse verwandt werden. Durch Entnahme mehrerer kleiner Proben aus der Diaphyse kann die Erfassung der Variabilität zusätzlich berücksichtigt werden (Grupe 1992).

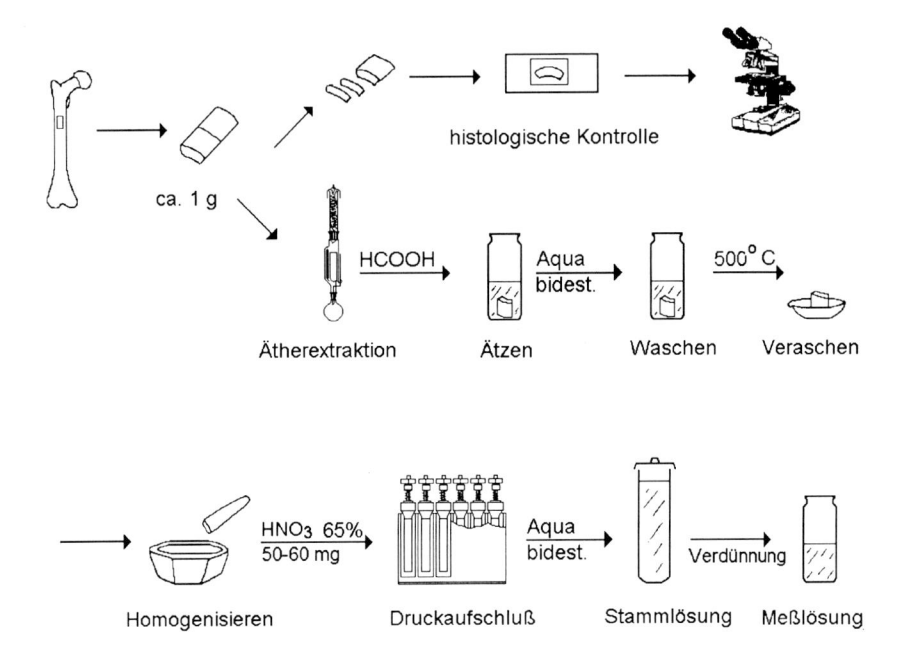

Abb. 5.2. Schematische Übersicht der Probenvorbereitung für die Spurenelementanalyse

Ein Teil der Probe wird einer Einbettung in Kunstharz zugeführt und dient der histologischen Überprüfung der Knochenbinnenstruktur im Dünnschliffpräparat. Hierbei werden erste Informationen zugänglich über mögliche diagenetische Veränderungen des Knochens durch Mikroorganismen. Hinweisgebend sind neben strukturellen Abweichungen der Verlust der Doppelbrechung bei Betrachtung des Schliffes im polarisierten Licht (z.B. Hanson u. Buikstra 1987; Grupe u. Piepenbrink 1989).

Der für die Analyse bestimmte Probenteil wird nach Erfordernis schonend mit Leitungswasser von anhaftendem Sediment befreit und getrocknet. Etwaige Spongiosareste in der Markhöhle werden entfernt. Anschließend erfolgt eine 4–6 stündige Ätherextraktion im Soxhlet, um organische Bestandteile, z.B. Fette aus dem Knochen herauszulösen. Danach wird die Probe im Ultraschallbad je nach Dicke 3–5 Minuten mit konz. HCOOH im Überschuß geätzt. Dabei werden Kontaminationen der Oberfläche und mögliche liegezeitbedingte Rekristallisationsprodukte aus den natürlichen Hohlräumen der Knochens entfernt (für alternative Verfahren vgl. z.B. Sillen 1986; Price et al. 1992). Hieran schließt sich ein mehrmaliges Spülen im Ultraschall mit Aqua bidest. an, das der möglichst quantitativen Entfernung dieser Lösungsprodukte dient. Die Anzahl der hierfür nötigen Spülgänge sollte für jedes zu untersuchende Element mit Hilfe von Löslichkeitsprofilen ermittelt werden. Erfahrungsgemäß sind zwischen zehn und 20 Waschlösungen erforderlich, bis nach einer sukzessiven Abnahme der Elementkonzentrationen ein stabiles Konzentrationsniveau erreicht ist.

Im Anschluß an den Waschvorgang wird die Probe bis zur Gewichtskonstanz bei ca. 50°C getrocknet. In einem Muffelofen wird die Probe anschließend bei 500°C für 12 Stunden verascht. Bei dieser Temperatur wird der organische Anteil des Knochengewebes weitgehend entfernt. Gleichzeitig werden eine Verflüchtigung der analyserelevanten Elemente sowie thermische Modifikationen der mineralischen Matrix vermieden. Vor und nach der Veraschung wird die Probe gewogen um zu prüfen, ob der Gewichtsverlust annähernd dem prozentualen Anteil entspricht, den die organische Knochenkomponente gegenüber dem mineralischen Anteil des Knochens unter physiologischen Bedingungen ausmacht (organisch:mineralisch ca. 30:70%). Abweichende Verhältnisse können liegemilieubedingt sein und geben zusätzliche Informationen über den Erhaltungszustand des Knochens. Die veraschte Probe wird nach Abkühlung gründlich homogenisiert (Achatmörser, Schwingmühle) und 50–80 mg Substanz einem Naßaufschluß zugeführt. Der Aufschluß erfolgt in 1 ml konz. HNO_3 suprapur dest. für 6 Stunden bei 160°C (Aufschlußapparatur z.B. Fa. Seif). Nach dem Aufschluß sollte die Probensubstanz vollständig in der Säure gelöst sein. In seltenen Fällen kann ein geringer Bodensatz zurückbleiben, der ein Absaugen des Aufschlusses über einen Glasfilter erforderlich macht. Der Aufschluß wird mit 9 ml Aqua bidest. aufgefüllt. Diese Stammlösung ist Grundlage für die anschließenden Analysen und wird in Polyethylengefäßen aufbewahrt. Tiefgefroren haben diese Lösungen in PE-Gefäßen Standzeiten von 1–1.5 Jahren, in nicht gefrorenem Zustand mehrere Wochen.

Aus der Stammlösung werden je nach Element durch entsprechende Verdünnungen Meßlösungen hergestellt und den jeweiligen Analysetechniken unterzogen. Bei Verwendung simultan multielementfähiger Spektrometer ist ein Aufschluß höherer Einwaagen nötig, da größere Volumina für die Stammlösungen erforderlich werden.

Die Rezeptur ist in der angegebenen Form auch für die Vorbereitung pflanzlicher Proben geeignet. Ein alternatives Verfahren ist bei Runia (1987) unter Verwendung von Salpetersäure und Perchlorsäure beschrieben. Für den Naßaufschluß geologischer Proben ist ein $HF-H_2SO_4$-Gemisch in einer Platinschale gebräuchlich. Wegen der möglichen Bildung von schwerlöslichen Sulfaten werden z.B. auch Gemische von HCl oder $HClO_4$ mit Flußsäure verwendet (vgl. Welz 1983, dort auch weitere Aufschlußverfahren).

5.3.2.2 Messung. Die Verdünnungsverhältnisse der Meßlösungen ergeben sich sowohl aus den in der untersuchten Matrix zu erwartenden Größenordnungen der Elementgehalte als auch aus den unterschiedlichen Nachweisempfindlichkeiten der verwendeten Analysetechniken (vgl. Kap. 5.2.1). Dementsprechend sind gerätespezifische Meßprogramme zu entwickeln, die den Erfordernissen der jeweiligen Anwender entsprechen. Zur Reduzierung chemischer Interferenzen beim Meßvorgang (z.B. Komplexbildung) werden bei der Verdünnung ggf. Zusätze erforderlich, z.B. La_2O_3 zur Ca-Meßlösung, KCl zur Sr-Meßlösung).

Je nach Element muß vor Beginn der Probenmessung das Gerät mit Standardlösungen (z.B. Titrisol, Fa. Merck) auf den zu erwartenden Konzentrationsbereich kalibriert werden. Damit wird sichergestellt, daß für den angestrebten Meßbereich eine lineare Beziehung zwischen der gemessenen Extinktion und der Konzentration des Elementes in der Probenlösung besteht. Die Kalibrierverfahren unterscheiden sich je nach angewendeter Methode (vgl. Welz 1983).

5.3.2.3 Qualitätskontrolle

pH-Reihen und Waschlösungen. Zur Erfolgskontrolle der Probenvorbereitung werden definierte Volumina der Spülflüssigkeiten, die nach dem Ätzen beim Waschen der Proben anfallen, auf ihre Elementgehalte hin untersucht. Prinzipiell sollen sich mit steigendem pH-Wert gegen 0 tendierende Konzentrationen finden. Damit ist gewährleistet, daß Rekristallisationsprodukte quantitativ in Lösung gebracht und aus der Probe entfernt worden sind. Zu beachten sind pH-Wert-abhängige Löslichkeitsprodukte bei bestimmten Elementen, z.B. Blei.

Als alternatives Verfahren wird, unabhängig vom pH-Wert der Spülflüssigkeit, eine bestimmte Anzahl von Waschlösungen abgenommen (z.B. 20), und durch Messung der Elementgehalte überprüft, wieviel Waschgänge nötig sind, um niedrigste, stabile Konzentrationen zu erhalten.

Qualitätskontroll-Standards. Für die Qualitätskontrolle bei der Messung werden in jedem Meßdurchgang Standards mit bekannten Elementkonzentrationen gemessen. Die Standards sollten zertifiziert sein und vom Hersteller Angaben über den 95%-Vertrauensbereich der gemessenen Konzentration enthalten. Grundsätzlich sollte die Matrix des Standards der Probenmatrix so ähnlich wie möglich sein. Für Skelettanalysen bewährt sich das Standard Reference Material 1400 Bone Ash des US National Institute of Standards and Technology (NIST). Alternative Knochenstandards der ehemaligen US-Atomenergiebehörde sind derzeit in der Erprobungsphase. Für umweltanalytische Anwendungen sind verschiedene Standards marktgängig, z.B. von SPEX Industries. Gute Erfahrungen liegen mit einem Standard auf der Basis von wasserfreiem Monetit ($CaHPO_4$) vor.

5.3.2.4 Auswertung. Neben den oben beschriebenen Reinigungs- und Kontrollarbeiten sind weitere Schritte nötig, um die Aussagefähigkeit der gemessenen Elementkonzentrationen zu überprüfen. Die Bestimmung des Ca/P-Verhältnisses gibt Aufschluß über die Integrität der mineralischen Matrix, welche unter physiologischen Bedingungen einen mittleren Wert von ca. F 15 besitzt (Gawlik et al. 1982). Für andere Elemente ist zu beachten, daß es unter der Liegezeit zu Austauschreaktionen mit dem umgebenden Medium kommen kann. Als Folge sind sowohl Elementverluste als auch der Einbau von Elementen in das Apatitgerüst des Knochenminerals möglich. Ob gemessene Elementgehalte im Bereich der Variabilität in vivo liegen, läßt sich anhand rezenter Referenzdaten (z.B. Iyengar et al. 1978) überprüfen. Allerdings fehlt bei diesen

Datensammlungen häufig die Angabe der Standardabweichung, so daß bei Prüfung auf mögliche unphysiologische Werte die Originalliteratur zu konsultieren ist. Einen weiteren Hinweis auf das Vorliegen physiologisch möglicher Wertebereiche liefert die Berechnung des Variationskoeffizienten (Standardabweichung/ Mittelwert in %). Aus Ernährungsexperimenten im Tierversuch ist für das Element Sr bekannt, daß selbst bei gleicher Diät durch die interindividuelle Variabilität des Stoffwechsels eine Grundvariationsbreite von ca. 19% für Knochen besteht (Schoeninger 1981). Nach unten abweichende Werte können auf Angleichungseffekte für das betreffende Element unter der Liegezeit deuten (vgl. Tuross et al. 1989). Hinweise auf mögliche Elementeinträge post mortem ergeben sich aus der obligaten begleitenden Analyse von Bodenproben des jeweiligen Fundplatzes.

Vor einer unkritischen Anwendung des Variationskoeffizienten ist allerdings zu warnen. Bei gleicher Standardabweichung zweier Meßreihen führen z.B. ein hoher und ein niedriger Mittelwert zu völlig unterschiedlichen Variationskoeffizienten, obwohl in beiden Stichproben eine vergleichbare Variabilität vorliegt. Die oben genannte Prozentangabe ist daher nur bei Elementkonzentrationen übertragbar, die diejenigen des Tiermodells vergleichbar sind.

5.3.2.5 Konzentrationsberechnungen. Durch die elementspezifische Kalibrierung des Gerätes ist sichergestellt, daß für den angegebenen Meßbereich eine lineare Beziehung zwischen Extinktion und Konzentration der Probe besteht. Zusammen mit den Angaben über Probeneinwaage, Probenvolumen und Verdünnung der Meßlösung kann die Konzentration wie folgt berechnet werden:

$$\text{Konzentration} = \frac{\text{Signal} \times \text{Verdünnung} \times \text{Volumen}}{\text{Einwaage}}$$

Ca und P als Mengenelemente der knöchernen Matrix werden in mg/g angegeben. Die Konzentrationsangabe für Spurenelemente wie Sr, Zn, Ba oder Cu erfolgt in ppm (parts per million = µg/g), für Schwermetalle, z.B. Cd oder As, die nur in geringsten Spuren im Skelett vorliegen, üblicherweise in ppb (parts per billion = ng/g).

5.4 Aussagemöglichkeiten der Elementanalyse

Die Bedeutung menschlicher Skelettfunde als Quellenmaterial ergibt sich aus der Tatsache, daß sie, im Gegensatz zu mittelbaren Aussagen über menschliche Lebensumwelten, wie sie über die materielle Kultur bereitgestellt werden, als einziges Material den direkten analytischen Zugriff auf den Menschen selber und seine Wechselwirkung mit der Umwelt ermöglichen. Demgegenüber trägt die Materialanalyse archäologischer Objekte in besonderer Weise zum Verständnis kulturhistorischer Fragen bei. Nach der Darstellung allgemeiner Zusammenhänge (s. Kap. 5.1 Anwendungsgebiete) werden nachfolgend die dort aufgezeigten Anwendungsbereiche aufgegriffen und anhand ausgewählter Beispiele dargestellt.

Subsistenzstrategien. Der Einfluß unterschiedlicher ökologischer Standorte auf das Nahrungsspektrum einer Bevölkerung sowie der Wandel von Subsistenzstrategien konnte verschiedentlich durch diachrone Untersuchungen an historischem Skelettmaterial gezeigt werden. Dabei wird deutlich, daß die Analyse von Spurenelementen über eine Rekonstruktion der Ernährungsgrundlage hinaus auch Beiträge zur Rekonstruktion von Lebensweisen und kulturellem Wandel liefern kann.

Anhand der Spurenelementmuster bei sechs Inuitgruppen aus dem Nordwesten Alaskas konnten Connor u. Slaughter (1984) zeigen, daß sich nach einer anfänglich starken Dependenz von mariner Nahrung im Verlauf von mehreren hundert Jahren die Subsistenzgrundlage allmählich zu einer Ausbeutung terrestrischer Ressourcen verschob. Dies wird in Verbindung gebracht mit einer vermehrten Jagd auf Karibus.

Für drei Bevölkerungsgruppen der arabischen Golfküste ließ sich mit Hilfe von Multielementspektren ein schrittweiser Wandel des Ernährungsverhaltens während des 2. Jtsd. v. Chr. ableiten, der gleichzeitig auf einen Wechsel der Lebensweise schließen läßt (Grupe u. Schutkowski 1989). Ausgehend von einer pastoral-nomadischen Lebensform mit dem Konsum pflanzlicher sowie terrestrischer und mariner Kost veränderte sich die Subsistenzgrundlage in Richtung auf eine überwiegende Nutzung von Meeresfrüchten. Hieraus resultiert die Notwendigkeit einer permanent seßhaften Lebensweise, die auch im archäologischen Befund durch eine Zunahme der Siedlungstätigkeit gegen Ende des 2. Jtsd. deutlich wird.

Für den Prozeß der neolithischen Transition konnte Schoeninger (1981) zeigen, daß die Ausbreitung des Ackerbaus im Vorderen Orient nicht primär auf der Erschließung neuer Ressourcen, sondern vielmehr auf dem veränderten Ressourcenmanagement einer schon über lange Zeit bekannten und genutzten Nahrungsquelle, dem Wildgetreide, beruhte. Hier wird also über Spurenelementanalysen eine Veränderung der Wirtschaftsform bei gleichbleibender Subsistenzgrundlage deutlich.

Soziale Differenzierung. Nach einer Rekonstruktion der allgemeinen Ernährungsgrundlage interessiert, besonders bei Gräberfeldern mit erkennbarer sozialer Gliederung der Bestatteten, die Frage nach unterschiedlichen Zugriffsmöglichkeiten von Bevölkerungsgruppen auf Nahrungsressourcen.

Schoeninger (1979) konnte an einer präkolumbischen mexikanischen Bevölkerung deutliche Hinweise auf eine statusbedingte Binnengliederung im Nahrungsverhalten feststellen. Die gemessenen Sr-Gehalte unterschieden sich gruppentypisch entsprechend der Grabausstattung. Diejenige Gruppe mit wertvollen Grabbeigaben zeigte die niedrigsten Sr-Werte, während Individuen ohne Grabausstattung hohe Konzentrationen aufwiesen. Da hohe Sr-Gehalte im Knochen ein Indikator für den substantiellen Konsum pflanzlicher Nahrung sind, lassen die gefundenen Konzentrationsunterschiede auf einen differentiellen Zugriff auf Fleischnahrung schließen.

Aktuelle Untersuchungen zum sozialgruppenkorrelierten Nahrungsverhalten von frühmittelalterlichen Bevölkerungen Südwestdeutschlands deuten ebenfalls auf qualitativ unterschiedliche Ernährungsbedingungen. Wegen der außerordentlich komplexen sozialen Gliederung bewährt sich hier der Einsatz multivariat-statistischer Verfahren für die Auswertung. Für die erwachsene Bevölkerung der Gräberfelder von Kirchheim unter Teck und Weingarten, Kr. Ravensburg lassen sich zunächst grundsätzlich unterschiedliche Ernährungsbedingungen rekonstruieren. Die Bevölkerung von Kirchheim ist mit insgesamt erhöhten Zinkwerten bei niedrigen Strontiumgehalten durch eine Diät gekennzeichnet, die reich an tierlichen Nahrungsmitteln wie Fleisch, Milch und Milchprodukten war. Demgegenüber zeigt die Bevölkerung von Weingarten durch insgesamt hohe Strontiumwerte eine deutliche Abhängigkeit von der vegetabilen Hauptkomponente. Gleichzeitig läßt sich für Kirchheim eine Unterscheidung von Sozialgruppen aufgrund unterschiedlicher Zinkgehalte im Skelett zeigen, die hinweisgebend auf einen differentiellen Zugriff für tierliches Protein innerhalb der Bevölkerung sind. Für Weingarten deutet dagegen das Verteilungsmuster der Strontiumgehalte im Skelett an, daß gruppentypische Ernährungsunterschiede auf eine differentielle Verwertung pflanzlicher Nahrung zurückgeführt werden kann (Schutkowski 1994; vgl. Abb. 5.3).

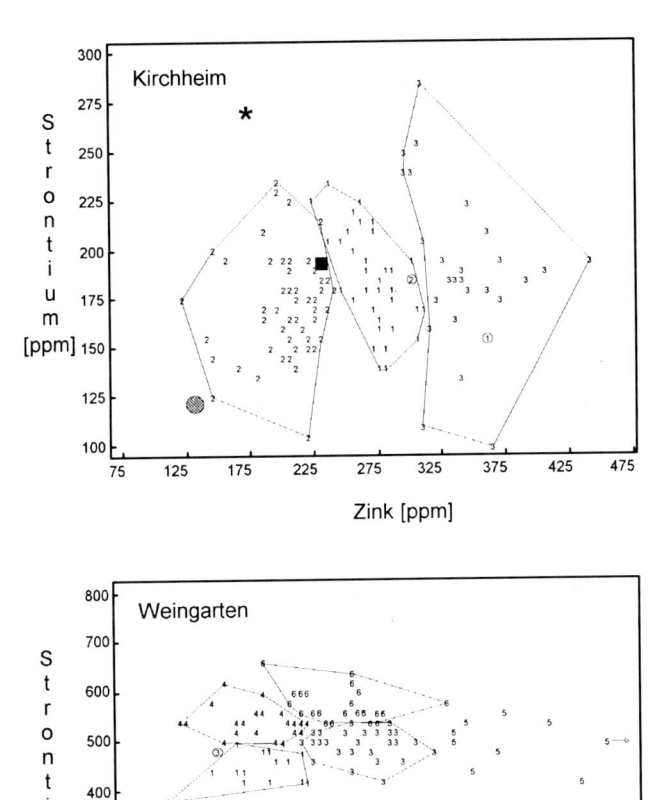

Abb. 5.3. Strontium- und Zinkgehalte in Skeletten der erwachsenen Bevölkerung von Kirchheim unter Teck und Weingarten, Kr. Ravensburg. Die Gruppenbildungen wurden über eine Clusteranalyse ermittelt. Die Verteilungsmuster der Elementgehalte zeigen deutliche gruppentypische Ernährungsunterschiede innerhalb der Bevölkerungen (vgl. Text). Die begleitende Analyse von Bodenproben (schraffierter Kreis) verdeutlicht, daß die gemessenen menschlichen Elementwerte nahrungsinduziert sind. Zu Vergleichszwecken sind die Werte eines strikt herbivoren Organismus (Pferd: ✻) und eines Carnivoren/Omnivoren (Hund: ■) mit angegeben

Ontogenetische Trends. Spurenelementuntersuchungen sind prinzipiell geeignet, paläodemographisch relevante Parameter wie den Entwöhnungszeitraum von Kleinkindern oder die aktive reproduktive Phase von Frauen aus der Elementzusammensetzung des Knochens abzuleiten. Grundlage hierfür sind

Hinweise auf altersvariable Verteilungen der Elemente Calcium, Strontium und Zink im menschlichen Organismus. Während der Schwangerschaft diskriminiert die Plazenta effektiv gegen Sr zugunsten von Ca, während Zn über den mütterlichen Organismus weitergegeben wird. Während der Laktation bleiben diese Verhältnisse prinzipiell bestehen, da auch die Brustdrüse gegen Sr diskriminiert (Lang 1979) und Zn über die Muttermilch zugeführt wird. Im Verlauf der Entwöhnung kommt es zu einer schrittweisen Substitution der Milchnahrung durch zusätzliche Gaben pflanzlicher Kost, etwa in Form von Breinahrung. Dies sollte zu einem deutlichen Anstieg der Sr-Konzentrationen in Knochen führen. Die Entwöhnung läßt sich also physiologisch als eine allmähliche Umstellung der Ernährungsweise fassen, an deren Ende eine Angleichung an die mittleren Elementwerte der erwachsenen Bevölkerung steht. In einigen Fällen konnten auch für historische Bevölkerungen diese Verhältnisse nachvollzogen und der Entwöhnungszeitpunkt der Kleinkinder bestimmt werden (Sillen u Smith 1984; Grupe 1986).

Aufgrund der genannten Diskriminierungsmechanismen kommt es während der Schwangerschaft und Laktation zu einer Akkumulation von Sr im weiblichen Organismus. Calcium wird besonders im letzten Drittel der Schwangerschaft für das Knochenwachstum des Föten entzogen (Worthington-Roberts 1989) und aus dem Apatit mobilisiert. Im Überschuß vorliegendes Sr besetzt freigewordene Gitterplätze in der mineralischen Matrix. Gleichsinnige Vorgänge laufen bei der Laktation ab, während der es zu einer Verarmung des Knochens mit Ca kommt (Atkinson u. West 1970). Die Sr-Gehalte reproduzierender Frauen sollten daher gegenüber denjenigen nicht reproduzierender Frauen erhöht sein. Gleichzeitig besteht für reproduzierende Frauen ein erhöhter Bedarf an Zn (WHO 1973; Worthington-Roberts 1989). Dieser Bedarf kann durch Zn-Mobilisierung aus dem Skelett gedeckt werden (Brätter et al. 1988). Frauen sollten also während der aktiven reproduktiven Phase einen im Mittel verringerten Zn-Status aufweisen. Der prinzipielle Zugriff auf derartige physiologische Parameter ist für historische Bevölkerungen belegt (Sillen u. Kavanagh 1982; Grupe 1986).

Der unterschiedliche Eintrag von Spurenelementen während der Frühontogenese läßt sich über die Analyse von Zahnschmelz rekonstruieren. Da Zahnschmelz nach seiner Bildung ein im wesentlichen geschlossenes System darstellt, kann er als Archiv für den Elementstatus der Kindheit genutzt werden. Ontogenetische Trends, z.B. im Hinblick auf Schadstoffbelastungen, können so über einen physiologischen Marker erfaßt werden (Ehlken u. Grupe, in prep.). Auch in saisonal bzw. periodisch gebildeten Strukturen des Knochens und der Zähne läßt die differentielle Anreicherung von Spurenelementen Rückschlüsse auf Änderungen der Lebensbedingungen in historischer Zeit zu. Erste Ergebnisse zeigen Konzentrationsunterschiede für bestimmte Elemente zwischen regulären Zonen des Knochens und sog. Harris-Linien, welche die Überwindung von einer durch meist exogene Stressoren verursachte Retardation im Längenwachstum des Knochens darstellen (Hermann 1993).

Umweltanalytik. Untersuchungen zur Bestimmung anthropogener Schadstoffeinträge in die Umwelt nehmen heute einen wichtigen Platz bei der Anwendung absorptionsspektrometrischer Verfahren ein. Die flächendeckende Analyse von Luft-, Gewässer- oder Bodenproben sind dabei eingegangen in Kartenwerke, die Aufschluß geben über die Verteilung toxischer Elemente in der Umwelt (z.B. Fauth et al. 1985). Von besonderem Interesse sind sog. geochemische hot spots, die hinweisebend sind auf Schadstoffakkumulationen in historischer Zeit, deren Auswirkungen bis heute faßbar sind, z.b. als Folge der Bleigewinnung während der Römerzeit in Großbritannien (Thornton 1988).

Im Rahmen archäometrischer Untersuchungen ermöglichen Schwermetallanalysen an biogenen Hartgeweben die Erfassung von Schadstoffkonzentrationen, denen Menschen historischer Epochen ausgesetzt waren. Als Ursachen für Schadstoffakkumulationen über das in der natürlichen Umwelt vorhandene Maß hinaus kommen u.a. Freisetzungen durch Metallgewinnung und -verarbeitung oder die Benutzung schwermetallhaltiger Gebrauchsgegenstände in Frage. Bekannte Kontaminationsquellen sind beispielsweise Eßgeschirr aus Metall oder aus Keramik mit schwermetallhaltigen Glasuren, Bleigläser oder metallene Vorratsgefäße. Spurenelementuntersuchungen sind geeignet, die Veränderung von Umwelt- und Lebensbedingungen anhand der in menschlichen Knochen und Zähnen gespeicherten Schadstoffe widerzuspiegeln. Wegen der z.T. erheblichen Speicherkapazität des Skelettsystems für Schwermetalle wie Pb, Cd oder As erfüllen Skelettfunde eine Monitorfunktion für Schadstoffbelastung in historischer Zeit. Inkorporiertes Blei wird zu mehr als 95% im Skelett erwachsener Individuen gespeichert, bei Kindern bis zu etwa 70% (Nordberg et al. 1991). Demgegenüber sind die Mengen an Cd oder As gering, da sie überwiegend in Weichgeweben (Cd) oder keratinisierten Hartgeweben (As) gespeichert werden. Der relativ hohe Masseanteil des Skelettes an der Gesamtkörpermasse erlaubt jedoch auch für diese Elemente eine Abschätzung der Größenordnung der Belastung (Grupe 1991).

Erste vergleichende Untersuchungen an mitteleuropäischen Skelettserien deuten für den Bleigehalt auf ansteigende Konzentrationen im Zusammenhang mit der beginnenden Urbanisierung während des Hochmittelalters. Hier werden Konzentrationen von 10 ppm erstmals überschritten, in traditionellen Bergbaugebieten liegen sie sogar um ein Mehrfaches höher (Grupe 1991). In historisch älteren Zeitabschnitten wurden Werte bis ca. 3 ppm gefunden. Dies entspricht dem Bereich des von Drasch (1982) für historische Bevölkerungen postulierten "physiologischen Nullpunkt" (ca. 0.5–2 ppm), einem Anhaltspunkt für die natürliche, nicht anthropogen gesteigerte, Belastung mit diesem Schwermetall (vgl. Abb. 5.4).

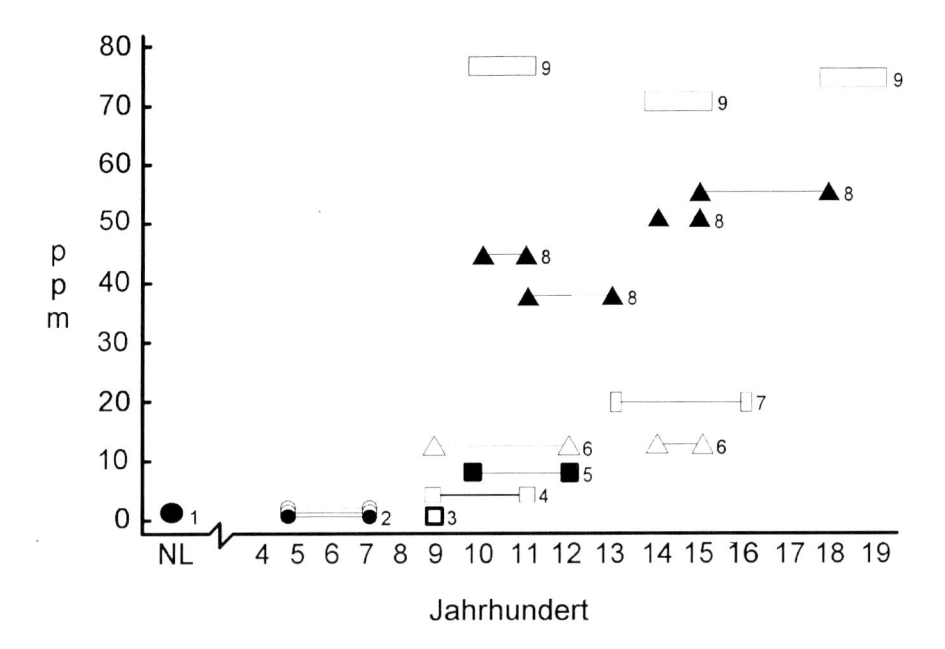

Abb. 5.4. Ansteigen der Schwermetallkonzentration (Pb) in menschlichen Skeletten als Folge zunehmender Schadstoffexposition in historischer Zeit. Fundorte: *1*: Wittmar, Ldkr. Wolfenbüttel, neolithisch (NL), 5. Jtsd. v. Chr. *2*: Altenerding, Ldkr. Erding; Kirchheim unter Teck; Weingarten, Kr. Ravensburg; *3*: Rajhrad *4*: Haithabu *5*: Espenfeld *6*: Osnabrück *7*: Schleswig (Dominikanerkloster) *8*: Münster (Domherren, St. Paulus) *9*: Badenhausen, Ldkr. Osterode. Ergänzt nach Grupe (1991)

Über den diachronen Vergleich von Schwermetallkonzentrationen in menschlichen Skeletten läßt sich daher auf Schadstoffexpositionen in historischer Zeit und damit ggf. auch auf Adaptationsmöglichkeiten an anthropogene Umweltbelastungen zurückschließen. Hierin liegt die Perspektive begründet, tolerierbare Schadstoffkonzentrationen abzuleiten und für eine Festlegung von Grenzwerten in heutiger Zeit zu nutzen.

Paläopathologie. Die selektive Akkumulation bestimmter Elemente im Skelett und ihre toxische Wirkung ermöglichen in einzelnen Fällen auch an historischen Funden die unterstützende Diagnose pathologischer Zustandsbilder. So konnte die Ätiologie eines metastasierenden Lungenkarzinoms bei einer hochmittelalterlichen Skelettserie plausibel durch erhöhte Schwermetallkonzentrationen als Berufskrankheit erklärt werden, die durch kontinuierliche Schadstoffemissionen bei der Metallverarbeitung verursacht wurde (Grupe 1988). Molleson (1987) fand auffällige Übereinstimmungen zwischen erhöhten Bleikonzentrationen und manifesten rheumatoiden Veränderungen an Skeletten einer romano-britischen Serie. Hohe intravitale Bleieinträge wurden hier als verstärkender Faktor auf eine bereits bestehende metabolische Dysfunktion interpretiert. Auch ein gegenüber physiologischen Werten verringerter Elementgehalt kann ein hilfreiches Kriterium für die Differentialdiagnose sein. Aufgrund verminderter Fe-Konzentrationen konnten Forniciari et al. (1983) in einer römerzeitlichen Serie das Auftreten von Cribra orbitalia als Folge einer Eisenmangelanämie deuten.

Materialanalysen. Die in diesem Abschnitt vorgestellten Aussagemöglichkeiten beschreiben exemplarisch Untersuchungsergebnisse für einige Materialgruppen. Für weitergehende Informationen wird auf zahlreiche Veröffentlichungen der Zeitschriften Journal of Archaeological Science, Archaeometry, Nuclear Instruments and Methods oder Journal of Radioanalytical Chemistry verwiesen.

Die Elementanalyse an archäologischen Keramiken sucht nach chemischen Differenzierungsmöglichkeiten der eingesetzten Rohmaterialien und versucht, z.B. lokale Produktionen von Importwaren zu trennen. Dies ist möglich, weil sich Tone sowohl durch ihre geologische Entstehung als auch durch ihre mineralische Zusammensetzung unterscheiden. So gelang z.B. Wolff et al. (1986) eine deutliche Trennung schwarzglasierter Keramiken von verschiedenen Standorten der Mediterraneis allein auf der Grundlage der chemischen Zusammensetzung. Identifiziert wurden Oxide überwiegend von Elementen der Hauptgruppen I, III und V sowie einiger Übergangselemente. Gleichzeitig konnte der Nachweis erbracht werden, daß schwarzglasierte Keramik in den letzten vorchristlichen Jahrhunderten zwischen Athen und Karthago verhandelt wurde.

Weitreichende Handelsbeziehungen in vorgeschichtlicher Zeit wurden von Ambrose et al. (1981) durch Elementanalysen an Obsidianen der Admiralitäts-Inseln festgestellt. Charakteristische Elementmuster gaben Aufschluß über die jeweilige Provenienz des Gesteins, das z.T. über Distanzen von mehreren tausend Kilometern zwischen Inselgruppen der Südsee verschifft wurde.

Die spurenelementanalytische Untersuchung von Gläsern liefert einerseits Angaben über die allgemeine chemische Zusammensetzung der Grundsubstanz mit ihren unterschiedlichen Anteilen an Metalloxiden. Daneben sind diejenigen Metallbeimengungen von Interesse, die Aufschluß über die jeweilige Farbtönung oder Trübung geben. So wurde die hellblaue Färbung ägyptischer Gläser durch Kupferzuschläge erreicht, dunkelblaues Glas wurde weitverbreitet durch Färbung mit Kobalt hergestellt. Über die jeweiligen Anteile von Verunreinigungen der Kobaltbeimischungen mit Mangan, Nickel und Zink konnte abgeleitet werden, daß für die Herstellung von ägyptischem und mykenischem Glas Kobalt der selben Lagerstätte verwendet wurde, während in Mesopotamien andere Quellen genutzt wurden (Sayre u. Smith 1974).

6 DNA aus alten Geweben

Susanne Hummel

6.1 Quellenmaterialien

Lebende Organismen tragen ihren individuellen genetischen Bauplan in nahezu allen ihren Zellen. Nach dem Tod überdauern durch das Zusammentreffen geeigneter Umstände gelegentlich einzelne Gewebe des Organismus und damit auch der genetischer Bauplan. Damit steht für molekularbiologische Analysen ein weites Spektrum an biologischen Quellenmaterialien zur Verfügung. Es können dies natürlicherweise erhaltene Überreste von Menschen, Tieren oder Pflanzen sein, oder aber deren artifizielle Erhaltungsformen.

Zu den auf natürlichem Wege entstandenen Erhaltungsformen sind beispielsweise Skelette, mumifizierte menschliche oder tierische Weichgewebe, Moorleichen, Kloaken, Bernsteineinschlüsse und Fossilien zu zählen, also archäologisch und paläontologisch relevante Objekte. Zu den natürlichen Erhaltungsformen gehören aber auch Reste, die in den Bereich der biologisch-forensischen Spurenkunde zu ordnen sind, z.B. Blutspuren und Haare.

Artifizielle Erhaltungsformen umfassen vorwiegend museale Exponate wie ägyptische Mumien, Tierbälge und präparierte Herbarobjekte, außerdem Gewebeeinbettungen der Histopathologie und fixierte Präparate der medizinischen Anatomie.

6.2 Desoxiribonukleinsäure

Die in nahezu allen Zellen enthaltene Desoxiribonucleinsäure (DNA) ist der Träger der vollständigen genetischen Information eines Individuums. DNA ist ein helikal gewundenes Makromolekül, das sich aus Nukleotiden zusammensetzt. Die Nukleotide selbst bestehen aus einer der vier Basen Adenin, Cytosin, Guanin oder Thymin, einem Zuckermolekül und einer Phosphatgruppe.

Durch die spezifische Abfolge der vier verschiedenen Nukleotide, die sogenannte Basensequenz, ist die genetische Information codiert.

Während prokaryontische Organismen wie Bakterien und Hefezellen vergleichsweise einfach strukturierte zirkuläre DNA-Stränge enthalten, weisen Eukaryonten wie Tiere, Pflanzen und Pilze in ihren Zellen verschiedene Typen von DNA auf.

6.2.1 Chromosomale DNA

Der Zellkern einer eukaryontischen Zelle besteht aus linearer doppelsträngiger DNA, die durch Histone auf engstem Raum in Form von Chromosomen mit deren Untereinheiten, den Genen, komprimiert wird. Die Chromosomen, von denen jede Zelle einen doppelten Satz enthält, werden von zwei elterlichen Individuen ererbt. Durch die Neukombination der elterlichen Keimbahnzellen Ei und Spermium, die als einzige Körperzellen nur einen einfachen Chromosomensatz aufweisen, sowie durch rekombinante Prozesse bei den ersten Zellteilungen, weist chromosomale DNA eine sehr hohe indiviuelle Spezifität auf (Traut 1991). Chromosomale DNA ist damit zur Identifikation, zur Bestimmung von Verwandtschaftsgraden zwischen Einzelindividuen oder Untergruppen innerhalb einer Population geeignet.

6.2.2 Mitochondriale DNA

Außer im Zellkern ist DNA bei Eukaryonten auch in den Mitochondrien enthalten, die den Energiestoffwechsel der Zelle steuern. Mitochondriale (mt-)DNA ist im Vergleich mit der individualspezifischen chromosomalen DNA wesentlich einheitlicher, was durch einen weitgehend mütterlichen Vererbungsweg begründet ist (Wilson et al. 1987; Gyllensten et al. 1991). Durch die daraus resultierende praktisch unveränderte Weitergabe mitochondrialer DNA über Generationen hinweg, ist mt-DNA für die Untersuchung evolutiver und phylogenetischer Fragestellungen geeignet, weil Unterschiede in der Basensequenz im wesentlichen auf Mutationen im Zeitverlauf zurückzuführen sind.

6.3 Forschungsstand und Erkenntnisinteresse

Nahezu ebenso vielfältig wie das Spektrum der Quellenmaterialien ist bei Analysen von degradierter DNA aus alten Geweberesten (aDNA) der Themenkatalog, der den verschiedenen Untersuchungen zugrunde liegt (Herrmann u. Hummel 1993). Die Ansätze reichen von der Überprüfung und Erforschung evolutiver und phylogenetischer Zusammenhänge über die Populationsgenetik bis hin zur Identifikation genetischer Eigenschaften auf Individualebene.

Grundlage von evolutionsbiologisch und populationsgenetisch orientierten Arbeiten ist die Untersuchung mitochondrialer DNA. Ein Beispiel hierfür ist die vergleichende Analyse von aDNA-Sequenzen aus musealen Gewebeproben eines ausgestorbenen Beutelwolfes mit rezenten australischen und südamerikanischen Arten. Aus Sequenzabweichungen innerhalb der bis zu 160 Basenpaaren langen Amplifikationsprodukte, die Bestandteile eines Cytochrome b-Gens sind, wird eine größere genetische Nähe des ausgestorbenen Beutelwolfes zu den australischen Taxa abgeleitet (Thomas et al. 1989 u. 1990; Faith 1990).

Entsprechende Studien zur Phylogenie auf einer molekularbiologischen Grundlage liegen für den ausgestorbenen Moa Neuseelands vor (Cooper et al. 1992; Cooper 1993). Materialbasis für aDNA-Analysen waren hier Knochen und Weichgewebe musealer Exponate des flugunfähigen Moa. Die Untersuchung von insgesamt 390 Basenpaaren mehrerer mitochondrialer Sequenzen lassen deutlich werden, daß Moas und der rezente neuseeländische Kiwi nicht wie bis dahin angenommen einer monophyletischen Gruppe zuzuordnen sind.

Neben musealen Exponaten sind auch natürliche Funde geeignet, offene Fragen der Evolutionsbiologie beantworten zu helfen. Zu den ältesten biologischen Quellenmaterialien Materialien, aus denen DNA extrahiert und amplifiziert wurde, gehören Blattreste aus einer etwa 17 Millionen Jahre alten fossilienführenden Schieferschicht in Idaho, USA. An Chloroplasten-DNA wurde die unmittelbare Verwandtschaft des miozänen Fundes zu heutigen Magnolienarten belegt (Golenberg et al. 1990; Golenberg 1991 u. 1993). Älter sind mit etwa 40 Millionen Jahren nur Insekten und Arthropoden aus Bernsteineinschlüssen, aus denen zwischen 100 und 600 Basenpaar lange DNA-Abschnitte amplifiziert werden konnten (Cano et al. 1992; Poinar et al. 1993). Gemeinsam mit Kenntnissen zur Erdgeschichte können derartige Studien entscheidend zur Hypothesen- und Modellbildung im Verständnis evolutiver Prozesse beitragen.

Ebenfalls für molekularbiologische Untersuchungen geeignet sind Pflanzen- und Pilzproben aus Herbarbeständen (Swann et al. 1991; Taylor u. Swann 1993). Durch DNA-Analysen an kleinsten Probenstücken können Beiträge zur Systematik erbracht werden, die durch die veränderte morphologische Struktur der Proben anders nicht mehr zugänglich wäre.

In den Bereich der Populationsgenetik sind Arbeiten wie die Studie zur zeitlichen und räumlichen Verbreitung dreier Subspezies von Känguruhratten einzuordnen (Thomas et al. 1990). Die vergleichende Analyse 225 Basenpaar langer mitochondrialer D-loop-Sequenzen wurde hier an Weichgewebeproben einer jahrhundertwendezeitlichen Museumskollektion der drei Subspezies und rezentem Material der gleichen geographischen Populationen durchgeführt. Durch den Nachweis genetischer Variablität in Abhängigkeit von der geographischen Isolation wurden Aussagen zu genetischen Abständen und zur Stabilität von Populationen möglich.

Ebenfalls einen populationsgenetischen Hintergrund hat der Nachweis von HLA-Genen aus dem Histokompatibilitätskomplex chromosomaler DNA bei den Untersuchungen einer menschlichen, etwa 7500 Jahre alten nordamerikanischen Population (Pääbo et al. 1988; Lawlor et al. 1991 ; Hauswirth et al. 1993). Die aDNA wurde hier aus feuchtkonservierten Gehirnresten der Körperbestattungen gewonnen. Durch die Detektion von Sequenzpolymorphismen auf den 124 Basenpaar langen DNA-Amplifikationsprodukten konnte die nahe Verwandtschaft zwischen dieser prähistorischen und modernen indianischen Populationen nachgewiesen werden.

Bestimmungen individueller genetischer Eigenschaften erfolgen an chromosomaler DNA. Beispiele aus der biologisch-forensischen Spurenkunde sind Identifikationen von Personen über Blut- und Spermaspuren oder Haare (Sensabaugh u. von Beroldingen 1991; Sensabaugh 1993) durch die Amplifikation von chromosomaler Mikrosatelliten-DNA (VNTR = variable number of tandem repeats oder STR = short tandem repeats). Für ein DNA-typing über die Amplifikation von Mikrosatelliten-DNA sind auch die Zellen von Federschäften geeignet (Ellegren 1991, 1993). Fünf verschiedene Allele mit Sequenzlängen bis zu 210 Basenpaaren konnten für etwa 100 Jahre alte präparierte Individuen einer Museumskollektion nachgewiesen werden. Der Vergleich mit Allelen der heute noch in Schweden heimischen Vogelart deutet auf ein hohes Maß an genetischer Kontinuität innerhalb der Population.

Verwandtschaftsbestimmungen sind durch den Vergleich von Längenpolymorphismen der Allele amplifizierter Mikrosatelliten-DNA möglich. Indem die Allelmuster verschiedener VNTR-Regionen aus den menschlichen knöchernen Überresten bestimmt wurden, war durch den Vergleich mit Mustern noch lebender Verwandter bereits die Identifikation eines Mordopfers möglich (Hagelberg et al. 1991). In entsprechender Weise wurde eine Identitätsfeststellung an Proben eines 1985 in Brasilien exhumierten Skelettes durchgeführt, von dem angenommen wurde, daß es sich um die knöchernen Überreste von Josef Mengele handelt. Durch die Amplifikation verschiedener Mikrosatelliten-Systeme konnte diese Annahme weitgehend sichergestellt werden (Jeffreys et al. 1992). Die Allellängen der in dieser Untersuchung verwendeten Systeme betrugen in der Regel nicht mehr als 200 Basenpaare und waren damit für die Applikation auf aDNA-Extrakte besonders geeignet.

Grundsätzlich können VNTR- und STR-Amplifikationen auch zur Feststellung von Verwandtschaft zwischen historischen Skelettindividuen eingesetzt werden (vgl. Kap. 6.6.1). Zunächst ist hier an die Feststellung von verwandtschaftlicher Nähe zwischen einzelnen Gruppen einer historischen Population über die Bestimmung von Allelfrequenzen zu denken. Bei hinreichend guter Binnenchronolgie eines archäologischen Gräberfeldes und der Unterstützung durch geeignete Datenverarbeitungssysteme sollten sich über Mikrosatelliten-Polymorphismen auch Stammbäume im Sinne von Genealogien für ganze Skelettpopulationen oder einzelne Gruppen einer solchen Population erstellen lassen. Die Feststellung einer Genealogie für eine begrenzte Zahl von Individuen wird besonders dann gute Aussichten haben, wenn beispielsweise durch die Bestattungssituation verwandtschaftliche Beziehungen impliziert werden. In einem solchen Fall ist eine für archäologische Fundkomplexe größtmögliche Nähe zu den Randbedingungen der o.g. Arbeiten von Hagelberg et al. (1991) und Jeffreys et al. (1992) gegeben, in denen anhand von Allelmustern hypothetische Annahmen zur Verwandtschaft verifizierend bzw. falsifizierend untersucht werden.

Zur Identifikation auf molekularbiologischer Ebene zählt auch der Nachweis spezifisch Y-chromosomaler DNA-Sequenzen zur Geschlechtsfeststellung. Etabliert wurde ein Verfahren, daß an eine automatisierte Extraktion von aDNA die Amplifikation einer 154 Basenpaar langen Sequenz anschließt (vgl. Kap. 6.1; Hummel u. Herrmann 1991; Hummel 1992, 1993). Auf diese Weise ist jetzt auch eine Geschlechtsfeststellung an morphologisch indifferenten Einzelfunden und kleinsten Skelettfragmenten möglich.

In der medizinischen Forschung ermöglicht die molekularbiologische Untersuchung histopathologischer Präparate neue Erkenntnisse zur Epidemiologie von Infektionskrankheiten. Die Erreger moderner Krankheiten, wie der HIV-Komplex, das Hepatitis- oder das Herpes-Virus, können in ihrer genetischen Variabilität und damit in ihrer Pathogenität durch die Untersuchung individueller Präparate über Jahrzehnte zurückverfolgt werden (Lai-Goldman et al. 1988; Grünewald et al. 1990; Grody 1993).

Neue Erkenntnisse sind durch den Einsatz molekularbiologischer Techniken auch für umweltgeschichtlich-historische Wissenschaftszweige vorstellbar. Für epidemiologische Studien stehen bislang vorwiegend schriftliche Quellen als Materialbasis zur Verfügung (Herrmann u. Sprandel 1987; Padberg 1991, 1992). Daneben könnten aber auch Quellenmaterialien wie mittelalterliche Kloaken, deren mikroskopische Inspektion bereits Einsicht zu historischen Verbreitungswegen und Frequenzen von Endoparasiten nehmen läßt (Herrmann 1985), einen molekularen Zugang zum Seuchengeschehen oder infektiösen chronischen Erkrankungen auf Gruppen- oder Populationsniveau erlauben. Auch Skelettreste sollten für entsprechende Untersuchungen geeignet sein.

Durch molekularbiologische Analyseverfahren erhalten Anthropologie, Archäologie und die umweltgeschichtlich orientierten historischen Wissenschaften Zugang zu ererbten oder erworbenen Eigenschaften historischer Individuen. Hiermit erfährt das Spektrum individueller und kollektiver biologischer Basisdaten, die ein Spiegel der Auswirkungen soziokultureller und sozioökonomischer Veränderungen in einer Gesellschaft sind (Herrmann 1987), eine bedeutende Erweiterung. Ermöglicht werden diese neuen Zugänge durch die beginnende Etablierung der erst Mitte der achtziger Jahre entwickelten Polymerase Chain Reaction (vgl. Kap. 6.6) auch für alte biologische Materialien, die bereits einen Dekompositionsprozess durchlaufen haben (vgl. Kap. 6.4) und deren Extrakte daher nur noch stark degradierte DNA in geringen Mengen aufweisen (vgl. Kap. 6.5).

6.4 Dekomposition und DNA-Erhaltung

Unmittelbar nach dem Tod eines Organismus setzt ein autolytischer Prozess ein, an dem ausschließlich körpereigene Enzyme als Katalysatoren biochemischer Reaktionen beteiligt sind. Von dieser ersten Phase der biogenen Dekomposition, der Selbstzerstörung des Organismus, sind vor allen enzym- und wasserreiche Gewebe wie die Leber und das Gehirn betroffen. Daran schließt sich unter Flüssigkeitsverlust eine zweite Phase der Zerstörung an, die Fäulnis des toten Organismus, an der anaerobe Bakterien beteiligt sind. Zum Fortschreiten der Verwesung tragen Pilze, später auch aerobe Bakterien und höhere Organismen wie beispielsweise Insekten oder Wirbeltiere bei (Berg 1975; Herrmann et al. 1990). Ebenfalls gewebezerstörend sind im weiteren Zeitverlauf physikalische und chemische Dekompositionsfaktoren, also Luft- oder Bodenfeuchte, Temperatur, pH-Wert, ultraviolette und radioaktive Strahlung (Eglington u. Logan 1991).

6.4.2 Überdauerung von aDNA

Aus dem Spektrum der biogenen Dekompositionsfaktoren greifen die enzymatischen Aktivitäten von Exo- und Endonukleasen unmittelbar die Struktur der DNA an. Sie bewirken während des autolytischen Prozesses Verkürzungen und Zerstückelungen der DNA-Stränge (Bär et al. 1988). Da die Enzymaktivität nicht nur von ihrer residualen Menge, sondern auch von Feuchtigkeitsverhältnissen abhängt, ist in enzym- und wasserarmen Geweben wie z.B. Knochen die Erhaltungswahrscheinlichkeit analysefähiger aDNA erhöht (Cooper 1993; Lassen 1993). Aber auch rasches Austrocknen von Weichgeweben, wie beispielsweise bei natürlichen oder intendierten Mumifikationen gegeben, sichert einen Erhalt von aDNA.

Von den physiko-chemischen Dekompositionsfaktoren nimmt vor allem der pH-Wert Einfluß auf die Struktur der DNA. In saurem Milieu hydrolysiert DNA vollständig, während es im stark alkalischen Bereich an bereits vorgeschädigten apurinischen oder apyrimidinischen Stellen verstärkt zu Brüchen des Doppelstranges oder auch zur Denaturierung der DNA in ihre Einzelstränge kommt. Daher ist für die Erhaltungsaussicht analysefähiger aDNA zum Beispiel das eine Bestattung umgebende Sediment von zentraler Bedeutung. Besonders günstige Voraussetzungen für den Erhalt von aDNA sind in etwa pH-neutraler Umgebung oder leicht alkalischem Milieu gegeben (Golenberg 1991).

Strukturveränderungen durch UV-Exposition und radioaktive Strahlung von DNA muß in toten genau wie in lebenden Geweben angenommen werden. Neben sogenannten cross-links, also dem "Verkleben" des Doppelstranges, kann es durch den Austausch von Basen zu Veränderungen der Basensequenzen kommen (Eglington u. Logan 1991).

6.4.3 Analysierbarkeit von aDNA

Im Hinblick auf DNA-Extraktion und Analyse kann zusammengefaßt werden, daß biogene Dekomposition zunächst eine Degradierung der im Organismus vorhandenen DNA bewirkt und damit die Chancen auf eine erfolgreiche Amplifikation längerer DNA-Abschnitte vermindert. Besiedeln beispielsweise Mikroorganismen ein Gewebe, so muß bei der Analyse der aDNA an Störungen durch den Eintrag von Fremd-DNA gedacht werden. Vergleichsweise gering scheint dieser Eintrag von Fremd-DNA erwartungsgemäß in sehr harten und daher auch dauerhaften Geweben wie Zähnen zu sein (Abb. 6.2 u. Hummel 1992).

Durch langfristig einwirkende physiko-chemische Faktoren wird darüberhinaus auch die Struktur von DNA in einer Weise angegriffen, die zu Änderungen von Basensequenzen führen kann. Solche Strukturveränderungen müssen nicht zwangsläufig zu einer verminderten Amplifikationsfähigkeit führen, wie dies in Anwesenheit großer Mengen von Fremd-DNA der Fall ist. Bei der Interpretation von Sequenzabweichungen in Evolutionsstudien sollte die Möglichkeit einer durch physiko-chemische Faktoren induzierten "postmortalen Mutation" jedoch nicht unbeachtet bleiben.

6.5 aDNA-Extraktion

Für die Gewinnung von DNA aus biologischen Geweben muß zunächst der Zellverband aufgelöst und die in großem Umfang vorhandenen Proteine enzymatisch abgebaut werden. Durch eine Abfolge automatisierter Extraktions- und Reinigungsschritte werden alle Zellkomponenten bzw. deren denaturierten Reste von der aDNA abgetrennt (Abb. 6.1).

6.5.1 Homogenisation und Suspension von Geweben

Typische Protokolle für die Extraktion von aDNA arbeiten in einem schwach alkalisch gepufferten wässrigen Medium, das zur Stabilisierung der in Lösung gehenden DNA meist EDTA (Etylendiamintetraessigsäure) enthält (z.B. Sambrook et al. 1989). Die genauen Konzentrationen der einzelnen Bestandteile des Extraktionsmediums müssen an den Gewebetyp angepaßt sein (z.B. Hummel 1992; Lassen 1993). Eine Homogenisation des Gewebes zum Beispiel durch Vermahlen, die der Erhöhung der Reaktionsoberflächen dient, erfolgt je nach Gewebetyp entweder bereits vor oder aber erst nach dem Einbringen des Gewebes in das Extraktionsmedium.

94 Susanne Hummel

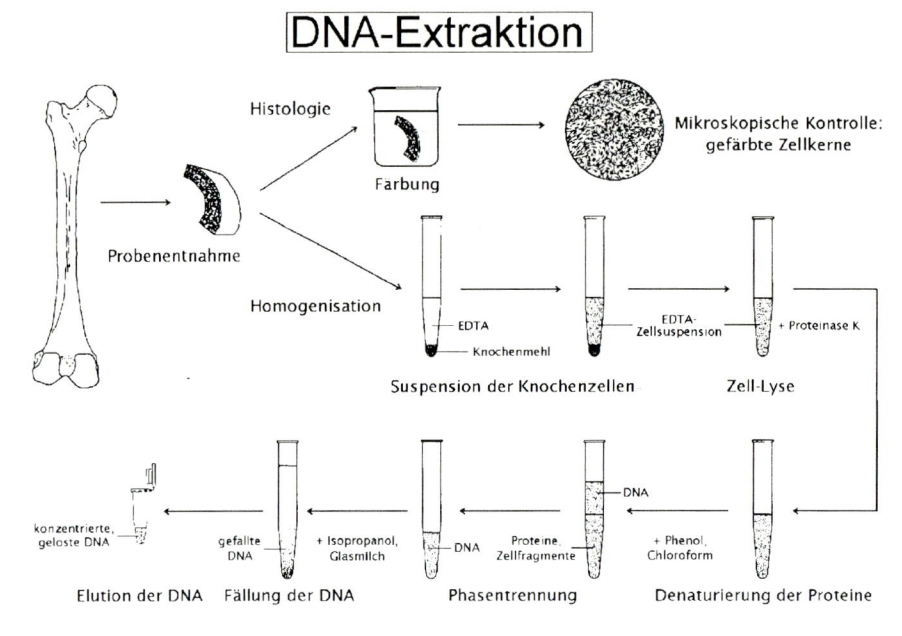

Abb. 6.1. Schematisierte Darstellung der Probenvorbereitung und des Extraktionsvorganges am Beispiel von Knochen

6.5.2 Lyse des Zellverbandes und Denaturierung von Proteinen

Nach der wenige Stunden bis mehrere Tage dauernden Suspension des Homogenisats im Extraktionsmedium wird das Enzym Proteinase K zugesetzt, das in seinem optimalen Aktivitätstemperaturbereich von 50–60°C eine Lyse der Zellen und beginnende Denaturierung der Proteine innerhalb von 1–3 Stunden bewirkt. Durch Ausschütteln des Lysates mit Phenol wird die Enzymaktivität gestoppt, die Proteinfragmente vollständig denaturiert und ausgefällt. Phenol greift insbesondere auch die stabile Proteinfraktion der Histone an, welche die DNA in stark komprimierter Form im Zellkern zusammenhalten. Nach der Abtrennung der denaturierten Proteinfragmente werden die noch in der Lösung verbliebenen Spuren des Phenols durch Ausschütteln mit Chloroform entfernt.

6.5.3 Konzentrierung und Reinigung der aDNA

Nach einer mehrfachen Wiederholung dieser Extraktionsschritte sollte das wässrige Medium jetzt ausschließlich die in Lösung befindliche DNA enthalten. Im Fall von alten Geweben sind jedoch zu diesem Zeitpunkt der Extraktion meist noch Verunreinigungen in Form bräunlicher Rückstände zu beobachten, die unter kurzwelliger UV-Anregung blau-grün fluoreszieren. Sie sind entweder auf Fixantien z.B. musealer Präparationstechniken zurückzuführen oder entstammen dem das Untersuchungsobjekt ehemals umgebenden Sediment, wie die in Skelettmaterial einwandernden Huminsäuren. Um die aDNA zu konzentrieren und weiter zu reinigen, wird der wässrigen Lösung Alkohol und eine silkathaltige Suspension, sogenannte Glasmilch zugesetzt. Während der durch den Alkohol initiierten Ausfällung der aDNA wird gleichzeitig ihre Bindung an die Silkatpartikel der Glasmilch erzielt. Nach der folgenden Elution und Resuspension der aDNA in ein kleines Volumen wässriger Lösung sind nur in wenigen Fällen weitere Reinigungsschritte erforderlich.

Die Extraktionen von DNA aus alten Geweben weisen im Vergleich zu modernen Kontrollproben (vgl. Kap. 6.6.2) kleinere Mengen an DNA, und diese als Folge der Degradierungsprozesse (vgl. Kap. 6.4.2) vorwiegend im niedermolekularen Bereich auf (Abb. 6.2).

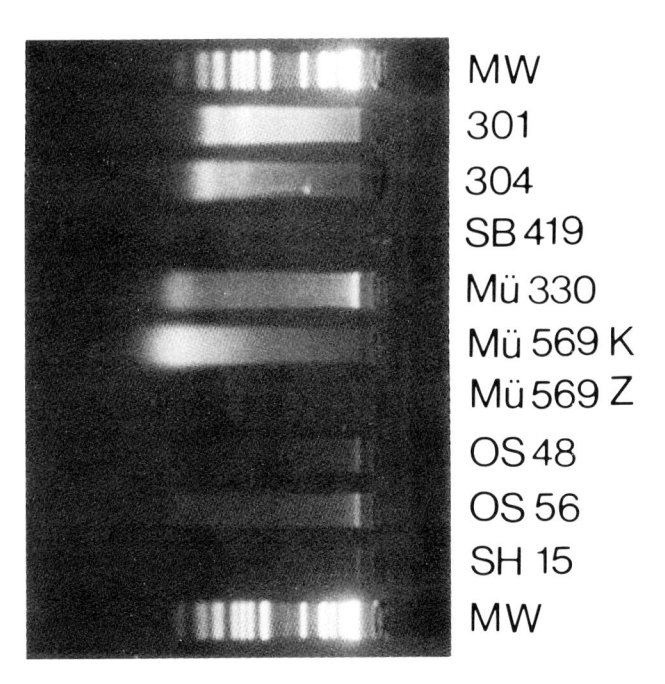

Abb. 6.2. Extraktion von DNA aus Rezentmaterial (301 und 304) und aus den alten Proben SB 419 (18./19. Jh.), Mü 330, Mü 569K, Mü 569Z, OS 48, OS 56 (9.–15. Jh.) und SH 15 (3. Jt. v. Chr.). MW = DNA-Molekulargewichtstandard. Die Extraktionen aus rezenten Knochen enthalten große Anteile hochmolekularer DNA. Alte Proben dagegen weisen in der Regel nur kleine Mengen vorwiegend niedermolekularer DNA auf. Eine Ausnahme bilden hier die stark von Mikroorganismen besiedelten Knochenproben Mü 330 und Mü 569K. Die Extraktion von nur geringen Mengen DNA aus einem Zahn eines dieser Individuen (569Z) zeigt, daß Zähne weniger dem Befall durch Mikroorganismen ausgesetzt sind

6.6 Polymerase Chain Reaction

Bei der Polymerase Chain Reaction (PCR) handelt es sich um eine noch junge molekularbiologische Technik (Mullis u. Faloona 1987; Saiki et al. 1988; Erlich 1989), mit deren Hilfe es möglich ist, gezielt einzelne Genabschnitte zu analysieren. Ihre rasche Verbreitung gründet zum einen auf der im Vergleich zur molekularen Klonierung einfachen Basistechnik und ihrer hohen Kapazität im Spurenbereich. Durch diese Eigenschaften ist die PCR schnell auch von Wissenschaftszweigen als Methode der Wahl erkannt worden, denen bisher allein durch den schlechten Überlieferungscharakter ihrer Quellenmaterialien der Zugang zu molekularbiologischen Untersuchungen versperrt war (z.B. Rogan u. Salvo 1990; Reynolds u. Sensabaugh 1991).

6.6.1 Funktionsweise der PCR

Das der PCR zugrundeligende Prinzip ist die Vermehrung eines einzelnen, zuvor bekannten und definierten DNA-Abschnittes in vitro. Es kann sich hierbei um ein Gen, also eine funktionstragende Einheit auf einem Chromosom handeln, oder auch um einen spezifischen, aber nicht-codierenden DNA-Abschnitt wie zum Beispiel eine VNTR-Region. Die Vermehrung dieses DNA-Abschnittes, die sogenannte Amplifikation, beruht auf einer zyklischen wiederkehrenden Abfolge von verschiedenen Temperaturstufen, denen das spezifische Reaktionsgemisch ausgesetzt wird. Dieses Reaktionsgemisch enthält neben der DNA selbst als wichtigste Komponenten Startermoleküle, sogenannte Primer, die den definierten DNA-Abschnitt erkennen, außerdem eine hitzestabile DNA-Polymerase, also ein Enzym, das ausgehend von den Primern für den Neuaufbau von DNA sorgt und schließlich freie Nukleotide, die der DNA-Polymerase als Bausteine für die neu aufgebaute, synthetische DNA dienen.

Ein PCR-Standardzyklus besteht aus drei Temparaturstufen, der sogenannten Denaturierungstemperatur von 94°C, der Hybridisierungstemperatur von etwa 55°C und der Elongationstemperatur von 72°C. Während der Denaturierungstemperatur teilt sich die doppelsträngige DNA zunächst in zwei Einzelstränge, an die sich während der folgenden Hybridisierungstemperatur die Primer an genau die Stellen anlagern, die den gesuchten DNA-Abschnitt begrenzen. Während der Elongationstemperatur, wird von der Taq DNA-Polymerase mit dem Aufbau je eines Gegenstranges ausgehend von den Primern begonnen. Als Matrizen für den Aufbau dienen die gegengleichen, denaturiert vorliegenden DNA-Einzelstränge. Auf diese Weise hat nach Abschluß des ersten Reaktionszyklus eine Verdoppelung des gesuchten DNA-Abschnittes stattgefunden. Wird nun erneut die Denaturierungstemperatur angesteuert, teilen sich die Doppelstränge wieder in Einzelstränge, an die neue Startermoleküle hybridisieren, erneut werden Gegenstränge zu den Einzelsträngen aufgebaut (Abb. 6.3).

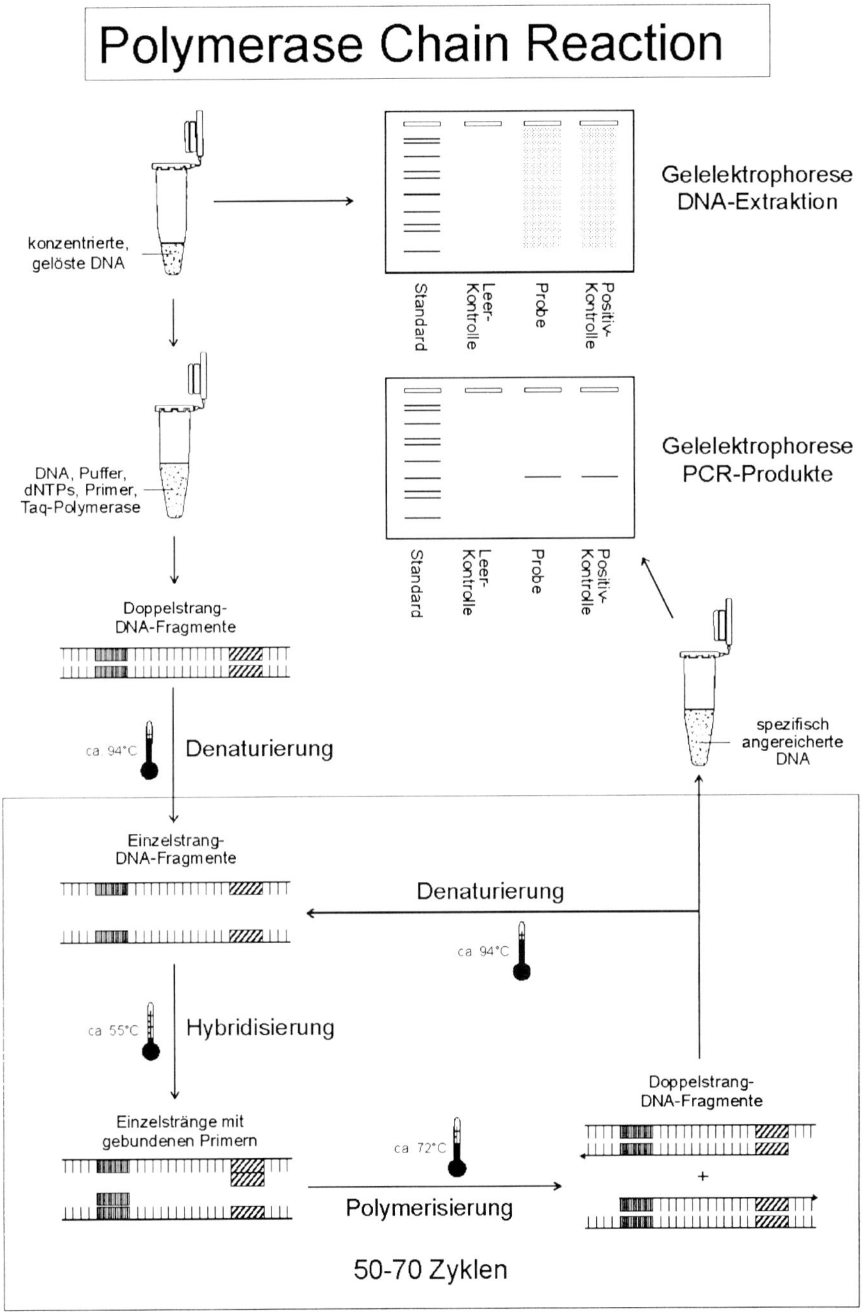

Abb. 6.3. Schematisierte Darstellung der ersten beiden Amplifikationszyklen einer Polymerase Chain Reaction

98 Susanne Hummel

Auf diese Weise kommt es im Idealfall zu einer exponentiellen Vermehrung des ausgewählten DNA-Abschnittes. Da insbesondere bei der Arbeit mit aDNA nur relativ wenige intakte DNA-Abschnitte in eine PCR-Reaktion eingesetzt werden können und außerdem mit inhibierenden Verunreinigungen im aDNA-Extrakt zu rechnen ist, kommt es zu unvollständigen Reaktionsverläufen besonders während der ersten Zyklen. Daher ist für Amplifikationen von aDNA eine im Vergleich zu Amplifikationen moderner DNA-Extrakte hohe Zahl von 50–70 Zyklen erforderlich (Abb. 6.4 u. 6.5).

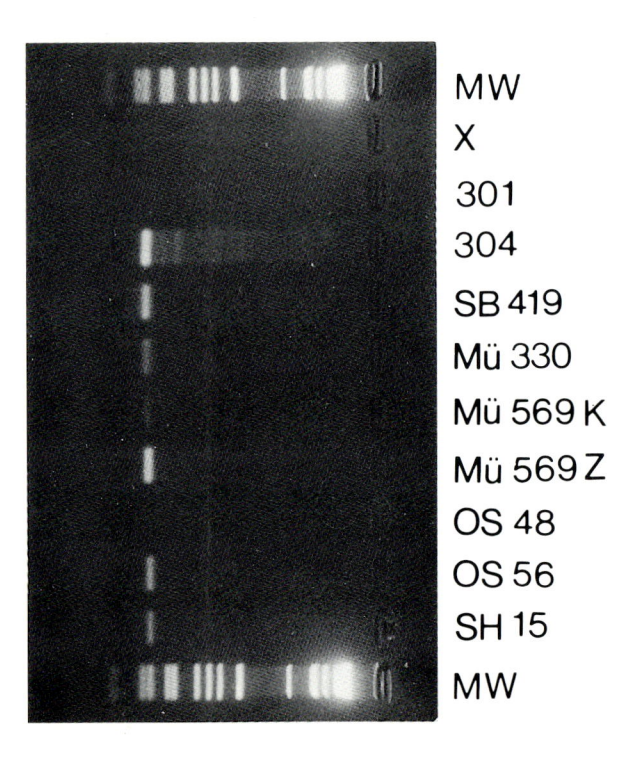

Abb. 6.4. Ergebnisse einer Amplifikation mit Primern, die spezifisch für einen 154 Basenpaare langen, auf dem Y-Chromosom lokalisierten DNA-Abschnitt sind. Sowohl die Kontrollprobe 304 eines rezenten männlichen Individuums als auch alle alten Proben männlicher Individuen weisen deutliche PCR-Produkte auf. Dagegen zeigen die Leerkontrolle X, die rezente Negativkontrolle 301 und OS 48 von weiblichen Individuen erwartungsgemäß keine Amplifikationsprodukte. Durch die Intensität der Signale wird deutlich, daß Zähne (569Z) mit ihrer sehr viel reineren DNA (vgl. Abb. 6.2) im Vergleich zu Knochenproben (569K) günstigere Voraussetzungen für effiziente Amplifikationen bieten können

DNA aus alten Geweben 99

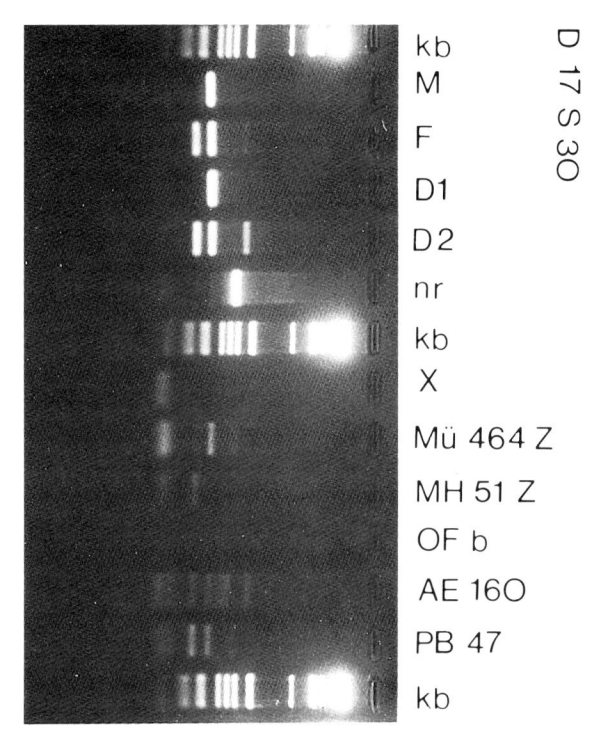

```
kb       D 17 S 30
M
F
D1
D2
nr
kb
X
Mü 464 Z
MH 51 Z
OF b
AE 16O
PB 47
kb
```

Abb. 6.5. Die Analyse von Mikrosatelliten-DNA, hier eine VNTR-Region auf dem Chromosom 17, ermöglicht die Bestimmung von Verwandtschaft. Durch die Amplifikation von Allelen mit bis zu 500 Basenpaaren Fragmentlänge von historischen Proben (Mü 464Z, MII 51Z, AE 160, PB 47) konnte gezeigt werden, daß die Rekonstruktion von Verwandtschaft auch für historische Individuen grundsätzlich zugänglich sein wird. Kontrollamplifikationen wurden hier an DNA-Extrakten aus Speichelproben von vier Verwandten (M und F = Eltern, D1 und D2 = Kinder) und einem nicht Verwandten (nr) vorgenommen

6.6.2 Kontrollproben

Durch die hohe Empfindlichkeit der PCR gerade im Mikrospurenbereich, aber auch durch ihre hohe Anfälligkeit gegen Störungen des Reaktionsverlaufes kommt bei Arbeiten mit aDNA der Wahl der Kontrollproben besondere Bedeutung zu. Da nur geringe Mengen an aDNA eingesetzt werden können und daher hohe Zyklenzahlen erforderlich sind, müssen Kontaminationen des sogenannten carry-over Typs (z.B. Kwok 1990) oder bereits durch die Probe selbst eingeschleppte Kontaminationen unbedingt vermieden und kontrolliert werden.

Neben den allgemein in der PCR-Technik üblichen Leerkontrollen, dies ist eine Probe die zwar sämtliche Reaktionskomponenten aber keine DNA enthält, ist es erforderlich auch sogenannte Negativkontrollen mitzuführen. Diese Probe muß DNA enthalten, die sicher nicht den ausgewählten Abschnitt aufweist, die aber den gesamten Extraktionsvorgang durchlaufen hat. Nur auf diese Weise sind Kontaminationen der Proben während des gesamten Arbeitsverlaufes sowie carrier-Effekte für Kontaminationen durch die Anwesenheit gesamtgenomischer moderner DNA auszuschließen.

Positivkontrollen dienen der Überprüfung der Reaktionsparameter und stellen einen regulären Reaktionsverlauf fest. Sie enthalten DNA mit dem gewünschten Amplifikationsabschnitt und sollten den untersuchten Proben hinsichtlich ihrer Herkunft und ihrer stofflichen Zusammensetzung so ähnlich wie möglich sein. Dies ist insbesondere wichtig für die Anpassung der Reaktionsparameter an die spezifischen Erfordernisse von aDNA-Extrakten, die häufig noch Spuren inhibierender Substanzen enthalten. Eine solche Anpassung kann neben der Festlegung der Zyklenzahl beispielsweise auch in der Auswahl besonderer PCR-Techniken bestehen, wie beispielsweise biphasischer Amplifikationen mit voneinander abweichenden Stringenzkriterien (Ruano u. Kidd 1989; Pääbo et al. 1990; Hummel et al. 1992).

Durch eine geeignete Auswahl verschiedener Kontrollproben können falsch-positive oder falsch-negative Amplifikationsergebnisse zwar nicht vermieden, aber sicher als solche erkannt werden.

Die Arbeit wurde durch den Bundesminister für Forschung und Technologie gefördert.

7 Die Tierwelt im Spiegel archäozoologischer Forschungen

Norbert Benecke

7.1 Einführung

Untersuchungen zu den Wechselwirkungen zwischen Mensch und Umwelt in vor- und frühgeschichtlicher Zeit gehören zweifellos zu den Themen innerhalb der prähistorischen Forschung, die in den letzten beiden Jahrzehnten eine besondere Aufmerksamkeit erfahren haben. Dies überrascht insofern nicht, als seit einiger Zeit eine wachsende Wahrnehmung von der heutigen Rolle und Verantwortung des Menschen für eine sich zusehends verschlechternde Umwelt zu verzeichnen ist, und sich damit zwangsläufig auch Fragen an die Mensch-Umwelt-Beziehungen in der Vergangenheit verbinden. Zur Erforschung des Einflusses des prähistorischen Menschen auf die Umwelt seiner Zeit bzw. seiner Abhängigkeit von dieser bieten ganz unterschiedliche Quellengattungen der archäologisch faßbaren Überlieferung bzw. fachspezifische methodische Ansätze wichtige Zugänge (Übersicht in Dincauze 1987). Neben solchen Disziplinen wie der Paläoethnobotanik, der Pollenanalyse und der Anthropologie vermögen auch archäozoologische Untersuchungen hierzu einen bedeutenden Beitrag zu leisten.

Der Mensch war und ist auf vielfältige Weise mit der Tierwelt verbunden. Tiere verschiedener Klassen, wie Protozoen, Würmer, Insekten, Mollusken, Fische, Vögel und Säugetiere, sind Teil der unmittelbaren Umwelt der Menschen, d.h. sie leben neben ihnen, unter ihnen, manche sogar auf bzw. in ihnen. In Bezug auf den Menschen nehmen sie dabei ganz unterschiedliche Rollen ein, die sowohl passiv, z.B. als Beute, domestizierte Tiere, Quelle für Rohstoffe und physische Kräfte, Objekte von Emotionen bzw. Quelle spiritueller Kräfte, als auch aktiv sein können, z.B. als Prädator, Konkurrenten, Parasiten, Krankheitsüberträger und -erreger. Historisch betrachtet waren der Grad und die Intensität jener Wechselbeziehungen von nachhaltigem Einfluß auf die Entwicklung des prähistorischen Menschen sowie der ihn umgebenden Tierwelt.

Zur Rekonstruktion dieses Wirkungsgefüges lassen sich, wie hier an ausgewählten Beispielen gezeigt wird, von überlieferten Tierresten wertvolle Informationen ableiten. Ergänzende Hinweise können zeitgenössische Tierdarstellungen bzw. Angaben in Schriftquellen liefern.

7.2 Der Fundstoff und seine Bearbeitung

Tierreste treten in subfossilen Ablagerungen vor allem als Überreste von Hartgeweben auf, so als Knochen, Zähne, Schuppen, Otolithen und Schalen von Tieren. Unter bestimmten Umständen erhalten sich auch organische Reste, z.B. das Chitin-Exoskelett von Arthropoden (Insekten, Milben, Krebse), Puparienhüllen von Insekten und Wurmeier. Welche Tierreste in einer Ablagerung anzutreffen sind, hängt in erster Linie von den Erhaltungsbedingungen im jeweiligen Sediment ab. So wird z.B. die Erhaltung von Insekten durch anaerobes Milieu, niedrige Temperaturen und durch Fehlen von organischen Substanzen begünstigt, wie es in feinkörnigen Sedimenten, größeren Tiefen sowie in Flach- und Hochmooren der Fall ist. Molluskenschalen finden hingegen in basenreichen, insbesondere karbonatreichen Sedimenten und Böden günstige Erhaltungsbedingungen.

Von großem Einfluß auf die Zusammensetzung des zoologischen Fundguts ist die bei der Ausgrabung bzw. Probenentnahme angewandte Bergungsmethode (z.B. Payne 1975; Benecke 1985). Während die Überreste größer Säugetiere in aller Regel leicht aufzufinden sind, bedarf es für die sachgerechte Bergung von Resten vieler kleiner und kleinster Tiere anderer Gruppen (Kleinsäugetiere, Vögel, Fische, Wirbellose) spezieller Methoden (Sieben, Schlämmen, Flotation u.ä.). Diese sind oftmals nur von den Spezialisten für diese Tiergruppen selbst richtig auszuführen (Schelvis 1990). Hier liegt also auch eine Verantwortung bei den Bearbeitern, darauf zu achten, daß eine adäquate Fundbergung der Faunenreste garantiert ist. Ihre eindeutige stratigraphische Zuordnung zu archäologischen Fundkomplexen bzw. zu pollenanalytischen oder sedimentologischen Befunden versteht sich von selbst und sei hier nur am Rande erwähnt.

Bei archäozoologischen Untersuchungen zu den Wechselbeziehungen von Mensch und Umwelt standen und stehen vor allem die Reste von Wirbeltieren und Mollusken im Vordergrund. Dies hat seinen einfachen Grund darin, daß solche Funde bei herkömmlicher Bergung auf archäologischen Ausgrabungen am zahlreichsten anfallen. Vor allem seit den 70er Jahren gewinnt die paläoökologische Auswertung von verschiedenen Gruppen der Wirbellosen (u.a. Insekten, Hornmilben, Kleinkrebse, Würmer) zunehmend an Bedeutung. Über den Informationszuwachs gerade von solchen Tiergruppen geben die langjährigen Untersuchungen in York ein eindrucksvolles Beispiel (Kenward 1978; Hall u. Kenward 1982).

Von ihrer Genese können subfossile Tierreste sowohl anthropogene Akkumulationen (z.B. Nahrungsreste auf Wohnplätzen des Menschen) als auch natürliche Ablagerungen (z.B. Mollusken und Kleinkrebse in Seesedimenten) darstellen. Sie vermitteln jeweils ganz spezifische Informationen zum Komplex Mensch-Tierwelt. Häufig treten beide Typen von Ablagerungen zusammen auf. Ein anschauliches Beispiel sind von Menschen und Tieren alternierend bewohnte

Höhlen. In solchen und anderen Fällen sind die taphonomischen Verhältnisse bzw. die Bildungsprozesse der Ablagerungen gründlich zu studieren, um die anthropogene von der natürlichen Faunenkomponente möglichst vollständig trennen zu können. Andernfalls besteht die Gefahr von Fehlinterpretationen.

Der wichtigste Schritt in der zoologischen Bearbeitung von subfossilen Tierresten ist die taxonomische Bestimmung der Funde. Dazu werden spezielle Vergleichssammlungen bzw. für bestimmte Tiergruppen (z.B. Mollusken, Insekten) Bestimmungsbücher herangezogen. Die Schwierigkeit der Bestimmung nahe verwandter Arten der Wirbeltiere nach makroskopischen Merkmalen am Skelett hat zur Suche nach alternativen Möglichkeiten geführt. Diese reichen von mikroskopischen Analysen über multivariate statistische Verfahren bis hin zu Methoden der biochemischen Taxonomie (Benecke 1987; Gilbert et al. 1990). Neben der taxonomischen Zugehörigkeit lassen sich an den Resten je nach Tiergruppe und Erhaltungszustand noch andere Merkmale bestimmen, so u.a. das individuelle Alter des Tieres, sein Geschlecht, seine Größe sowie Anomalien und krankhafte Veränderungen (Chaplin 1971; Davis 1987). Aus solchen Angaben können wertvolle Hinweise über die Art der Nutzung von Tieren erschlossen werden. Ein besonderes Problem bei der Analyse von Tierresten betrifft die Quantifizierung, d.h. die Ermittlung der Häufigkeiten, mit denen einzelne Arten in einem Fundmaterial auftreten (Übersicht in Reichstein 1989).

7.3 Ergebnisse

Die hier in einer Auswahl zusammengestellten Ergebnisse behandeln im ersten Teil Aspekte der Nutzung von Tieren durch den Menschen, während im zweiten Teil zur Rekonstruktion prähistorischer Faunen bzw. zu paläoökologischen Fragen anhand von Tierresten Stellung genommen wird. Daran schließt sich ein Abschnitt zum Thema Saisonalität an. Alle hier angeführten Beispiele entstammen überwiegend dem europäischen Raum.

7.3.1 Die Nutzung der Tierwelt durch den Menschen

7.3.1.1 Ernährung. Menschen sind ihrer Anatomie und Physiologie nach Omnivoren, d.h. sie leben sowohl von pflanzlicher als auch von tierischer Nahrung. Dementsprechend dienen ihnen Tiere neben Pflanzen zur Befriedigung eines ganz existenziellen Bedürfnisses. Die archäozoologischen Forschungen haben gerade zu dem Aspekt der Nutzung von Tieren als Nahrungsquelle in den letzten Jahrzehnten ein umfangreiches Faktenmaterial zusammengetragen (z.B. Bökönyi 1974; Luff 1982; Nobis 1984; Glass 1991; Benecke 1994).

Die Nahrung alt- und mittelpaläolithischer Jäger und Sammler umfaßte eine Vielzahl von Tierarten vor allem der Säugetiere, Vögel, Fische und Mollusken. Die Spektrum der genutzten Arten hing dabei von der jeweils vorherrschenden pleistozänen Fauna ab. So bildeten z.B. in Bilzingsleben (Kr. Artern), einem Lagerplatz des Urmenschen (*Homo erectus*), Arten der warmzeitlichen Tierwelt, wie Waldnashorn (*Dicerorhinus kirchbergensis*), Steppennashorn (*Dicerorhinus hemitoechus*), Waldelefant (*Palaeoloxodon antiquus*) und Bison (*Bison* spec.), die Hauptjagdbeute (Tabelle 2 in Mania 1983). Im Jungpaläolithikum, während des Hochstandes der letzten Vereisung, stellten dagegen Arten der Kaltsteppenfauna, wie z.B. Mammut (*Mammuthus primigenius*), Wollhaariges Nashorn (*Coelodonta antiquitatis*), Rentier (*Rangifer tarandus*) und Wildpferd (*Equus* spec.), die wichtigsten Jagdtiere der Menschen in weiten Teilen Europas dar. Im Übergang zum Holozän wurden diese Arten durch Rothirsch (*Cervus elaphus*), Ur (*Bos primigenius*), Wildschwein (*Sus scrofa*), Reh (*Capreolus capreolus*) u.a. als Fleischlieferanten abgelöst. Die intensive Bejagung dieser Arten bezeugen auch gelegentlich nachgewiesene Knochenverletzungen durch Jagdwaffen (Noe-Nygaard 1975). Ein Kennzeichen des Frühholozäns ist die umfangreiche Nutzung aquatischer Ressourcen als Nahrung (Tabelle 8 in Jarman et al. 1982).

Mit der Neolithisierung Europas gewinnen die aus Vorderasien eingeführten Haustiere Rind, Schwein, Schaf und Ziege zunehmend Bedeutung für die Versorgung der Menschen mit tierischem Eiweiß und Fett. Noch im Neolithikum treten Milch bzw. deren Verarbeitungsprodukte (Käse, Yoghurt) als neue wichtige Nahrungsmittel auf. Das Aufkommen der Milchnutzung bei Rindern, Schafen und Ziegen belegen zum einen archäozoologische Befunde mit dem Nachweis einer veränderten Herdenstruktur und zum anderen Funde von Gefäßen zur Milchverarbeitung (Siebgefäße; Benecke 1994). Der Bestand an Haustieren, die der Nahrungsversorgung des Menschen dienten, wird in der Folgezeit durch neu hinzukommende Arten ständig erweitert: im späten Neolithikum durch das Pferd, im Übergang von der Bronze- zur Eisenzeit durch das Huhn und die Gans, in der Römischen Kaiserzeit durch die Taube und schließlich im Mittelalter durch das Kaninchen, den Karpfen, die Ente, das Perlhuhn und die Pute (Abb. 7.1).

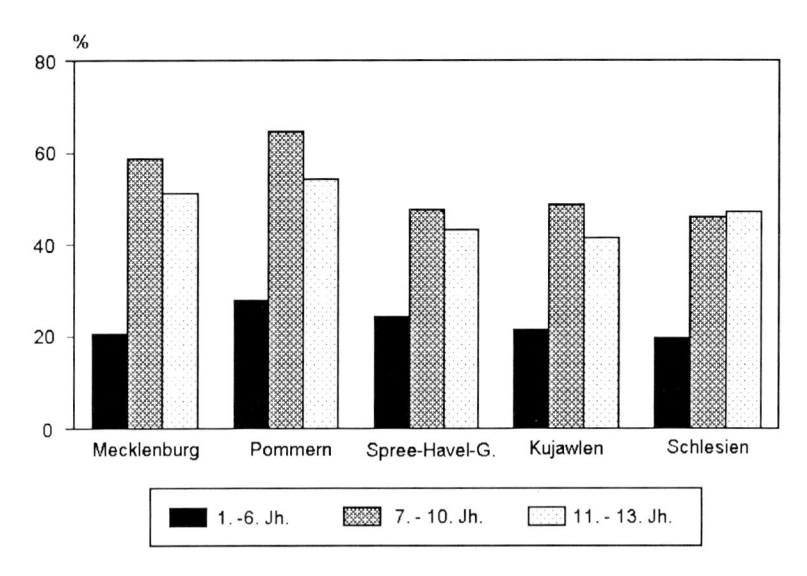

Abb. 7.1. Der Anteil vom Schwein an den Knochenfunden der Wirtschaftshaustiere in verschiedenen Regionen Mitteleuropas im Übergang von der Römischen Kaiserzeit zum Mittelalter (Benecke 1994). Im frühen Mittelalter (7.–10. Jh.) nimmt die Schweinehaltung deutlich an Umfang zu. Als Ursachen für diese Entwicklung werden u.a. Veränderungen im Feldbau (Dreifelderwirtschaft), die Bevölkerungszunahme und die frühe Stadtentwicklung angesehen

Daneben wurden zu allen Zeiten seit der Durchsetzung einer geregelten Tierhaltung in Europa weiterhin Wildtiere, insbesondere Arten der terrestrischen Säugetiere, Fische und Mollusken, zur Nahrung genutzt. Ihr Beitrag im Rahmen der Ernährungswirtschaft war zeitlich und regional unterschiedlich.

Während sich die qualitative Zusammensetzung (Artenspektrum) der tierischen Nahrung vor- und frühgeschichtlicher Menschengruppen auf dem Wege der Bestimmung der Tierreste relativ einfach erfassen läßt, bereitet die Beurteilung des relativen Anteils der einzelnen Tiergruppen an ihr in der Regel große methodische Probleme. Diese ergeben sich vor allem aus Unterschieden in der Fundüberlieferung (Erhaltungsfähigkeit) und Problemen der Quantifizierung. Ebenso stieß bislang die Ermittlung des Verhältnisses von tierischer zu pflanzlicher Nahrung anhand der Makroreste auf methodische Schwierigkeiten. Hier bieten allein Spurenelementanalysen an Skelettfunden des Menschen neue Möglichkeiten der Aussage (vgl. Kap. 5).

7.3.1.2 Tiere als Rohstofflieferanten. Neben Fleisch und Fett zur Nahrung lassen sich von Tieren diverse Rohstoffe gewinnen, die der Mensch als Ausgangsmaterialien u.a. zur Herstellung von Bekleidung und Gebrauchs- bzw.

Schmuckgegenständen nutzte und auch heute noch nutzt. Dazu gehören vor allem Tierhaare, Federn, Felle bzw. Häute, Sehnen, Horn, Geweih, Knochen und Zähne. Im archäologischen Fundmaterial können sie als Rohstoff, Verarbeitungsabfall, Halb- und Endfabrikat auftreten. Naturgemäß überwiegen Artefakte aus Hartgeweben, während sich Tierhaare, Felle und Häute bzw. deren Verarbeitungsprodukte nur unter bestimmten Lagerungsbedingungen erhalten.

Bis zum Aufkommen der Metallverarbeitung, aber auch noch danach, fanden bei der Herstellung von Geräten Geweih, Knochen und Zahn vielfach Verwendung. Archäozoologische Untersuchungen an derartigen Funden befassen sich u.a. mit der Frage, welche Skelettelemente von welchen Tierarten für die Fabrikation einzelner Gerätetypen genutzt worden sind (Schibler 1980). Der Bedarf an Geweih für die Geräteherstellung war mitunter so groß, insbesondere im Bereich größerer Werkstätten, daß die lokal anfallenden Stangen vom Rothirsch nicht mehr ausreichten und Geweih eingeführt werden mußte. Eine solche Situation liegt offenbar in der frühmittelalterlichen Siedlung von Ralswiek (Kr. Rügen) vor. Biometrische Untersuchungen an den Geweihbasen deuten darauf hin, daß die Geweihe teilweise aus Regionen im östlichen Ostseeraum importiert wurden (Benecke 1983).

Ein begehrter Rohstoff war Elfenbein. Für die Römische Kaiserzeit und das Mittelalter belegen zahlreiche Funde den Handel mit Stoßzähnen von Elefanten und vom Walroß in Europa.

Die Herstellung von Textilien beruhte lange Zeit ausschließlich auf Pflanzenfasern, vor allem auf Flachs (*Linum usitatissimum*). Im Übergang zur Bronzezeit tritt Wolle als neuer Rohstoff für die Fertigung von Geweben auf. Dem war eine gezielte züchterische Veränderung des Haarkleides bei Schafen vorausgegangen, deren einzelne Etappen durch mikroskopische Untersuchungen an Haar- bzw. Gewebsresten rekonstruiert werden konnten (Ryder 1983). Über viele Jahrhunderte dominierten in Mitteleuropa als Haar-Mischwolle bzw. Mischwolle bezeichnete Wolltypen in den Geweben. In der Römische Kaiserzeit tritt dann erstmals Feinwolle auf. Dieser Wolltyp geht nach vergleichenden Gewebestudien offenbar auf Schafe zurück, die im mesopotamisch-palästinensischen Raum im 1. Jt. v. Chr. entstanden waren.

Begehrte Rohstoffe für die Bekleidung waren zu allen Zeiten Tierfelle. Ihre Nutzung läßt sich archäozoologisch durch zweierlei Befunde belegen. Zum einen spiegeln Schnittspuren an besonderen Stellen des Skeletts das Abhäuten der Tiere direkt wider. Die auffällige Häufung solcher Spuren an Hundeknochen aus der Horgener Siedlung von Feldmeilen-Vorderfeld (Kt. Zürich) legte den Schluß nahe, daß Hunde hier hauptsächlich ihrer Felle wegen gehalten wurden (Eibl 1974). Auch an Knochenfunden von Katzen werden häufig Schnitt- und Ritzspuren festgestellt, die offensichtlich vom Abhäuten der Tiere herrühren. Entsprechende Befunde liegen z.B. aus den mittelalterlichen Siedlungen Odense, Haithabu (Kr. Schleswig-Flensburg) und Schleswig vor. Daneben ist das Überwiegen von distalen Extremitätenknochen (Metapodien, Phalangen) im Fundmaterial von Pelztieren ein deutliches Indiz für deren Fellnutzung (Benecke 1986a).

Die Häute vieler Wild- und Haustiere wurden für die Herstellung von Leder genutzt, das selbst wieder Rohstoff für die Fertigung von Bekleidung (z.B. Schuhwerk) oder Gebrauchsgegenständen war. Größere Fundserien an Lederresten stammen bislang vor allem aus Feuchtablagerungen mittelalterlicher Städte. Eine tierartliche Bestimmung dieser Reste z.B. von Wroclaw-Ostrów Tumski zeigt, daß hier im 10. bis 13. Jh. hauptsächlich Häute von Rindern, Ziegen und Schafen zu Leder verarbeitet wurden (Radek 1986; Abb. 7.2).

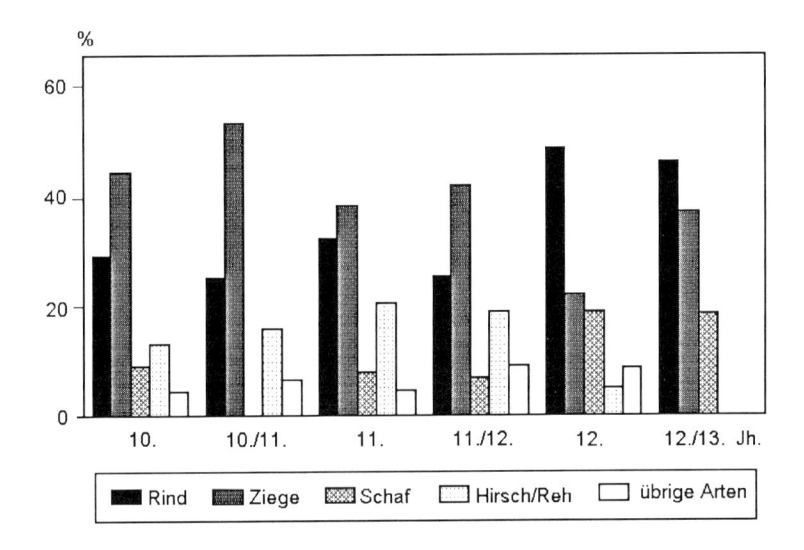

Abb. 7.2. Artliche Zugehörigkeit von Lederresten aus mittelalterlichen Schichten von Wroclaw-Ostrów Tumski (nach Angaben in Tabelle 2, Radek 1986). Der Anteil von Leder aus Rinderhäuten nimmt im Laufe der Zeit kontinuierlich zu. Rückläufig sind dagegen Lederreste aus Häuten von Ziegen sowie von Hirsch und Reh

Ein begehrter Rohstoff war auch Horn. Wie Leder erhält sich Horn nur unter bestimmten Lagerungsbedingungen im Boden und wird daher bei Ausgrabungen nur selten gefunden. Indirekte Hinweise auf die Verarbeitung von Horn lassen sich dagegen an Tierknochenfunden gewinnen. So weisen z.B. Schnittspuren an der Basis der Hornzapfen von Rindern, Schafen und Ziegen auf das Ablösen der Hörner hin. Schnitt-, Säge- und Hiebspuren auf den Hornzapfen selbst sind in den meisten Fällen ebenfalls mit der Horngewinnung in Verbindung zu bringen. Eine werkstattmäßige Verarbeitung von Hornscheiden vor allem von Ziegen konnte z.B. für die frühmittelalterlichen Siedlungen Haithabu (Kr. Schleswig-Flensburg) und Menzlin (Kr. Anklam) nachgewiesen werden. Bei bestimmten

Fundkonstellationen geben archäozoologische Befunde auch Hinweise auf die Tätigkeit von Gerbereien, so z.B. in den mittelalterlichen Siedlungen Freyenstein (Kr. Wittstock) und 's-Hertogenbosch (Prov. Noord-Brabant).

7.3.1.3 Die Nutzung physischer Kräfte von Tieren. Die Verwendung von Tieren zum Ziehen und Tragen von Lasten sowie das Reiten stellen alte Nutzungsformen von Haustieren dar, die noch im Neolithikum bzw. in der Bronzezeit entstanden sind. Über ihre Entwicklung geben vor allem archäologische Funde und Befunde sowie bildliche Darstellung Auskunft (Sherratt 1983). Gelegentlich finden sich jedoch auch an den Knochenfunden Hinweise für die Nutzung von Tieren zur Arbeit.

Die Anspannung von Rindern im Nackenjoch für Zugarbeiten belegen z.B. Spuren an den Hornzapfen in Gestalt von Druckatrophien dicht über der Hornzapfenbasis. Der älteste Fund dieser Art stammt aus Holubice (Mähren) und gehört in die Glockenbecherkultur (1. Hälfte 3. Jt. v. Chr.). Aus frühgeschichtlicher Zeit sind Hornzapfen mit derartigen Einschnürungen bereits in größerer Zahl nachgewiesen worden. Anatomisch-pathologische Veränderungen, die wohl ebenfalls auf eine starke Belastung im Zugdienst zurückgehen, werden gelegentlich an Beckenknochen, am Hüftgelenk (Coxarthrose), festgestellt. Zu den frühesten Nachweisen dieser Art gehören Rinderknochen aus einer spätneolithischen Siedlung von Etton bei Peterborough (Suffolk, Großbritannien). In der mittelalterlichen Burg Niederrealta bei Cazis (Kt. Graubünden) hatten z.B. etwa 52% aller beurteilbaren Beckenknochen von Kühen Coxarthrosen verschiedenen Ausmaßes (Klumpp 1967). Offensichtlich wurden hier neben Ochsen auch Kühe in großem Umfang als Zugtiere eingesetzt.

Osteologische Befunde geben auch Hinweise für die Reitnutzung von Pferden. Bei Untersuchungen an frühgeschichtlichen Pferdeskeletten aus Mitteleuropa fiel auf, daß bei diesen Tieren die Wirbel aus der Sattelregion auffällig häufig Frakturen der Wirbelepiphysen aufweisen (Müller 1985). Diese pathologischen Veränderungen sind als Reaktion auf eine zu starke und länger andauernde unphysiologische Belastung der Rückenpartie der Pferde anzusehen und belegen damit indirekt ihre Verwendung als Reittiere.

In ähnlicher Weise deuten durch Trensengebrauch verursachte Abrasionsspuren am zweiten Prämolar des Unterkiefers von Pferden auf ihre Nutzung zum Ziehen bzw. zum Reiten hin. Entsprechende Funde liegen z.B. aus Tangermünde (Kr. Stendal) und Rottweil vor.

7.3.1.4 Tiere als emotionale Objekte. Wie ethnographische Studien zeigen, haben Tiere bei rezenten Jäger- und Sammlervölkern nicht nur eine wirtschaftliche Funktion, sondern zu ihnen bestehen auch emotionale Beziehungen, insbesondere zu Jungtieren (Simoons u. Baldwin 1982). Dies dürfte auch für die prähistorische Zeit gegolten haben. Deutlicher Ausdruck von derartigen engen Bindungen sind bespielsweise Mitbestattungen von Hunden in Menschengräbern. Diese sind seit der Frühzeit der Hundehaltung im Übergang zum Holozän belegt (z.B. Bonn-Oberkassel, Hornborgasjän, Skateholm). Es besteht die Auffassung, daß die Domestikation des Wolfes ihre wesentlichen Wurzeln in engen sozialen Beziehungen zu gezähmten Wölfen seit dem mittleren Jungpaläolithikum hat (Benecke 1994). Auch zu Hauskatzen hat der Mensch ein enges, emotional geprägtes Verhältnis entwickelt. Archäozoologische Untersuchungen an Katzenknochen aus mittelalterlichen Städten belegen den Übergang zur zunehmenden Haltung von Katzen als Heim- bzw. Hobbytiere. So treten bei ihnen im Vergleich zu Hauskatzen aus ländlichen Siedlungen signifikant häufiger Gebißanomalien (Oligodontien) auf, was auf eine zunehmend nicht mehr "artgerechte" Nahrung (Küchenabfälle) zurückgeführt wird (Spahn 1986).

7.3.2 Rekonstruktion prähistorischer Faunen und Paläoökologie

Die Tiere eines Biotops bilden eine Lebensgemeinschaft (Biozönose), die bis zu einem gewissen Grade die physikalischen, chemischen und biologischen Eigenschaften des jeweiligen Lebensraumes widerspiegelt. Daher kann aus einem vorgefundenen subfossilen Faunenspektrum auf Eigenschaften des Lebensraumes geschlossen werden. Insbesondere natürliche Thanatozönosen (Fossilgemeinschaften) gestatten weitreichende Rückschlüsse auf die ursprünglichen Biozönosen, obgleich auch diese Ablagerungen verschiedenen taphonomischen Veränderungen ausgesetzt sind. Tierreste von Wohn- und Siedlungsplätzen des Menschen geben hingegen die paläoökologische Situation am Ort bzw. in der Region nur ausschnittsweise wieder, da durch sie lediglich der vom Menschen genutzte Teil der Tierwelt repräsentiert wird. Rekonstruktionen von Lebensräumen gehen von der Voraussetzung aus, daß die in einem Fundmaterial nachgewiesenen Tierarten die gleichen ökologischen Ansprüche hatten wie die heute lebenden Vertreter. Im Folgenden werden an ausgewählten Beispielen die Möglichkeiten faunenhistorischer und paläoökologischer Studien an Tierresten aufgezeigt.

7.3.2.1 Artenwandel und Verbreitung von Tierarten. Archäozoologische Untersuchungen ermöglichen Einblicke in die raum-zeitliche Entwicklung einzelner Tierarten. So liegen heute zahlreiche Angaben zum Faunenwandel im Quartär vor, insbesondere für Arten der Säugetiere und Vögel. Besonders gut untersucht ist dabei der Artenwechsel am Übergang vom Pleistozän zum Holozän, d.h. das Aussterben kaltzeitlicher Formen in Europa, wie z.B. von Mammut (*Mammuthus primigenius*), Wollnashorn (*Coelodonta antiquitatis*) und Moschusochse (*Ovibos moschatus*), sowie die Ausbreitung warmzeitlicher Tierarten.

Bei Untersuchungen zum Faunenwandel spielen Fragen der Datierung von Tierresten ein wichtige Rolle. In der Vergangenheit erfolgte die zeitliche Einordnung von Faunenkomplexen ausschließlich relativchronologisch, d.h. vor allem nach archäologischen, pollenanalytischen oder gelegentlich auch nach geologischen Befunden. Mit der Weiterentwicklung der Radiokarbondatierung (Beschleuniger-Methode, AMS) bietet sich seit einiger Zeit auch die Möglichkeit der Direktdatierung von einzelnen Tierknochen. Damit eröffnen sich für faunistisch orientierte Untersuchungen neue Perspektiven.

So konnte mit Hilfe derartiger Datierungen gezeigt werden, daß das Wildpferd (*Equus ferus*) in England offenbar bald nach 10000 B.P. ausstarb (Clutton-Brock u. Burleigh 1991; Burleigh et al. 1991). Bezogen auf angeblich mittelholozäne Funde vom Wildpferd aus Südschweden ließ sich nachweisen, daß diese neuzeitlich sind und damit nicht vom Wildpferd stammen können (Ekström et al. 1989). Danach kann der Süden der Skandinavischen Halbinsel nicht mehr zum nacheiszeitlichen Verbreitungsgebiet von *Equus ferus* gerechnet werden, wie es lange Zeit angenommen wurde. Auch für andere Tierarten, wie Ren (*Rangifer tarandus*) und Ur (*Bos primigenius*), liegen mittlerweile einige Direktdatierungen vor, die wichtige Aufschlüsse über ihr zeitliches Vorkommen geben (Clutton-Brock 1986; Steppan 1993).

Mit Hilfe archäozoologischer Untersuchungen lassen sich auch solche Prozesse wie das Aussterben von Tierarten im Holozän verfolgen. Entsprechende Arbeiten widmeten sich z.B. dem Wildesel (*Equus hydruntinus*) und dem Ur (*Bos primigenius*) (Vörös 1981, 1985). Beim Ur weisen die entsprechenden Befunde auf einen engen Zusammenhang zwischen menschlichen Aktivitäten (u.a. Bejagung, Tierhaltung) und seiner schrittweisen Ausrottung hin (Abb. 7.3). Andere Untersuchungen betreffen Arealverschiebungen von Tierarten während des Holozäns. Sie belegen zum Beispiel, daß im Mittelalter das Areal vom Elch (*Alces alces*) noch bis an die Elbe reichte (Müller 1966), während heute die Weichsel seine westliche Verbreitungsgrenze darstellt.

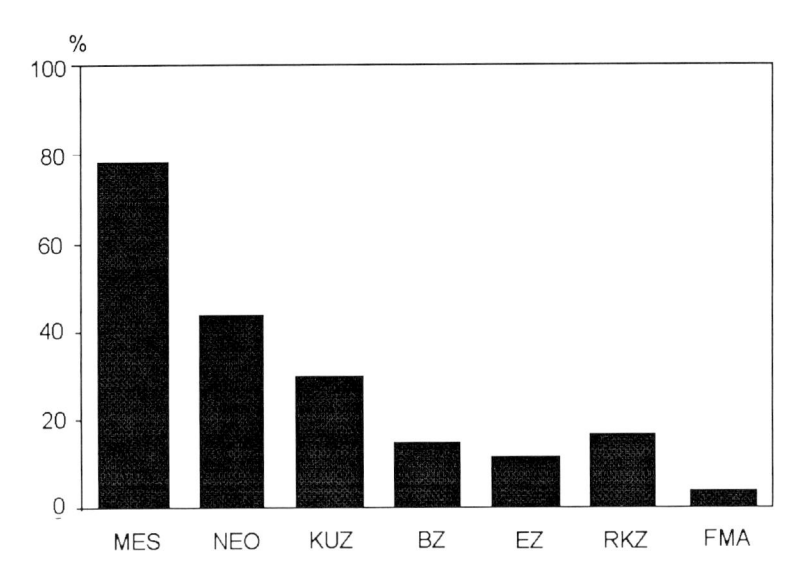

Abb. 7.3. Der Anteil vom Ur (*Bos primigenius*) an den Knochenfunden der Wildsäugetiere in verschiedenen Zeitabschnitten des Holozäns (MES = Mesolithikum, NEO = Neolithikum, KUZ = Kupferzeit, BZ = Bronzezeit, EZ = Eisenzeit, RKZ = Römische Kaiserzeit, FMA = Frühmittelalter; in Tabelle 2 Vörös 1987). Die Funde belegen den schrittweisen Rückgang dieses großen Wildtiers

7.3.2.2 Veränderungen in der Abundanz von Tierarten. Wichtige Aufschlüsse über die Umwelt bzw. über den Einfluß des Menschen auf diese lassen sich aus dem Studium von Abundanzveränderungen bei Tieren ableiten. Ein klassisches Anwendungsgebiet ist die Auswertung von Mikromammalier- und Molluskenfaunen aus paläo- und mesolithischen Fundstellen zur Klärung paläoökologischer und biostratigraphischer Fragen. Mit dem gleichen Ziel werden gelegentlich auch Kleinkrebse (*Cladocera* spec.) aus organogenen Seeablagerungen untersucht (Frey 1986). Bei derartigen Studien am Skrzetuszewskie-See ließ sich über die Veränderung der *Cladocera*-Fauna eine sprunghafte Zunahme der Eutrophierung des Gewässers als Folge einer verstärkten Siedlungstätigkeit des Menschen seit dem frühen Mittelalter nachweisen (Tobolski 1991). Für die Rekonstruktion lokaler Umweltverhältnisse z.B. im Bereich einer prähistorischen Siedlung versprechen auch die in jüngster Zeit begonnenen Studien an Hornmilbenfaunen (*Oribatida*) wichtige zusätzliche Informationen (Schelvis 1990).

Eindrucksvoll läßt sich der anthropogene Einfluß auf die Häufigkeit einer Wildtierart am Beispiel des Hasen zeigen. Der Feldhase (*Lepus europaeus*) ist seiner Biologie nach ein typisches Steppentier. Auf Stationen des Mesolithikums und des frühen Neolithikums, d.h. in jenen Perioden, in denen in Mitteleuropa noch eine weitgehend geschlossene Waldlandschaft vorherrschte, ist er daher nur selten anzutreffen. Vor allem ab dem Mittelalter finden sich dann seine Reste signifikant häufiger (z.B. Abb. 37 in Heinrich 1991). Diese Entwicklung spiegelt wohl zu einem nicht geringen Teil eine zunehmende Öffnung der Landschaft wider. Ähnliche Beobachtungen der Bestandsentwicklung mit einer Zunahme im Mittelalter liegen für das Reh (*Capreolus capreolus*) vor. Auch hier muß angenommen werden, daß sich die Ausweitung landwirtschaftlich genutzter Flächen positiv auf die Abundanz dieses Waldrandtieres ausgewirkt hat.

Ein Beispiel für den zeitweiligen Rückgang einer Wildtierart als Folge intensiver Nutzung durch den Menschen lieferten Studien an Fischresten aus mittelalterlichen Siedlungen an der südlichen Ostseeküste. In den Fundserien von Ralswiek (Kr. Rügen), Gdansk und Staraja Ladoga zeigte sich eine signifikante Abnahme vom Stör (*Acipenser sturio*) von den älteren zu den jüngeren Schichten (Abb. 1 in Benecke 1986b). Hier wird man wohl in erster Linie an eine Überfischung der Bestände als Ursache für diesen Rückgang denken müssen.

7.3.2.3 Größenveränderungen von Tieren als Klimaindikatoren. Zwischen der Körpergröße von Wildtieren und dem Klima besteht bei vielen Arten der Säugetiere und Vögel eine enge Korrelation, wobei Populationen aus kühlen Klimaten durchschnittlich größer sind als jene aus warmen Klimaten. So sind z.B. Wölfe der Polarregion deutlich großwüchsiger als Populationen von der Arabischen Halbinsel. Jenes auch als Bergmannsche Regel bezeichnete Phänomen macht man sich schon lange Zeit für paläoklimatologische Studien an Tierresten zunutze. Besonderes Interesse galt und gilt dabei den Klimaschwankungen während des Pleistozäns sowie am Übergang zum Holozän (Davis 1987; Abb. 7.4).

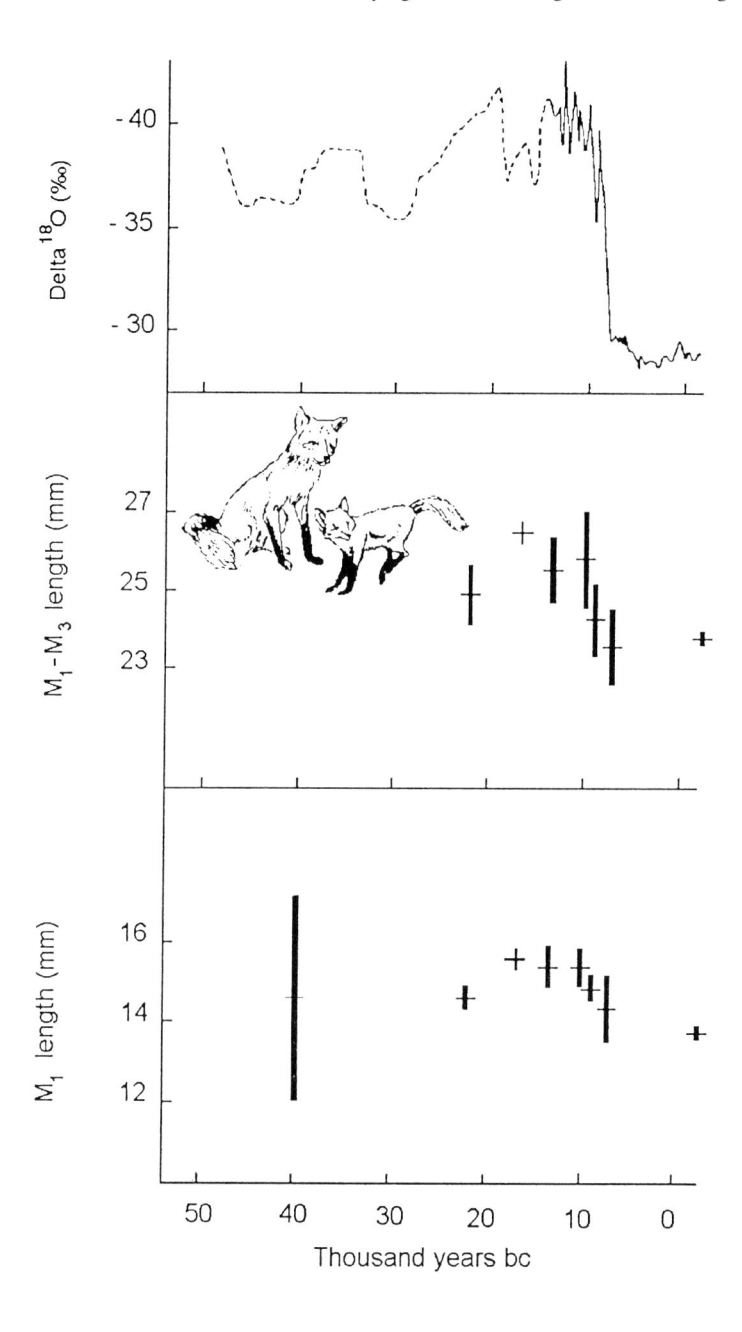

Abb. 7.4. Größenvariation von Füchsen (*Vulpes vulpes*) in Israel im Zeitraum 50000 v. Chr. bis heute (Abb. 3.8 in Davis 1987). Beachte die Größenabnahme nach 10000 v. Chr. Sie fällt mit einer allgemeinen Temperaturerhöhung zusammen, wie die Delta ^{18}O-Werte für die entsprechenden Schichten des Grönlandeises zeigen (oben)

7.3.3 Tierreste als Saisonalitätsindikatoren. Nach ethnographischen Befunden zeigen zahlreiche rezente bzw. subrezente Jäger-Sammler-Völker in Abhängigkeit vom Vorkommen, der Zugänglichkeit und der zu erwartenden Ergiebigkeit bestimmter Nahrungsressourcen ein jahreszeitlich differenziertes Wanderungs- und Siedlungsmuster. Von einem Basislager aus suchen sie im Laufe eines Jahres für jeweils nur kurze Zeitabschnitte mehrere Plätze zur Jagd bzw. zum Sammeln von Kleintieren und Pflanzen auf (Binford 1983). Ein solches Verhalten ist prinzipiell auch für Menschengruppen insbesondere in vorneolithischer Zeit anzunehmen. Bei archäologischen Untersuchungen auf paläo- und mesolithichen Wohnplätzen stellt sich daher regelmäßig die Frage nach der Jahreszeit der Besiedlung. Für deren Beantwortung können, wie die unten angeführten Beispiele belegen, Tierreste wichtige Anhaltspunkte liefern. Anthropogene subfossile Faunen vermitteln also nicht nur einen Einblick in die artliche und mengenmäßige Zusammensetzung der Nahrungsressourcen, sondern an ihnen lassen sich auch Angaben zu ihrer jahreszeitlichen Nutzung ermitteln.

Folgende drei Fund- bzw. Befundgruppen sind für die Bestimmung der Jahreszeit von besonderem Interesse:

– Tiere bzw. Entwicklungsstadien derselben, die an einem Ort bzw. in einer Region nur zu einer gewissen Zeit des Jahres vorkommen, z.B. Zugvögel oder Insektenpuppen

– Teile des Skeletts, die saisonal determinierte Veränderungen durchlaufen, z.B. das Geweih, Langknochen von noch im Wachstum befindlichen Tieren (Epiphysenschluß) bzw. Ober- und Unterkiefer (Zahndurchbruch- bzw. -wechsel, definierte Abrasionsstadien an Zähnen)

– Hartgewebe mit Wachstumsringen bzw. Zuwachslinien, die durch periodische, in der Regel saisonale Ablagerungen gebildet werden, z.B. Muschelschalen, Fischknochen und -schuppen, Otolithen sowie Zahnzement bei Säugetierzähnen

Traditionell werden vor allem Großreste von Säugetieren und Vögeln zur Rekonstruktion der jahreszeitlichen Besiedlung von Wohn- und Jagdplätzen herangezogen. Ein forschungsgeschichtlich frühes Beispiel ist die spätpaläolithische Rentierjäger-Station Meiendorf bei Hamburg. Hier ließ sich nach Befunden zur Geweihentwicklung sowie durch den Nachweis verschiedener Arten von Gänsen und Enten eine Belegung während des kurzen arktischen Sommers, d.h. für 2–3 Monate zwischen Juni und Oktober, wahrscheinlich machen (Rust 1937). Auch für die bekannte frühmesolithische Station Star Carr (Yorkshire, England) hat man versucht, die Frage der Saisonalität durch Befunde an Säugetier- und Vogelknochen zu beantworten. Unterschiedliche Fakten, so u.a. der Nachweis des nur in der warmen Jahreszeit in Großbritannien anzutreffenden Kranichs (*Grus grus*), das Vorkommen von Knochen neonater Elche (*Alces alces*) und Rothirsche (*Cervus elaphus*) sowie der Beleg zahlreicher Kiefer von Rehen (*Capreolus capreolus*) mit stark abradierten Milchprämolaren kurz vor dem Zahnwechsel, lassen hier auf eine Besiedlung hauptsächlich im späten Frühjahr und im Laufe des Sommers schließen (Grigson 1981; Legge u. Rowley-Conwy 1988). Studien zur Zahnentwicklung an Kieferresten von *Sus scrofa* aus spätmesolithischen und frühneolithischen Schichten in Abris der Südkrim, insbesondere zum Abrasionsgrad des P_4 und M_1, haben zum Nachweis einer spezialisierten Jagd auf Wildschweine in den Wintermonaten bzw. im zeitigen Frühjahr geführt, und damit die an diesen Funden abgeleitete Theorie einer autochthonen Schweinedomestikation widerlegt (Benecke 1994). Die saisonale Nutzung der Abris als Jagdstationen überwiegend in der kalten Jahreszeit konnte durch mikroskopische Untersuchungen der Zuwachslinien im Zahnzement von Schweine- und Rothirschzähnen bestätigt werden. Diese Methode ist der Wildbiologie entlehnt (Grue u. Jensen 1979) und hat in den letzten beiden Jahrzehnten vielfältige Anwendung bei archäozoologischen Studien gefunden.

Neben Säugetier- und Vogelknochen werden zunehmend Hartgewebe von kaltblütigen Tieren wie Fischen und Mollusken als Indikatoren für die Besiedlungszeit von Wohnplätzen des Menschen herangezogen. Sie geben nämlich aufgrund ihres ausgeprägten saisonalen Wachstums die Abfolge der Jahreszeiten meist besser zu erkennen als Hartgewebe von Säugetieren (Zahnzement). Studien zur Jahreszeit-Bestimmung anhand von Fischresten, vor allem an Wirbeln und Schuppen, liegen heute bereits in größerer Zahl vor (Beispiele in Casteel 1976; Torke 1981; Wheeler u. Jones 1989).

An meso- und neolithischen Küstenwohnplätzen stellen die häufig in großer Zahl gefundenen Schalen von Muscheln verläßliche "Kalender" für die Ermittlung der Saison dar, in der diese aquatischen Ressourcen überwiegend genutzt wurden. Um diese subfossilen "Mollusken-Kalender" richtig lesen zu können, d.h. für ihre Kalibration, bedarf es der genauen Kenntnis des saisonalen Wachstumsmusters der jeweiligen rezenten Formen. Gestützt auf derartige Vergleiche hat z.B. M. Deith (1983) zeigen können, daß in der mesolithischen Station Morton an der Ostküste Schottlands Muscheln der Art *Cerastoderma edule* zum überwiegenden Teil im Sommer (79% der beurteilbaren Stücke) und in geringer Menge (21%) im Winter gesammelt worden waren. Für den Platz wird nach diesen und anderen Befunden eine mehrfache, jedoch jeweils nur kurzzeitige Besiedlung im Laufe des Jahres angenommen. Bei aquatischen Molluskenarten, die keine zeitlich klar definierten Wachstumslinien ausbilden, ermöglicht die Messung des von der Wassertemperatur und damit von der Jahreszeit abhängigen Anteils der beiden Sauerstoffisotope ^{16}O und ^{18}O im äußersten Schalenrand eine Bestimmung der ungefähren Jahresperiode, in der die betreffende Molluske in die Fundschicht gelangt ist (z.B. Shackleton 1973).

7.4 Ausblick

Wie die vorstehenden Ausführungen zeigen, ermöglichen Studien an Tierresten vielfältige Informationen zum Verhältnis von Mensch und Tierwelt in vor- und frühgeschichtlicher Zeit. In der Vergangenheit ist vorrangig der Aspekt der Nutzung der Tierwelt durch den Menschen untersucht worden. Dabei standen Fragen der Gewinnung von Nahrung und tierischen Rohstoffen sowie die damit verbundenen Veränderungen in der Bewirtschaftung von Tieren im Mittelpunkt des Interesses. Zunehmend in den Vordergrund rücken heute Studien zur Rekonstruktion von Umweltverhältnissen (Paläoökologie) bzw. zum Einfluß des Menschen auf seinen Lebensraum in den einzelnen prähistorischen Zeitabschnitten. Neben den "klassischen" Fundmaterialien (Säugetiere, Vögel, Fische) gewinnen dabei andere Tiergruppen, vor allem solche aus dem Bereich der Wirbellosen, an Bedeutung. An ihnen lassen sich insbesondere lokale Umweltverhältnisse bzw. -veränderungen rekonstruieren. Noch ungenügend erforscht ist das komplexe Wirkungsgefüge zwischen evolutiven Trends, klimatisch verursachten Veränderungen und anthropogenen Einflüssen in der Entwicklung der pleistozänen und holozänen Tierwelt. Zur Lösung derartiger Fragen bedarf es einer engen interdisziplinären Zusammenarbeit u.a. zwischen Zoologen, Botanikern, Klimatologen und Archäologen.

7.5 Anmerkung (B. Herrmann)

Wie die Überreste von Tieren sind auch die Überreste menschlicher Körper, hauptsächlich Skelette, Mumien, Leichenbrände und Moorleichen als historisches Quellenmaterial Gegenstand materialanalytischer Bearbeitungen. Das mögliche Bearbeitungsspektrum geht dabei weit über jenes hinaus, welches in der Archäozoologie Anwendung findet. Dies erklärt sich aus unterschiedlichen Aufgaben und Fragestellungen. Fragen wirtschaftlicher Nutzung einschließlich der Zuchtziele wie in der für Tiere üblichen Weise treffen so auf den Menschen nicht zu. Ökologische oder zoogeographische Probleme bei Tieren entsprechen demgegenüber durchaus umwelthistorischen oder verbreitungsgeschichtlichen Aspekten beim Menschen.

Auf der Ebene der Materialanalyse menschlicher Überreste bewegen sich Fragen der Alters- und Geschlechtsbestimmung, der anthropometrischen Erfassung, der Deskription einschließlich paläopathologischer Befunderhebung, ebenso die Erfassung von Eingriffsfolgen am Leichnam in Zusammenhang mit der Bestattungspraxis oder die Beachtung von Gewalteinwirkung bzw. von Verfrachtungsspuren am Knochen. Diese Fragen werden mit vielfältigen naturwissenschaftlichen Methoden behandelt, wobei die "molekulare Archäologie" die avanciertesten Technologien der Molekularbiologie, Biochemie und Spurenanalytik einsetzt.

Nach wie vor klassischer Zugang zum Untersuchungsgegenstand ist das Mikroskop. Die licht- und elektronenoptische Untersuchung von Geweberesten ist unverzichtbar für die basale Diagnostik (Artbestimmung, Alter, Bildungsform; vgl. Abb. 7.5). Sie ist darüber hinaus von grundsätzlicher Bedeutung bei der Beurteilung des Gewebezustandes (Abb. 7.6), gewissermaßen quellenkritisch (Grupe u. Garland 1993), vor allem beim Einsatz spurenanalytischer und molekularer Techniken (Lambert u. Grupe 1993).

Massenstatistische Auswertungen oder contextuale Interpretationen großer Bestattungs- oder Fundkomplexe tragen häufig entscheidend zu deren Verständnis bei (Hietala 1984). Beispiele hierfür sind die Aufdeckung des Wandels neolithischer Bestattungssitten (Grupe u. Herrmann 1986) oder der kanibalistischen Praktiken nordamerikanischer Indianer (White 1992).

Die Vorgehensweise bei der Identifizierung, der Verwandtschaftsrekonstruktion, der Rekonstruktion von Sozialgruppen bzw. des epidemiologischen Geschehens und der umwelthistorischen Bezüge, die auf menschliche Überreste angewandt werden können, sind wegen ihres Umfanges Gegenstand einer gesonderten Darstellung (Herrmann et al. 1990). Dort sind auch die konzeptionellen Fragen, die hier nur als Matrix vorgestellt werden können (Tabelle 7.1), ausführlicher behandelt.

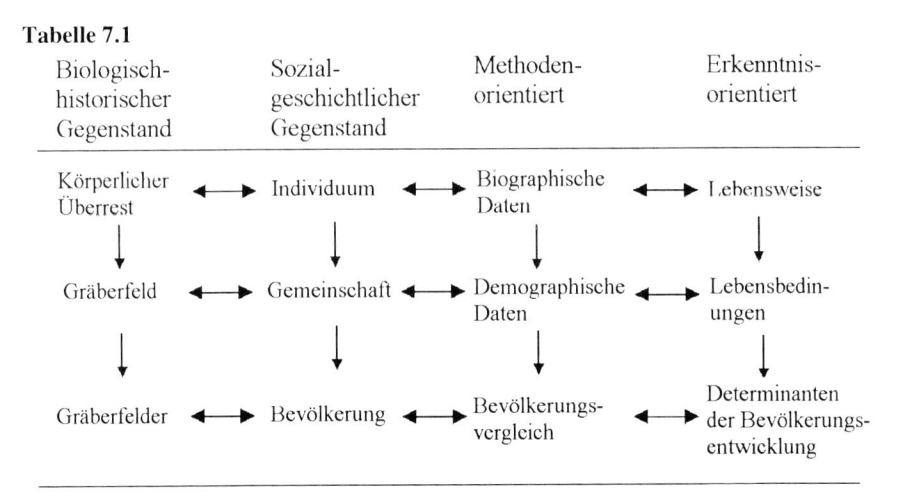

Tabelle 7.1

Biologisch-historischer Gegenstand	Sozialgeschichtlicher Gegenstand	Methodenorientiert	Erkenntnisorientiert
Körperlicher Überrest ↕	↔ Individuum ↕	↔ Biographische Daten ↕	↔ Lebensweise ↕
Gräberfeld ↕	↔ Gemeinschaft ↕	↔ Demographische Daten ↕	↔ Lebensbedingungen ↕
Gräberfelder	↔ Bevölkerung	↔ Bevölkerungsvergleich	↔ Determinanten der Bevölkerungsentwicklung

Das Erkenntnisinteresse ist heute vor allem auf die Rekonstruktion der individuell bestimmten Lebensweise, des kollektiv gesetzten Rahmens der Lebensbedingungen, in deren Grenzen sich eine Bevölkerung entwickelt, und schließlich derjenigen Randbedingungen ausgerichtet, welche über biologische und soziale Einflüsse die langzeitliche Entwicklungsprozesse einer historischen Bevölkerung bestimmen.

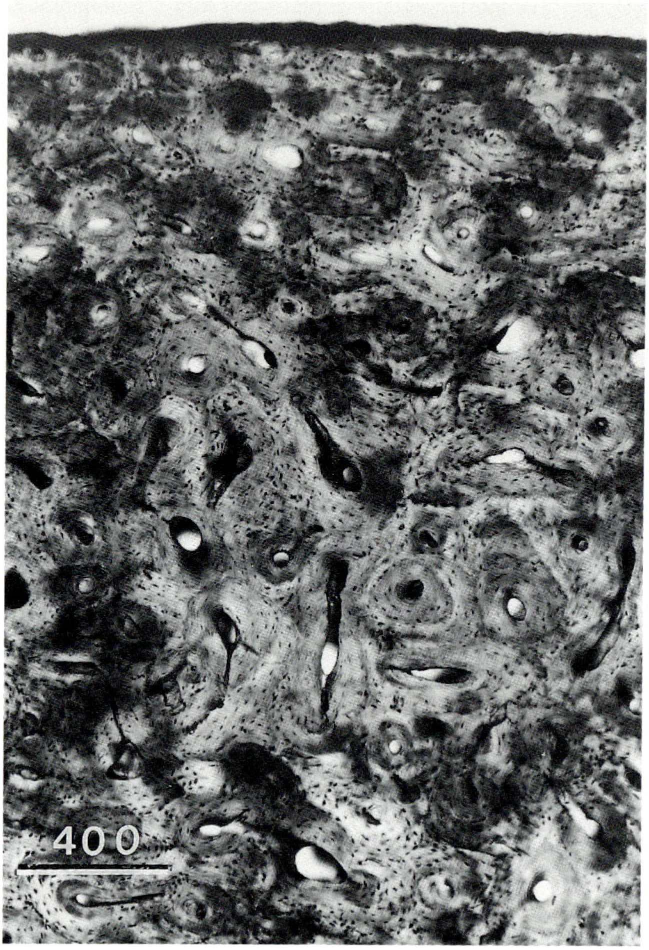
400

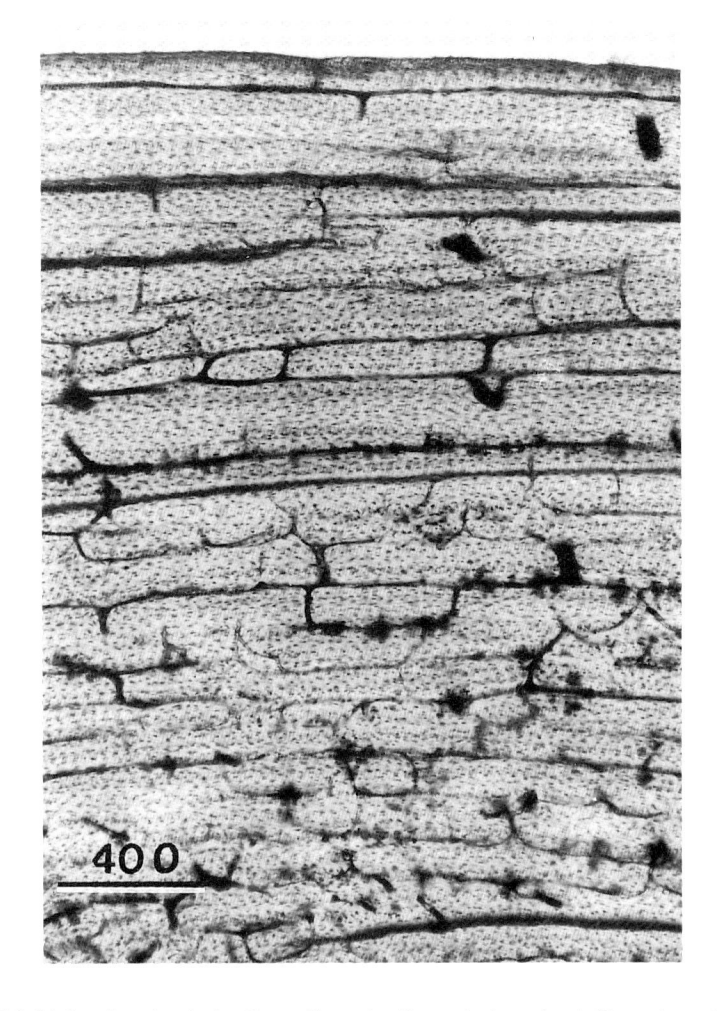

Die Tierwelt im Spiegel archäozoologischer Forschungen 119

Abb. 7.5. Lichtmikroskopische Darstellung des Querschnittes durch Femurkompkta eines erwachsenen Menschen (Seite 118, mittelalterlicher Skelettfund) und eines Schweines (Seite 119, mittelalterlicher Knochenfund). Die grundsätzlich unterschiedlichen Organisationsformen der Knochensubstanz [Sekundäre (Havers´sche) Osteone beim Menschen; Nicht-Havers´scher-Aufbau beim Schwein] erlauben hier eine Artenbestimmung. Vergrößerungsangabe in µm

Abb. 7.6. Mikroradiographie der Femurkompakta eines 10–12 jährigen Kindes. Mittelalterlicher Skelettfund. Vergrößerungsangabe in µm.

Wegen der Dekompositionserscheinungen lassen sich bodengelagerte Skelettfunde lichtmikroskopisch häufig nur unzureichend darstellen. Die mikroradiologische Technik (vgl. Beitrag Herrmann) kann dann oft noch Aussagen ermöglichen. Dargestellt sind hier noch relativ gut erhaltene Osteone der endostalen Kompaktahälfte, während die periostale Hälfte schwere Zerstörungen durch Mikroorganismen aufweist. Haltelinien ("resting lines"), die als Folge von saisonalen, krankheits- oder entwicklungsbedingten Wachstumsbeeinträchtigungen auftreten sind erstaunlich lange nachweisbar (Pfeile, abwärts gerichtet). Diese können bei schnell aufeinanderfolgenden adäquaten Ereignissen als Serien ausgebildet sein (Pfeile, aufwärts gerichtet) und sind dann für biographische Rekonstruktionen wertvolle Indikatoren

8 Jahrringanalysen

Hans-Hubert Leuschner

Jeden Dendrochronologen schmerzt es, wenn er in Handbüchern oder Fachlexika zu seinem Fachgebiet lediglich das Stichwort "Datierungsmethode anhand der Auswertung von Baum-Jahresringen" mit einer mehr oder weniger korrekten Beschreibung des Verfahrens findet. Das ist richtig, jedoch etwa so ausführlich als wenn ein Historiker nur das Erscheinungsjahr und nicht den Inhalt eines Buches beachten würde. Dieser Vergleich ist nicht willkürlich, tatsächlich ähnelt das Untersuchungsobjekt "Baum" einem Buch, das in seinem "Layout" und in der Zeitreihe seiner Jahrringe eine u.U. Jahrhunderte umfassende Chronik darstellt. Die Übersetzung und Interpretation dieser Biographie ist allerdings zugestandenermaßen schwierig, der Dendrochronologe ist hier häufig auf "Hilfswissenschaften" (um diesen von Archäologen gern gebrauchten Begriff einmal umzudrehen) wie Archäologie, Klimakunde oder Geologie angewiesen.

Im folgenden werden also zum einen die technischen und methodischen Seiten der Dendrochronologie als Datierungsmethode behandelt. Dabei sind die Bereiche Auswertung und Datierung vorgezogen, da sich aus ihrem Verständnis die Anforderungen an das Material ableiten.

Zum anderen soll wenigstens beispielhaft das weit umfassendere Feld "Holz und Jahrring als Informationsträger" umrissen werden. Eine ausführliche Darstellung gibt Schweingruber (1983) in seinem Buch "Der Jahrring" bzw. in der wesentlich erweiterten englischen Fassung "Tree Rings" (1986).

8.1 Dendrochronologie als Datierungsmethode

Die folgenden Ausführungen beziehen sich in erster Linie auf die Bearbeitung mitteleuropäischer Hölzer. In anderen Regionen erfordert das Material u.U. mehr oder weniger stark abweichende methodische Ansätze, auf die hier jedoch nicht ausführlich eingegangen werden kann.

8.1.1 Grundlagen

Abgesehen von tropischen Gebieten mit ganzjährig günstigen Klimabedingungen wachsen Bäume nicht kontinuierlich. Es wechseln vielmehr wachstumsaktive Phasen im Sommerhalbjahr mit Ruhephasen im Winter (bzw. in Trockenperioden arider Gebiete) ab. Die jährlichen Zuwachsschichten beim Dickenwachstum (= Jahrringe) lassen sich holzanatomisch unterscheiden. Ihre Breite ist in Abhängigkeit von der Baumart und von den Standortbedingungen sehr unterschiedlich, sie reicht von wenigen hundertstel Millimetern bis in den Zentimeterbereich bei schnellwüchsigen Bäumen wie z.B. Pappeln. Neben dem von den obengenannten Faktoren abhängigen durchschnittlichen Zuwachs treten weiterhin jahrweise Schwankungen in der Ringbreite auf. Diese vorwiegend klimatisch bedingte Varianz ist die Basis des dendrochronologischen Datierungsverfahrens: Bei Bäumen der gleichen Art und aus der gleichen Region sind sich nämlich die Zuwachskurven in ihrem Wechsel der jährlichen Ringbreiten so ähnlich, daß sie eindeutig und jahrgenau untereinander synchronisiert werden können. Kurven rezenter Bäume mit bekanntem Fälljahr können so bei genügend langer zeitlicher Überlappung als Datierungsgrundlage für undatierte Jahrringserien dienen. Durch sukzessiven Anschluß immer älteren Materials lassen sich sehr lange, weit zurückreichende Jahrringfolgen aufbauen. Sie werden als Chronologien bezeichnet. Abb. 8.1 verdeutlicht das Überbrückungsverfahren als Basis der dendrochronologischen Datierung.

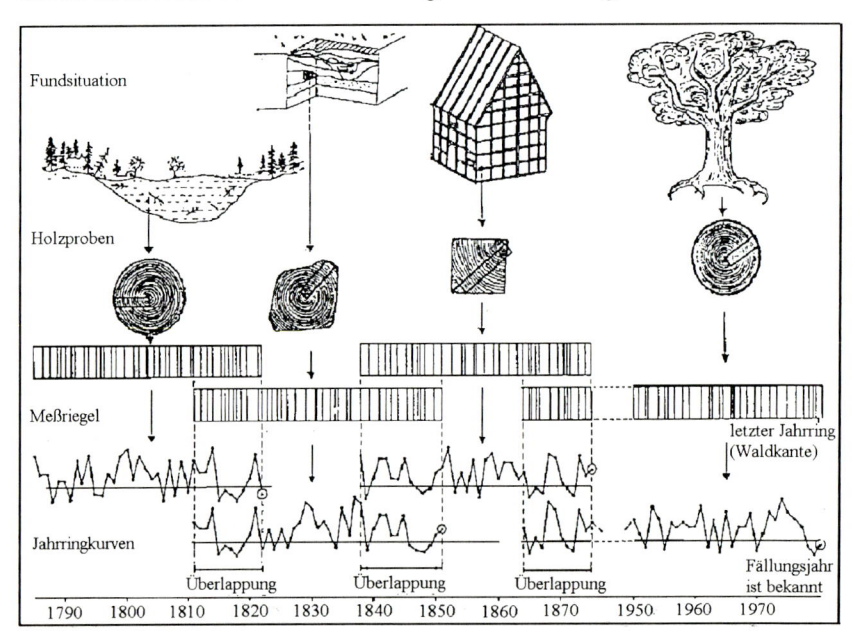

Abb. 8.1. Schematische Darstellung des Überbrückungsverfahrens als Basis der dendrochronologischen Datierung (nach Schweingruber 1983, verändert)

Die Länge und somit zeitliche Reichweite der Chronologien ist abhängig von dem Material, das zur Verfügung steht. Für die letzten 1.000 Jahre sind es vorwiegend Hölzer aus archäologischen Grabungen und bauhistorischen Untersuchungen. Zum Älteren hin schließen sich geologisch eingelagerte Hölzer aus Mooren und Flußschottern an. Die theoretische zeitliche Grenze ist in Mitteleuropa die Wiedereinwanderung der jeweiligen Baumart nach der letzten Eiszeit. Sie ist für Eichen inzwischen erreicht, die im übrigen weltweit längste Chronologie des Dendro-Labors Stuttgart (Becker, mdl. Mitteilung) umfaßt 10.000 Jahre und beginnt um 8.000 v. Chr., Nord- und süddeutsche Eichenchronologien des Göttinger Labors folgen, sie reichen bis 6.200 bzw. 7.200 v. Chr. zurück (Leuschner 1992).

8.1.2 Probenvorbereitung und Messung

Die Jahrringe werden in der Regel an einem Querschnitt der Probe vermessen. Um die Jahrringstruktur sichtbar zu machen, schleift man die Oberfläche oder überschneidet sie – was noch besser ist – mit einem Skalpell. Wenn man in die überschnittene Fläche Kreide einreibt, sind auch feinste Holzstrukturen bis zur Zellgröße unter dem Mikroskop gut zu erkennen. Die Messung selbst kann mit einer Meßlupe erfolgen, wesentlich komfortabler und auch genauer ist die Benutzung einer speziellen Meßanlage. Hier liegt die Probe auf einem elektronisch gesteuerten Gleitschlitten unter einem Stereomikroskop. Die Jahrringgrenzen der Probe können so exakt angesteuert werden. Bei modernen Anlagen werden die Meßstrecken (= Jahrringbreiten) digital erfaßt und per Knopfdruck direkt an einen angeschlossenen Computer weitergeleitet und gespeichert. Die Meßgenauigkeit liegt im Bereich von wenigen hundertstel Millimetern.

8.1.3 Graphische Darstellung, Indexierung

Zur optischen Beurteilung werden die Jahrringbreiten als Kurven dargestellt, in denen über der Zeit (x-Achse) die Meßwerte (y-Achse) aufgetragen und durch Striche miteinander verbunden sind. Sie ähneln also Fieberkurven oder Börsenindexkurven. Für die Auswertung und für den Vergleich mit anderen Kurven interessieren weniger die absoluten Breiten als vielmehr die Relationen der jährlichen Schwankungen. Daher werden die Ringbreiten im logarithmischen Maßstab aufgetragen. Gleiche Relationen entsprechen dann auch optisch gleichstarken Kurvenausschlägen.

Unter Indexierung versteht man den rechnerischen Ausgleich von Trends in den Jahrringkurven. Sie ist vor allem für die statistische Auswertung von Bedeutung.

So werden z.B. die Ringbreiten eines Baumes im Alter immer schmaler. Abb. 8.2 zeigt als Fotokopie den Querschnitt eines Holzproben-Meßriegels mit seiner Rohdaten- und Indexkurve.

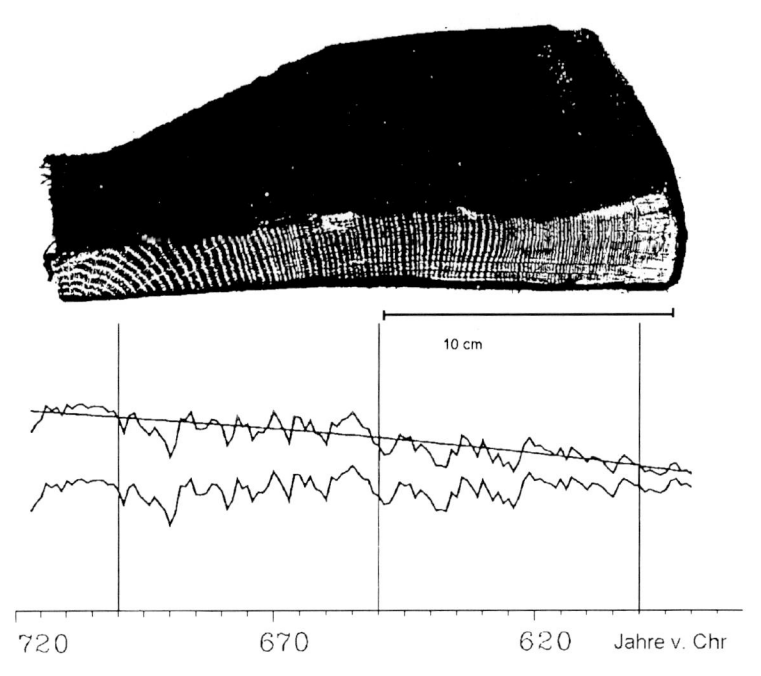

Abb. 8.2. Meßriegel mit Ringbreitenkurven für Rohdaten und Indexwerte. Die Fotokopie läßt aufgrund der scharfen Kontrastierung die Jahrringe besser erkennen als eine Fotographie

8.1.4 Ähnlichkeitsbeziehungen, Aufbau von Mittelkurven und Chronologien

Die in Abb. 8.1 gezeigte Ähnlichkeit zwischen Jahrringkurven ist idealisiert schön, die Wirklichkeit deutlich rauher. Bereits oben wurde die Einschränkung auf Baumart und Region genannt. Bäume unterschiedlicher Arten reagieren nämlich in ihrem Zuwachs mehr oder weniger abweichend auf Klimabedingungen, ihre Jahrringkurven zeigen dementsprechend im Vergleich untereinander nur eine geringe, für die Datierung meist nicht ausreichende Ähnlichkeit. Auch die zweitgenannte Einschränkung in Bezug auf die Herkunft ist angesichts regionalklimatischer Unterschiede einleuchtend. Man muß also, um dendrochronologisch datieren zu können, regional- und baumartspezifische Chronologien aufbauen. Generell sind in Mitteleuropa die Chronologien für die Eiche (als bevorzugtes Bauholz) flächendeckend ausgebaut, während für Nadelhölzer und Buchen nur regionale Chronologien existieren.

Gravierender sind die Probleme, die sich für den Aufbau von Chronologien und für die spätere Datierungsarbeit aus standörtlich bedingten Wachstumsunterschieden ergeben: In Abhängigkeit vom Bodentyp, von Hangneigung und Exposition sowie von der Höhenlage der jeweiligen Standorte können die Jahrringkurvenmuster der dort wachsenden Bäume u.U. so stark voneinander abweichen, daß eine sichere Synchronisation unmöglich ist. Abb. 8.3a zeigt dies beispielhaft.

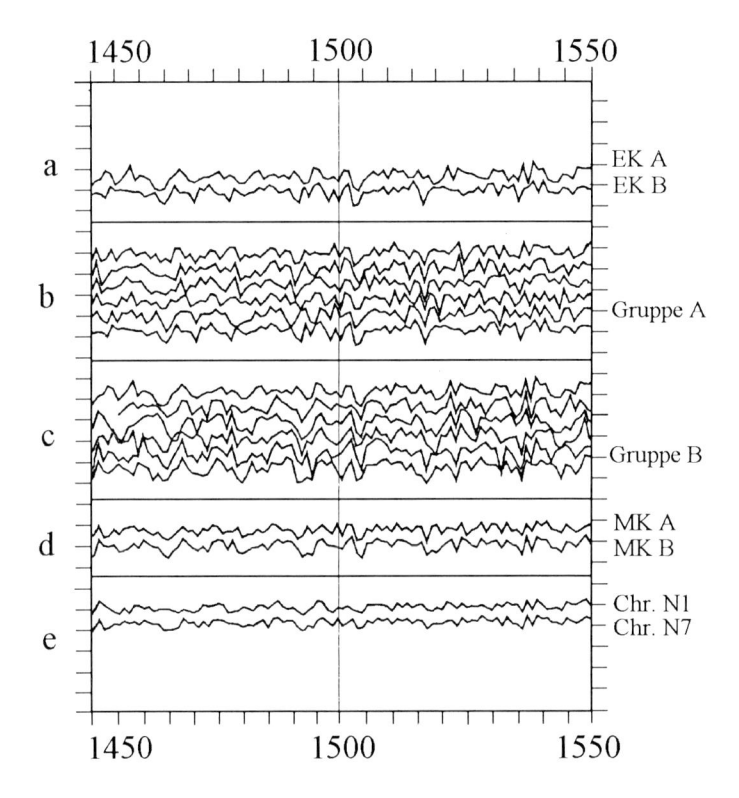

Abb. 8.3a-e. Kurvenvergleich zwischen Einzelkurven (EK), Mittelkurven (MK) und Chronologien (CHR)
(N1: Südniedersächsisches Bergland. N7: Niedersächsischer Küstenraum)

Wie man sieht, sind die abgebildeten Einzelkurven trotz ihrer geringen Ähnlichkeit datiert, das Problem kann nämlich methodisch durch Mittelkurvenbildung, von der Tugend her durch Fleiß, Erfahrung und Vorsicht gelöst werden.

Mittelkurvenbildung: Jahrringfolgen von Bäumen sind nie identisch. Es gibt immer Abweichungen im Vergleich zwischen den Einzelkurven, die durch die genetische Veranlagung, durch kleinstandörtliche Verhältnisse oder individuelle Beeinflussungen wie Verwundungen, Schädlingsbefall oder Konkurrenz bedingt sind. Bei Hölzern mit vergleichbarer standörtlicher Herkunft sind die Unterschiede jedoch in der Regel so gering, daß eine sichere Synchronisation dennoch möglich ist (Abb. 8.3b und 8.3c). Wenn man nun aus den Einzelkurven die durchschnittliche Zuwachskurve (= Mittelkurve) berechnet, werden die individuellen Ausschläge im Kurvenverlauf gedämpft. Mittelkurven sind sich daher ähnlicher als die darin enthaltenen Einzelkurven, eine Synchronisation ist nun u.U. möglich (Abb. 8.3d). Durch weiteres hierarchisches Mitteln erhält man lokale, regionale und schließlich sog. Standardchronologien, die dann großklimatische Einzugsgebiete wie z.B. das Niedersächsisches Tiefland oder das Südniedersächsische Bergland umfassen. Solche Standardchronologien ermöglichen die Datierung von Funden unterschiedlicher Herkunft, da in ihnen die Information auf die gemeinsame, standortunabhängige Wachstumsreaktionen konzentriert ist.

Fleiß, Erfahrung und Vorsicht: Aus dem oben gesagten geht hervor, daß sich Chronologien nicht durch die Untersuchung einiger weniger Bäume ergeben. Tatsächlich sind sie meist aus hunderten, manchmal tausenden Einzelkurven zusammengesetzt. Da gerade die Basisarbeit der Synchronisation von Einzelkurven untereinander besonders schwierig ist, erfordert der Aufbau von Chronologien neben der Fleißarbeit eine beträchtliche Erfahrung und Vorsicht bei der Beurteilung der Ähnlichkeitsbeziehung.

Eine Überprüfung von Chronologien ist durch einen Vergleich mit externem Datenmaterial anderer Dendrochronologen möglich. So wurden z.B. völlig unabhängig in Irland (Brown et al. 1986) und Norddeutschland (Leuschner u. Delorme 1984) mehrtausendjährige Chronologien aus Mooreichen aufgebaut. Ein statistischer Vergleich dieser Chronologien ergab eine gegenseitige Bestätigung durch einen hochsignifikanten Wert (t = 10, s.u.). Zufällig ist eine solche Übereinstimmung mit einer Wahrscheinlichkeit von etwa $1:10^{16}$ zu erwarten. Zwischen "benachbarten" Standardchronologien wie z.B. den in Abb. 8.3e) gezeigten Kurven für das Südniedersächsische Bergland und den Niedersächsischen Küstenraum ist die Ähnlichkeit frappierend gut.

8.1.5 Datierung

8.1.5.1 Grundvoraussetzungen. Für die Dendro-Datierung muß zum ersten die zeitliche Überlappung lang genug und zum zweiten die Ähnlichkeit zwischen den Kurven so groß sein, daß eine zufällige Übereinstimmung ausgeschlossen werden kann. Diese beiden Punkte stehen im engen Zusammenhang: Je ringärmer eine zu datierende Holzprobe ist, desto besser muß die Ähnlichkeit ihrer Jahrringkurve zur Chronologie sein. Für die mindestens erforderliche

Anzahl an Jahrringen läßt sich keine feste Regel aufstellen. Es kommt darauf an, ob die Ringfolge signifikante Signaturen enthält, ob es sich um die Datierung eines Einzelfundes oder um eine Probe aus einem Fundkomplex handelt (s. Kap. 8.1.7.2). In Ausnahmefällen können daher schon Proben mit 40 oder sogar noch weniger Jahrringen datiert werden, meist sind jedoch mindestens 70–80 erforderlich. In Einzelfällen bleiben selbst Hölzer mit 150 oder mehr Ringen undatierbar.

8.1.5.2 Beurteilungskriterien für die Kurvenähnlichkeit. Mit Ausnahme des obigen statistischen Vergleiches zwischen der norddeutschen und irischen Mooreichenchronologie wurde bisher der Begriff "Ähnlichkeit" als Grundlage der dendrochronologischen Datierung ohne nähere Erläuterung gebraucht. Über lange Jahre war der optische Kurvenvergleich am Leuchttisch das einzige Kriterium für die Synchronisation. Bereits in den 20er Jahren dieses Jahrhunderts konnte so der Begründer der Dendrochronologie, Douglas, Hölzer aus amerikanischen Pueblo-Siedlungen jahrgenau datieren (Schweingruber 1983).

Die fortschreitende Entwicklung der elektronischen Datenverarbeitung ermöglichte im zunehmenden Maß die Einbeziehung statistischer und somit objektiver Beurteilungskriterien. Bei der statistischen Auswertung werden zwei Kurven Jahr für Jahr gegeneinander verschoben und jeweils Kennwerte für die Kurvenübereinstimmung berechnet. Unter Berücksichtigung der Überlappungslänge wird berechnet, mit welcher Wahrscheinlichkeit diese Werte auch zufällig erreicht werden können. Als Verfahren ist zunächst der von Huber eingeführte und von Eckstein in ein Computerprogramm umgesetzte Test auf Gleichläufigkeit zu nennen. Er gibt an, wie hoch der Anteil gleichsinniger Kurvenausschläge im Vergleich zwischen den Ringfolgen ist. Der Nachteil dieses Verfahrens liegt darin, daß die Stärke der Kurvenausschläge nicht mit berücksichtigt wird.

Besser geeignet sind die Korrelationen zwischen den Ringfolgen. Um die Fehlerwahrscheinlichkeiten ausrechnen zu können, werden sie auf eine t-Verteilung transformiert. Dieser in der Jahrringanalyse zuerst von Baillie (1973) eingeführte Test ist schärfer und führt eher zu einer signifikanten Absicherung der Datierungen als der Test auf Gleichläufigkeit.

Als weitere statistische Ergänzung sei die Übereinstimmung von Kurven in sogenannten Weiserjahren genannt. Es sind Jahre oder Jahrringpartien (= Signaturen), in denen der überwiegende Teil der Einzel-Jahrringkurven übereinstimmt. Besonders markant ist z.B. der in Abb. 8.3b und 8.3c gut zu erkennende überregional gleichsinnige Kurvenverlauf von Eichen-Jahrringfolgen zwischen 1535 und 1538, den Hollstein (1980) als "German W" bezeichnet hat.

Die Statistik macht keineswegs die optische Beurteilung der Kurvenähnlichkeit überflüssig. Das geübte Auge eines Dendrochronologen sieht Kurvenähnlichkeiten anders (und nicht unbedingt schlechter) als ein Statistikprogramm. So können einerseits Fehldatierungen aufgrund zufällig auftretender hoher Statistik-Werte vermieden, andererseits aber auch Ringfolgen mit weniger signifikanten t-Werten datiert werden.

8.1.5.3 Datierungssicherheit und -Quote. Im allgemeinen sind etwa 2/3 der untersuchten Proben datierbar, wobei regionale Unterschiede bestehen. Im Südniedersächsischen Bergland liegt beispielsweise die Datierungsquote bei 80%, im Niedersächsischen Küstenraum nur bei knapp 60%. Die naheliegende Erklärung liegt in der naturräumlichen Gliederung der beiden Gebiete: Im Küstenraum kommen stark unterschiedliche Standorte von der Sanddüne bis zum Moor vor. Sie bieten z.T. für Eichen sehr günstige Wachstumsbedingungen, daher sind hier Proben schnellwüchsiger ringarmer Bäume häufig vertreten. Im Südniedersächsischen Bergland dagegen stammen die Eichen meist von landwirtschaftlich nicht nutzbaren Lagen mit eher ungünstigen Wuchsbedingungen. Die Standortunterschiede sind hier weniger ausgeprägt, die Jahrringbreiten der Bäume oft schmaler als im Küstenraum.

Generell sind nur solche Ringfolgen als "datiert" anzusehen, bei denen neben der statistischen Absicherung auch die optischen Beurteilung eine zweifelsfrei sichere Synchronlage ausweist. Einreicher von Dendro-Proben sollten sich über diese gutachtliche Komponente im klaren sein. Sie werden dann auch einen gewissen Anteil undatierbarer Proben zu achten und zu schätzen wissen.

Das hier durchaus mit Absicht deutlich angesprochene Problem "Fehldatierung" sollte nicht verharmlost, aber auch nicht dramatisiert werden. Zugegebenerweise können auch bei einer gewissenhaften Bearbeitung des Materials in Einzelfällen Fehler vorkommen. Ihre Häufigkeit ist jedoch maximal im Promillebereich anzusiedeln. Auch wir Dendrochronologen sind eben nicht völlig unfehlbar, und der Teufel sieht manchmal aus wie ein Eichhörnchen (bzw. eine Fehldatierung wie eine echte). Wenn jedoch ein Dendrochronologe "wahrscheinliche" Datierungen oder gar mehrere Ergebnisse zur Auswahl anbietet, so sollte man sich an den Rat von Baillie (1982) halten und ihn wechseln.

Abzulehnen ist auch, eine Datierung auf ein vom Einreicher vorgegebenes Zeitfenster zu stützen. Eine unsichere Datierung wird dadurch nicht besser, es geht vielmehr der wesentliche Vorteil der Dendro-Datierung verloren: Ihre Unabhängigkeit von anderen Verfahren. Zudem sind "Vordatierungen" nicht selten drastisch falsch. Falls dies im nachhinein herauskommt, wird zumindest ein Teil der Schuld dem Dendrochronologen zugewiesen. Er sollte sich daher auch im Eigeninteresse nicht von solchen Vorgaben beeinflussen lassen.

Natürlich gibt es Ausnahmen von dieser Regel. So wäre z.B. die dendrochronologische Bearbeitung von Pfahlbausiedlungen (Billamboz 1986) mit z.T. äußerst ringarmen Proben ohne eine Zusammenarbeit mit dem Archäologen kaum möglich. Die Basis-Synchronisationsarbeit an den Einzelkurven ist hier nur möglich, wenn Hausgrundrisse und archäologische Befunde zur relativen chronologischen Stellung der Hölzer in die Auswertung einbezogen werden.

8.1.5.4 Regionale Reichweite von Chronologien. Die regionale Reichweite von Chronologien ist in Abhängigkeit von Klimaregionen und auch von der Baumart ganz unterschiedlich. Für die Datierung von Einzelproben haben sich in Deutschland Einzugsbereiche von etwa 100 km Radius als praktikabel erwiesen. Generell kann gesagt werden, daß mit der Entfernung die Aussicht auf eine Datierung abnimmt. Wie Abb. 8.3e zeigt, lassen sich dagegen gut belegte lange Chronologien über wesentlich weitere Distanzen sicher synchronisieren. Dies gilt auch für Mittelkurven von zunächst nur relativ untereinander datierten Proben.

8.1.5.5 Relativdatierungen. Bei Relativdatierungen ist zwar das absolute Alter der Holzproben unbekannt, die Jahrringfolgen eines Probenkollektivs sind jedoch untereinander synchron. Man kann so feststellen, um wieviele Jahre die Fälljahre der jeweiligen Einzelhölzer auseinanderliegen. Relativdatierungen sind auch dann möglich, wenn es für die betreffende Baumart keine Chronologie gibt. Die aus relativ untereinander datierten Jahrringfolgen gebildeten Mittelkurven werden als "schwimmende" Chronologien bezeichnet. Sie sind u.U. Bausteine für zukünftige absolute Chronologien.

8.1.5.6 Bestimmung des Fälljahres. Bezogen auf die untersuchte Jahrringfolge ist eine Dendro-Datierung jahrgenau, d.h. sie ist entweder exakt oder gar nicht möglich. Eine methodisch bedingte Varianz wie z.B. bei Radiokarbondatierungen gibt es nicht. Anders verhält es sich bei der Bestimmung des Absterbe- bzw. Fälljahres der Hölzer. An diesem Datum ist ja in der Regel der Einreicher primär interessiert. Es kann nur dann jahrgenau angegeben werden, wenn die untersuchte Probe vollständig bis zur sogenannten Waldkante, dem äußersten Jahrring unter der Rinde, erhalten ist. Andernfalls ist lediglich das Endjahr, der jüngste erhaltene Jahrring der Probe, exakt datiert. Man erkennt die Waldkante an Bastresten oder an der natürlichen Rundung der Außenkante, die dem Faserverlauf folgt. Wenn der äußere Teil der Hölzer bereits bei der früheren Bearbeitung entfernt wurde oder verrottet ist, läßt sich das Fälljahr entweder lediglich als terminus post quem angeben, oder es kann in einigen Fällen mit einer gewissen Varianz geschätzt werden. Dies ist einmal bei offensichtlich nur geringer Schädigung der Außenkante des Holzes möglich. Die zweite Ausnahme betrifft Eichenhölzer. Diese haben außen einen Mantel aus sogenanntem Splintholz, welches sich holzanatomisch und in seiner Farbe vom innenliegenden Kernholz unterscheidet. Die Anzahl der Splintholzringe ist relativ konstant und beträgt in Abhängigkeit vom Alter der Eichen etwa 10–30 Jahre (Hollstein 1980). Sie kann daher bei Angabe einer Varianz von ± 6 Jahren mit einer Sicherheit von etwa 2 Sigma geschätzt werden. Das bedeutet, daß 2/3 der geschätzten Fälljahre tatsächlich in dem durch die Varianz angegebenen Zeitraum liegt. In Ausnahmefällen werden jedoch insbesonders mehr (bis maximal 60) Splintholzringe gebildet.

Eine Sonderstellung nehmen auch Spaltbohlen ein. Bei ihrer Herstellung wurde meist neben dem minderwertigen Splintholz nur wenig Kernholz entfernt. Wenn aus einem Fundkomplex mehrere Spaltbohlen nur geringe zeitliche Differenzen in ihren Endjahren aufweisen, kann man mit einiger Wahrscheinlichkeit auch hier das (gemeinsame) Fälljahr zeitlich eingrenzen. Dieser Punkt ist erwähnenswert, da die Spaltbohle vom Bohlenweg bis zur mittelalterlichen Stollentruhe die vorherrschende Brettform ist.

8.1.6 Material

Die Dendrochronologie ist vom Namen her (griechisch dendron = Baum) auf die Untersuchung von Holz ausgerichtet. Methodisch ähnlich sind Datierungs- und Auswertungsverfahren an anderen Materialien mit jährlicher Schichtung. Warven, also Seesedimente sind das bekannteste Beispiel. Aber auch Korallenstöcke haben in Abhängigkeit von der Wassertemperatur jährliche Zuwachsschichten. Als Sonderfall ist die Herkunftsbestimmung von Lachsen nach den "Jahrringen" der Schuppen zu nennen.

8.1.6.1 Allgemeine Anforderungen. Generell ist jedes Stück Holz für die Dendro-Untersuchung geeignet, das genügend viele Jahrringe enthält. Es muß sich dabei weder um einen kompletten Stamm handeln, noch sind Mindestanforderungen für die Größe der Probe gegeben. Entscheidend ist lediglich die Anzahl der Ringe. Es ist durchaus nicht selten, daß eine nur 10 cm breite Spaltbohle 100 Jahrringe enthält und geeignet ist, während ein 50 cm starker Pfahl nur 30 Ringe stellt und von vornherein undatierbar ist. Das Zählen der Jahrringe und auch die Bestimmung der Holzart bereitet allerdings dem Laien häufig Mühe. Beides wird wesentlich erleichtert, wenn man eine möglichst glatte Querschnittsfläche schafft. Schon ein Schnitt mit einer scharfen Motorsägenkette kann genügen. Besser ist es, wenn man die Oberfläche mit einem Skalpell oder Teppichmesser (Cutter) überschneidet. Die Jahrringstruktur und holzanatomische Feinheiten und sind dann gut zu erkennen.

8.1.6.2 Anzahl der Proben. Falls möglich, sollten je Fundkomplex/Bauphase etc. mehrere Parallelproben (je nach Material 3–10) untersucht werden. Zum einen steigen die Datierungsaussichten, wenn man aus untereinander synchronen Hölzern Mittelkurven bildet. Zum anderen ist häufig gerade bei ringarmen Hölzern nur ein Teil datierbar und auch dieser erst durch gegenseitige Bestätigung und Absicherung mit anderen Proben. Weiterhin kann so eher ausgeschlossen werden, daß wiederverwendete Hölzer vorliegen.

8.1.6.3 Jahrringausfälle, falsche Jahrringe. Die Eiche ist ein ordentlicher Baum: Sie bildet in jedem Jahr einen Ring oder sie stirbt. Bei anderen Baumarten dagegen (z.B. Kiefern oder Buchen) fehlen manchmal Jahrringe oder sind nur partiell auf einem Teil des Querschnitts vorhanden. Die Ursache ist natürlich nicht charakterlicher Art, sondern durch eine unterschiedliche Einbeziehung der äußeren Jahrringe in den Wassertransport bedingt. Die dendrochronologische Bearbeitung von Holzarten mit Jahrringausfällen ist erschwert. Sie müssen erkannt und ggf. korrigiert werden. Dies ist möglich durch die Vermessung mehrerer Radien des gleichen Stammes (bei partiellen Ringausfällen) oder durch die Einbeziehung einer größeren Anzahl von Parallelproben in die Untersuchung, deren Kurven dann optisch miteinander verglichen werden.

Weiterhin können insbesonders bei Nadelhölzern sog. "falsche" Jahrringe auftreten. Es sind intraannuelle abrupte Änderungen der Zellstruktur, die im Extremfall von echten Jahrringen nicht zu unterscheiden sind.

8.2 Holz und Jahrring als Informationsträger

Der Baum ist ein – u.U. sehr langlebiger – Zeuge seiner Zeit, in seiner Wuchsform und in der Ausbildung seiner Jahrringe geprägt durch die Umwelt mit ihren Hauptfaktoren Mensch, Klima und Standort. Da der Baum als "Integrator" (Schweingruber 1983) komplex auf die ihn beeinflussenden Faktoren reagiert, ist eine Übersetzung dieser Chronik allerdings nur zum Teil möglich. Entscheidend sind Kenntnisse sowohl der baumspezifischen Reaktionen als auch der jeweils in Frage kommenden bzw. dominierenden Faktoren. Dazu folgendes Beispiel: Subfossile Baumfunde aus Talgebieten weisen häufig im unteren Stammbereich überwallte Wunden auf, sie könnten in der zeitlichen und auch räumlichen Häufigkeit ihres Auftretens dendrochronologisch datiert werden. Als Ursache kommt vermutlich eher Treibeis im Frühjahr als kletternde Bären in Frage. Eine Datierung der zeitlichen Häufigkeit von Treibeis ist klimakundlich auswertbar, in den Rocky Mountains sind dagegen vielleicht Schwankungen der Bärenpopulation erfaßbar und auch von ökologischem Interesse.

Diese beiden hypothetischen Fälle verdeutlichen, daß zum ersten Aussagen häufig erst durch die statistische Auswertung vieler Baumfunde möglich sind. Eine einzelne Bären- oder Treibeiswundmarke besagt nichts. Zum zweiten ist die Spanne an klimakundlichen oder umweltrelevanten Ereignissen und Faktoren, die sich über dendrochronologische Untersuchungen exakt datieren läßt, sehr groß. Einschränkend wirken nur Phantasielosigkeit und die begrenzte Arbeitskraft. Die folgenden Beispiele zeigen ohne systematische Gliederung und bar jeden Anspruchs auf eine umfassende Behandlung einige Facetten dendrochronologischer Befunde.

8.2.1 Waldgeschichte und -nutzung

Die Schaftform von Bäumen und die Ausbildung ihrer Wurzelteller sind weitgehend von der Bestandesstruktur und von den jeweiligen Standortbedingungen abhängig. Aus der Wuchsform von Hölzern lassen sich daher Aussagen zu früheren Waldformen (lockerer Hudewald, geschlossener Bestand, Hydrologie des Standortes) ableiten. Hervorzuheben sind hier die Arbeiten von Billamboz (1986), der im archäodendrometrischen Labor Hemmenhofen Holzfunde aus Pfahlbausiedlungen Süddeutschlands umfassend analysierte und so wesentliche Erkenntnisse über frühere Waldnutzungsformen gewann.

Die umfangreiche Datierung von Kiefernhölzern aus Gebäuden der Hansestadt Stralsund (Leuschner B u. Leuschner HH, unveröffentl.) führte wider Erwarten nicht zum Aufbau einer weit zurückreichenden nordostdeutschen Kiefernchronologie. Nur in Ausnahmefällen reichten die Ringfolgen bis zur ersten Hälfte des 16. Jrh., ältere Hölzer waren lediglich mit Hilfe schwedischer Kiefernchronologien datierbar und wohl auf dem Seeweg importiert. Abb. 8.4 zeigt als Scattergraph die Beziehung zwischen dem Lebensalter und der Datierung der "einheimischen" Stralsunder Kiefernproben. Die recht scharfe Obergrenze der Punktewolke führt in ihrer Verlängerung zur Datierung "1550" als Keimalter der ältesten Bäume. Vermutlich wurden ab diesem Zeitraum großflächig Kiefernkulturen angelegt. Die regionale Zuordnung der auf 1620 datierten abweichenden Gruppe ist im übrigen nicht eindeutig: Diese sämtlich aus einem Gebäude stammenden Hölzer weisen eine gleich gute Übereinstimmung zur Stralsund- wie zur schwedischen Gotland-Kiefernchronologie auf.

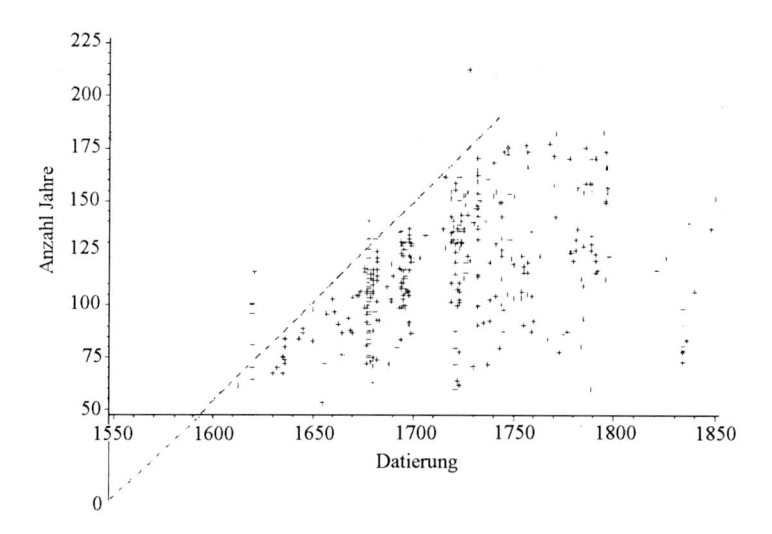

Abb. 8.4. Scattergraph der Beziehung zwischen Lebensalter und Datierung Stralsunder Kiefern-Bauhölzer

8.2.2 Klimarekonstruktion.
Die jährliche Rekonstruktion früherer Klimabedingungen ist bislang auf die Auswertung von Hölzern extremer Standorte eingeschränkt, an denen ein dominierender Klimafaktor das Baumwachstum bestimmt. Solche Bedingungen sind z.B. im trockenen Südwesten der USA oder in subalpinen/borealen Klimaregionen Europas (Schweingruber 1983; Briffa et al. 1990) gegeben. Bei vielen Nadelholzarten liegt die beste Korrelation zu Klimafaktoren allerdings nicht in der Jahrringbreite, sondern in der Zellstruktur des im Spätsommer/Herbst gebildeten Holzes. Diese Zellstruktur kann mit Hilfe der Densitometrie röntgenographisch analysiert werden (Schweingruber 1983).

Aber auch Moore sind Extremstandorte. Eichen wachsen hier an der Grenze ihrer ökologischen Amplitude und reagieren sehr sensitiv – im Extremfall mit dem Tod – auf Änderungen des Hydroregimes. Leuschner et al. (1987) deuten daher Zeitabschnitte mit überregional verbreitetem synchronen Absterben subfossiler Mooreichen als Wechsel zu feucht-kühlen Klimabedingungen. Archäologisch besonders interessant sind Befunde, die auf eine klimatisch bedingte großflächige Vermoorung in Norddeutschland zu Beginn der Völkerwanderungszeit hinweisen (Leuschner u. Delorme 1986; Abb. 8.5 u. 8.6).

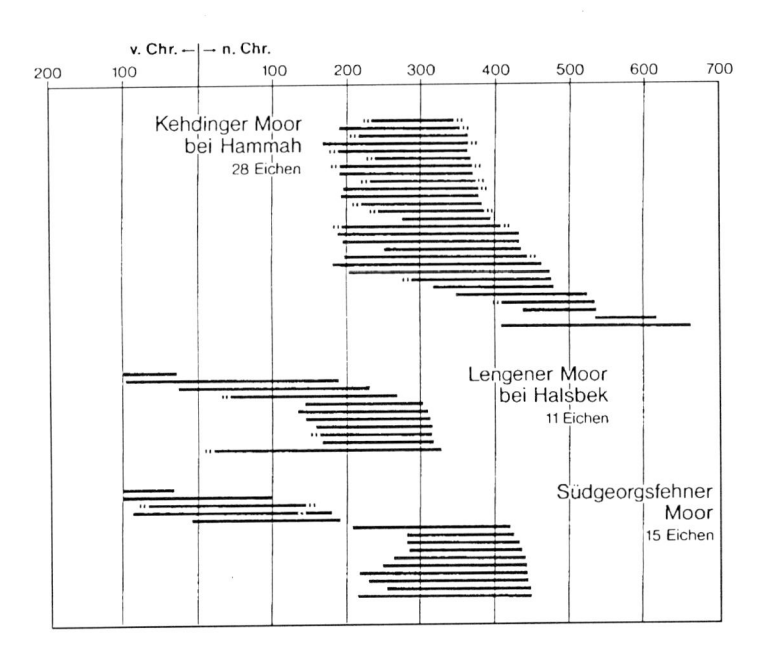

Abb. 8.5. Lebensspannen subfossiler Torfeichen aus drei nordwestdeutschen Mooren. Bei Hölzern, deren Keimung bzw. Tod infolge teilweiser Verrottung nicht angegeben werden kann, sind die Strichenden durch Punkte markiert.(nach Leuschner u. Delorme, 1986, verändert.)

vor 175 AD

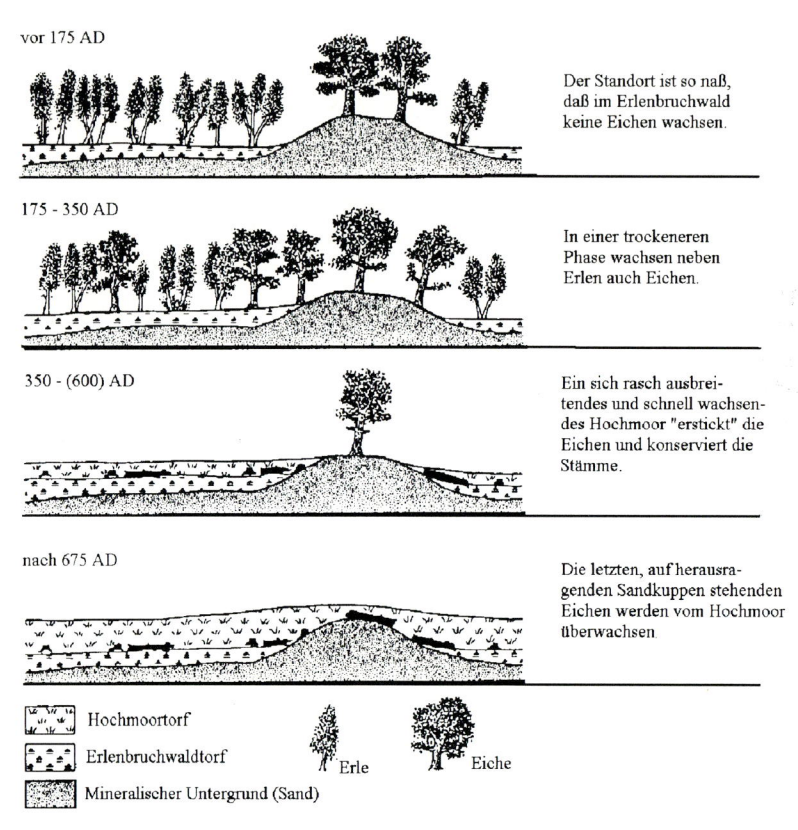

Der Standort ist so naß, daß im Erlenbruchwald keine Eichen wachsen.

175 - 350 AD

In einer trockeneren Phase wachsen neben Erlen auch Eichen.

350 - (600) AD

Ein sich rasch ausbreitendes und schnell wachsendes Hochmoor "erstickt" die Eichen und konserviert die Stämme.

nach 675 AD

Die letzten, auf herausragenden Sandkuppen stehenden Eichen werden vom Hochmoor überwachsen.

Hochmoortorf
Erlenbruchwaldtorf   Erle   Eiche
Mineralischer Untergrund (Sand)

Abb. 8.6. Rekonstruktion der Wald- und Torfentwicklung an der Torfeichenfundstelle Hammah aufgrund dendrochronologischer Daten. (nach Leuschner u. Delorme, 1986, verändert.)

8.2.3 Vulkanausbrüche

Bei großen Vulkanausbrüche werden z.T. Kubikkilometer Gesteinsmaterial bis in die Stratosphäre geschleudert. Die sich weltweit verbreitenden Staubwolken beeinflussen das Klima drastisch. Eine grobe Datierung solcher Vulkanausbrüche ist zum einen über die Analyse säurehaltiger Ablagerungen in polaren Eisschichten möglich (Hammer et al. 1980). Zum anderen haben aber auch Bäume auf die Klimaverschlechterungen reagiert: Typisch sind holzanatomische Anomalien in Jahrringfolgen der Borstenkiefern aus den White Mountains/ Kalifornien (LaMarche u. Hirschboeck 1984) und markante Wachstumsreduktionen in irischen Moorhölzern (Baillie u. Munro 1988; Baillie 1991). Erst über die Jahrringanalysen ist eine exakte Datierung der Vulkanausbrüche wie z.B. des Santorins 1628 v. Chr. möglich. Für die Archäologie sind solche Zeitmarken, die sicherlich auch einschneidende historische und prähistorische Wirkungen hatten, von besonderer Bedeutung. Baillie's im wortwörtlichen Sinn aus der Luft bzw. Staubwolke gegriffene Titel "Do Irish Bog Oaks Date the Shang Dynastie?" zum Vulkanausbruch von 540 n. Chr. ist ein treffendes Beispiel.

9 Paläo-Ethnobotanik - Fragestellung, Methoden und Ergebnisse

Ulrich Willerding, Marie-Luise Hillebrecht

9.1 Einführung

Zu den wichtigsten Ressourcen des Menschen haben seit jeher die Pflanzen gehört. In neuerer Zeit ist das allerdings vielfach in Vergessenheit geraten. So wird dies heute meist nur noch in Beziehung auf Ernährung oder Blumenschmuck gesehen. Aber selbst die Abdrücke der Schalbretter bei Betonbauten lassen erkennen, daß hier noch Hölzer – und damit Pflanzenteile – als Hilfsmaterial beim Bauen verwendet worden sind. Wie die oftmals unter Denkmalschutz stehenden Fachwerkhäuser zeigen, wurde Holz früher selbst als Baumaterial gebraucht. Pflanzliche Farb- und Gerbstoffe dienten dem Menschen lange Zeit, bis sie durch synthetische Produkte ersetzt wurden. Entsprechendes gilt für die Verwendung von Heilpflanzen. Jahrtausendelang stand dem Menschen als Energielieferant nur Holz zur Verfügung. Holz und Holzkohle waren die Grundlage für die Entwicklung aller frühen technologischen Prozesse.

Diese engen Beziehungen zwischen Mensch und Pflanze, die in der Vergangenheit bestanden haben, werden von der Paläo-Ethnobotanik erforscht. Eine besonders wichtige Quelle sind dabei die Pflanzenreste, die bei archäologischen Ausgrabungen oftmals zu erschließen sind. Daneben kommen auch zeitgenössische Bilder und Schriften oder Geländezeugnisse in Betracht. Bei den Pflanzenresten handelt es sich vor allem um Früchte, Samen, Blätter, Stengel, Holz und Moose. Sie vermitteln Einsichten über die frühen Lebens-, Produktions- und Umweltverhältnisse des Menschen. Zugleich sind sie aber auch gute Indikatoren für die naturräumlichen Voraussetzungen, in denen der Mensch lebte.

Anfangs waren in der Paläo-Ethnobotanik vor allem Herkunft und Entwicklung der Kulturpflanzen von Interesse; seit geraumer Zeit ist die ökonomische und ökologische Fragestellung in den Vordergrund getreten. Auf diese Weise führte die Paläo-Ethnobotanik auch zu zahlreichen Erkenntnissen über die Entwicklung der Kulturlandschaft. Wie bei allen rekonstruierenden Wissenschaften ist es dabei das Bestreben, aus Fundgut und Befunden möglichst genaue Aussagen über den ehemaligen Originalzustand zu erreichen. Das ist durch eine kritische Analyse des Fundgutes und saubere methodische Vorgehensweise anzustreben (vgl. Abb. 9.1).

Wichtige Voraussetzungen für die paläo-ethnobotanische Rekonstruktion

z.B. Ernährung

Vegetation
Flora
Arten

Landschaftsstrukturen
Produktionsstrukturen
Entnahmestrukturen
genutzte Pflanze

Original-
zustand

Funde
und Befunde

Rekonstruktion

Eigenschaften
- des Sediments
- der Pflanze
Maßnahmen
des Menschen

Fossile Pflanzenreste (oft Abfälle)	Ablagerungsplätze (meist anthropogen)
- Früchte und	- Kulturschicht
- Samen	- Brunnen
- Blüten	- Kloake
- Blätter	- Graben
- Holz	- Grab
- Moose	- Baumaterial
- Pollenkörner	
unverkohlt verkohlt oder Abdruck	feucht oder trocken

Hilfen:

ethnobotanische
Befunde
experimentelle
Befunde
geobotanische
Bezugsdaten
volkskundliche
Modelle
enthographische
Modelle

zeitgenössische
- archäologische Befunde
- Geländezeugnisse
- schriftliche und
- bildliche Quellen

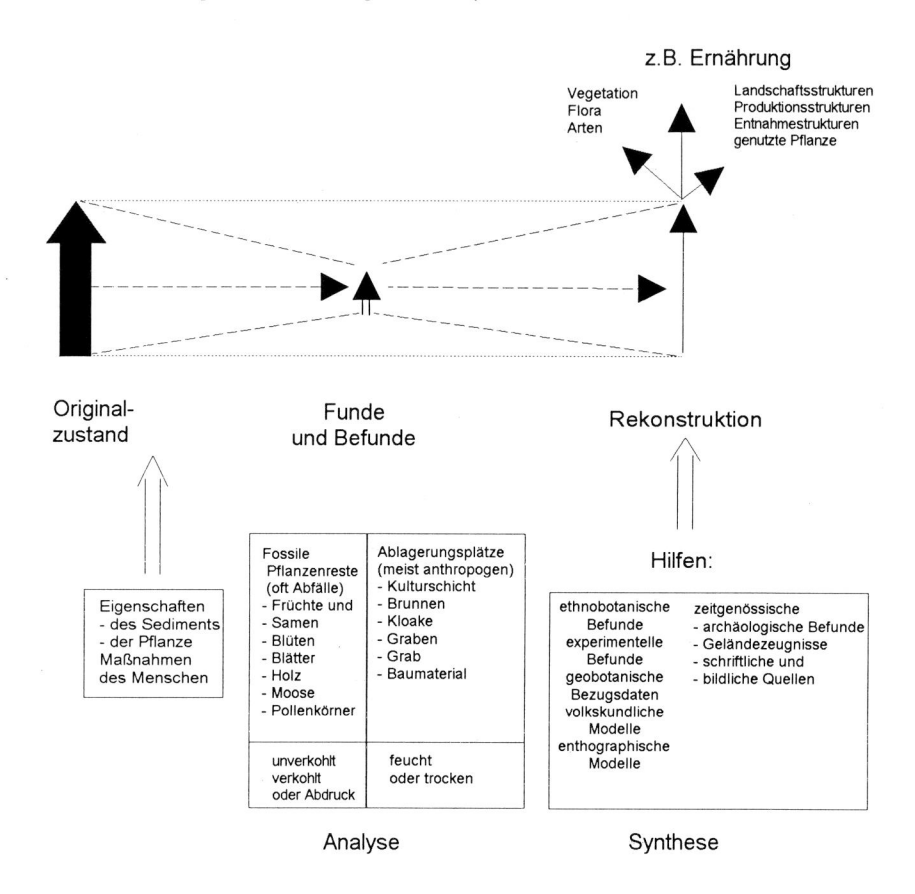

Analyse

Synthese

Abb. 9.1. Die kritische Analyse von Befunden und Funden bildet die Grundlage für die paläo-ethnobotanische Rekonstruktion, mit deren Hilfe der Originalzustand so genau wie möglich erfaßt werden soll. Wertvolle Hilfen bei der erforderlichen Synthese liefern neben ethnobotanischen und experimentellen Befunden u.a. auch Relikte alter Nutzungsformen

9.2 Methoden

Bei der Entnahme der Proben für die paläo-ethnobotanische Analyse sind Daten zur Stratigraphie und Datierung exakt zu erfassen. Zur Abtrennung der Pflanzenreste wird die Probe meist in Wasser aufgeweicht und dann durch einen Siebsatz gegeben. Da Holzkohle bei diesem Verfahren allerdings leicht zerfällt, müssen holzkohlenreiche Proben möglichst trocken verlesen werden. Trocken zu sortieren ist auch manches trockene Fundgut, wie beispielsweise Fehlboden -Füllungen aus Häusern. Die Bestimmung der Pflanzenreste erfolgt unter dem Binokular bzw. dem Mikroskop auf der Grundlage kennzeichnender Merkmale. Zur Absicherung muß rezentes Vergleichsmaterial herangezogen werden. Eine Liste der nachgewiesenen Arten und ihrer Anteile bildet dann die Grundlage für die eigentliche paläo-ethnobotanische Auswertung (Abb. 9.2).

ARBEITSVERFAHREN DER PALÄO - ETHNOBOTANIK

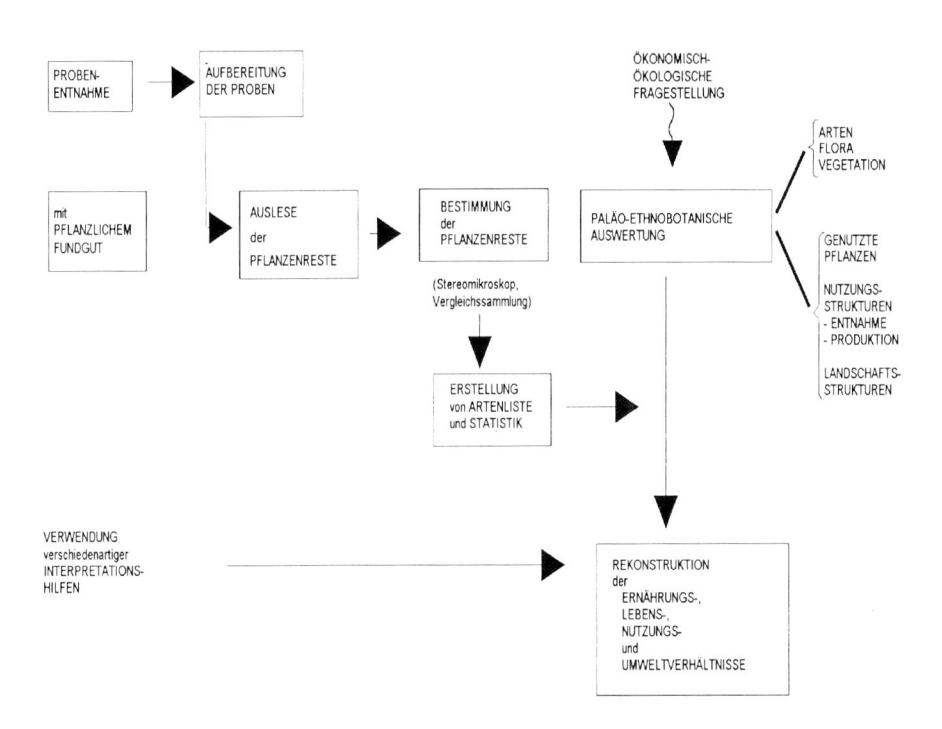

Abb. 9.2. Voraussetzungen für eine kritische, ökologisch und ökonomisch orientierte Auswertung sind sorgfältige Entnahme der Proben und exakte Bestimmung der Pflanzenreste

Zur Beantwortung weiterführender Fragestellungen sind die Voraussetzungen für die Entstehung des Fundbildes zu klären. Dies wird ebenso durch Eigenschaften des Sediments und des Ablagerungsplatzes wie durch Eigenschaften der Pflanze beeinflußt. Auch die Verwendung der Pflanzen durch den Menschen spielt dabei eine wesentliche Rolle.

- In trockenen Ablagerungen (Brandschichten, Siedlungsgruben, Kulturschichten) finden sich beispielsweise oft andere Arten als in feuchten (Brunnen, Kloaken, Stadt- und Burggräben oder auch Kulturschichten in Feuchtbodensiedlungen). Dies beruht auf den unterschiedlichen Erhaltungsbedingungen: In durchlüfteten Ablagerungen bleiben nur verkohlte oder mineralisierte Belege erhalten. Bei Feuchtlagerung werden die Pflanzenreste infolge von Sauerstoffabschluß nicht abgebaut, so daß auch unverkohlte Teile überdauern. Daher sind in den letztgenannten Fundstellen in der Regel mehr Arten nachweisbar.

- Eigenschaften wie Wuchshöhe, Reifezeit oder Beschaffenheit sowie Anzahl von Früchten und Samen (Diasporen) beeinflussen ebenfalls das Fundbild. So werden beispielsweise niedrigwüchsige Unkräuter nur bei bodennaher Ernte erfaßt. Haselnußschalen sind an vielen mesolithischen Fundplätzen vorhanden; ihre Reste konnten an den Feuerstellen verkohlen, während das bei den Steinkernen des Beerenobstes (Himbeeren, Brombeeren) kaum der Fall ist. Dies Beispiel zeigt, daß die Voraussetzungen für Präsenz und Repräsentanz der Belege sorgfältig geprüft werden müssen, damit aus der Anwesenheit oder dem Fehlen von Artnachweisen nicht falsche Schlüsse über Einwanderung, Ausbreitung oder Bedeutung einzelner Arten gezogen werden. Zu den besonders häufig nachgewiesenen Arten gehört der Weiße Gänsefuß *(Chenopodium album)*. Dies hängt ebenso mit seiner weiten Verbreitung wie mit der großen Diasporen-Anzahl pro Pflanze zusammen.

- Daß Aktivitäten des Menschen das Fundbild beeinflussen, wurde bereits im Zusammenhang mit der Erntehöhe deutlich. Ebenso wirkt sich auch die Reinigung des Erntegutes (Worfeln) oder die Anbauform (getrennt oder gemischt) auf die Artenkombination aus.

- Eine besondere Gruppe innerhalb der Makroreste bilden die Holzkohlen. Es handelt sich dabei um Reste von Feuerholz oder um Rückstände von Brandkatastrophen. Außerdem werden häufig auch Überreste von Holzkohlen erschlossen, die für die Energieerzeugung (Erzverhüttung, Töpferei, Glasherstellung) gebraucht wurden. In den Resten von Gruben- und Platzmeilern lassen sich die Holzkohleproduktionsstätten selbst erfassen. Deren gehäuftes Auftreten in Verbindung mit Schlackenhalden, Glas- und Töpferei-Abfall gibt Hinweise auf die große wirtschaftliche Bedeutung dieser Produktionsplätze im jeweiligen Gebiet.

- Die verschiedenen Fundstätten weisen unterschiedliche Zusammensetzung und Beschaffenheit der Holzkohle auf. Ermittelt werden nach Möglichkeit Schlagzeit und Qualität des Ausgangsholzes sowie der Durchmesser. Die mikroskopische Bestimmung zeigt, um welche Holzarten es sich handelt, und ob die Verkohlung sachgerecht durchgeführt wurde. Für eine weitergehende Auswertung ist die Verknüpfung der einzelnen Untersuchungen erforderlich.

Verschiedene Arten bzw. Artengruppen treten also den jeweiligen Nutzungs-, Ablagerungs- und Erhaltungsbedingungen entsprechend unterschiedlich häufig auf. Getreidearten sind beispielsweise besonders gut nachzuweisen, weil verkohlte Körner sowie Spelzen und Achsenteile ebenso gut erfaßt werden können wie deren Abdrücke in Keramik oder Hüttenlehm. Unverkohlte Getreide-Belege bleiben gelegentlich in Kloaken erhalten. Hingegen sind die Leguminosen Erbse, Linse und Ackerbohne vorzugsweise durch verkohlte Samen vertreten. Andererseits können von den Ölpflanzen Lein, Mohn, Leindotter und Hanf vor allem unverkohlte Belege gefunden werden; ihre ölhaltigen Samen werden beim Verkohlungsprozeß oftmals stark beschädigt und dadurch unbestimmbar. Auch die Belege von Obst, Gemüse, Gewürzen und Heilpflanzen liegen meist unverkohlt vor und sind daher vor allem in Feuchtsedimenten zu finden. Das hängt mit der Verwendung bzw. Zubereitung dieser Pflanzen zusammen: Da Obst oft roh verzehrt wurde, kam es seltener in die Nähe des Herdes und hatte kaum Gelegenheit zum Verkohlen. Die Verwendung der eßbaren Teile von Blatt- und Wurzelgemüse erfolgt in der Regel vor der Fruchtreife; die erhaltungsfähigen Diasporen werden also meist gar nicht erst gebildet, während die Blätter und Wurzeln sehr schnell vergehen. Ob Gewürzpflanzen nachgewiesen werden können, hängt davon ab, welche Pflanzenteile Verwendung fanden: Blätter (Borretsch, Petersilie, Schnittlauch) oder Früchte (Anis, Koriander, Kümmel). Auf alle Fälle sind ihre Belege überwiegend unverkohlt. Das gilt ebenso auch für die Heilpflanzen.

Verkohlte Belege von Unkräutern sind vor allem dann zu erwarten, wenn deren Diasporen bei der Ernte mit erfaßt worden sind. Sie können daher – ähnlich wie das Getreide – verkohlt vorliegen. In vielen Fundkomplexen wird allerdings deutlich, daß darüber hinaus auch zahlreiche Unkräuter vorhanden waren, deren Belege keine Gelegenheit zum Verkohlen hatten. Auch dies Beispiel zeigt, wie sorgfältig bei der Auswertung der fossilen Pflanzenreste vorgegangen werden muß.

Aus der Fundkombination der Belege ist erkennbar, daß die nachgewiesenen Arten oftmals nicht gemeinsam an einem Standort gewachsen sein können. Das ist meist dann der Fall, wenn es sich um Material aus Kulturschichten, Abfallgruben, Kloaken oder Brunnen handelt. Diese sekundären Kombinationen werden als Thanatozönose bezeichnet. In Vorratsfunden liegen hingegen meist primäre Kombinationen von Belegen vor, die von einem Standort stammen. Derartige Funde können als Paläo-Biozönose angesprochen werden. Selbstverständlich kommen außerdem auch Paläo-Biozönosen mit sekundärer Beimischung standortsfremder Arten vor. Daher ist es wichtig zu klären, auf welchen Wegen die Pflanzenreste in die Proben gelangt sind.

Außer den bereits genannten können auch andere Fundstellentypen Pflanzenreste enthalten und daher wertvolle Informationen bieten. Dazu gehören Gräber, in denen gelegentlich Überreste von Beigaben oder Bettungsmaterial erhalten sind. Zu nennen ist außerdem Baumaterial, wo im Hüttenlehm Abdrücke von pflanzlichem Magerungsmaterial vorkommen. Im Gefachelehm von Fachwerkhäusern und in Fehlboden-Füllungen sind sogar noch die originalen Pflanzenteile vorhanden. Das gilt entsprechend für ungebrannte Lehmziegel, wie sie auch in Mitteleuropa lange Zeit verbreitet waren. Schließlich sei auf die Wellerhölzer verwiesen, die mit Roggenstroh und dem zugehörigen Unkrautbesatz umwickelt wurden, ehe sie mit Lehm verstrichen worden sind.

Für die Beurteilung des Fundbildes ist schließlich auch wichtig, nach welchen Gesichtspunkten die Proben entnommen worden sind: Handelte es sich um sichtbare Konzentrationen von Belegen, oder um Profile, in denen die Belege eher gleichmäßig bzw. spärlich verteilt waren? Ob die Probe hinreichend vollständig analysiert wurde, läßt sich entscheiden, indem man die nachgewiesene Artenzahl zum Probenvolumen in Beziehung setzt (Artenzahl-Probenvolumenkurve; Abb. 9.3). Bei Kulturpflanzen sind außer der Arterfassung auch Größenmessungen der Belege von Interesse. Zu ihrer Absicherung empfiehlt es sich, möglichst große Stückzahlen zu untersuchen.

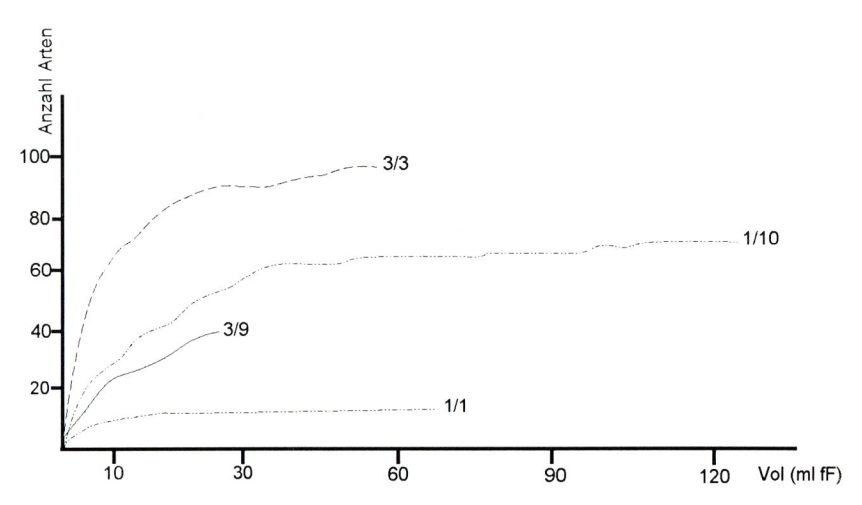

Abb. 9.3. Mit Hilfe von Artenzahl-Probenvolumenkurven läßt sich erkennen, wie vollständig das Material untersucht wurde. Der unterschiedliche Kurvenverlauf zeigt, daß es sich um sehr gut (Probe 3/3), gut (Probe 1/10) und weniger gut (Probe 3/9) erhaltenes Material handelt. Probe 1 war bereits primär artenarm. Die Beispiele stammen aus Feuchtablagerungen der frühmittelalterlichen Siedlung von Düna, Kr. Osterode/Harz (Andrae 1990)

9.3 Ergebnisse

Aus der Fülle möglicher Aussagen paläo-ethnobotanischer Untersuchungen können hier nur einige prägnante Beispiele herausgegriffen werden. Sie orientieren sich vorzugsweise am täglichen Leben des Menschen, an den verschiedenen Produktionsräumen in der Landschaft sowie an Tätigkeitsbereichen, in denen pflanzliche Ressourcen Verwendung gefunden haben. Dazu gehören mehrere Bereiche aus Haus- und Handwerk sowie früher Industrie.

9.3.1 Ernährung

Die Geschichte der vegetabilischen Ernährung des Menschen läßt sich mit Hilfe paläo-ethnobotanischer Befunde bis in das Paläolithikum zurückverfolgen. Sicher sind damals eßbare Früchte, von denen Nachweise vorliegen, verzehrt worden. Das gilt beispielsweise für die Kornelkirsche *(Cornus mas)*. Von mehreren mesolithischen Fundstellen liegen verkohlte Belege der Haselnuß *(Corylus avellana)* vor. Diese an Fett und Eiweiß reiche Nuß war damals offenbar sehr begehrt. Was außerdem als Nahrung genutzt wurde, entzieht sich noch weitgehend unserer Kenntnis. Offensichtlich wurden aber einige Leguminosen genutzt, von denen häufiger verkohlte Samenreste gefunden werden.
    Wesentlich vollständiger sind die Kenntnisse für den Zeitraum vom Neolithikum an. Die aus dem Vorderen Orient stammenden großkörnigen Getreidearten boten die Grundlage für die Versorgung mit Kohlenhydraten. Dabei waren zunächst die Spelzweizenarten Emmer *(Triticum dicoccon)* und Einkorn *(Triticum monococcum)* sowie die Gerste *(Hordeum vulgare)* von großer Bedeutung. Etwas später standen auch Dinkel *(Triticum spelta)*, Saat-Weizen *(Triticum aestivum)* sowie die Rispenhirse *(Panicum miliaceum)* zur Verfügung. Die sogenannten sekundären Kulturpflanzen Roggen *(Secale cereale)* und Hafer *(Avena sativa)* erreichten von der Eisenzeit an etwas größere Bedeutung, setzten sich weithin aber erst im Mittelalter durch. Die eiweißreichen Samen der Leguminosen Erbse *(Pisum sativum)* und Linse *(Lens culinaris)* wurden ebenfalls seit dem Frühneolithikum in Mitteleuropa genutzt. Die Ackerbohne *(Vicia faba)* erreichte Mitteleuropa offensichtlich erst während der Urnenfelderzeit und trug dann wesentlich zur Versorgung der Menschen mit pflanzlichem Eiweiß bei. Lein *(Linum usitatissimum)* und bald auch Mohn *(Papaver somniferum)* lieferten Fette. Später traten zeitweilig auch Leindotter *(Camelina sativa)* und Hanf *(Cannabis sativa)* als wichtige Fettlieferanten hinzu.
    Daneben wurden einheimische Wildfrüchte geerntet, unter denen die Hasel weiterhin eine besonders wichtige Rolle spielte. Kulturobst scheint es erst in der Germania Romana und dann seit dem Mittelalter gegeben zu haben.

Zur Versorgung mit Vitaminen und Spurenelementen dienten sicher auch Wildgemüsearten, wobei der Nachweis der tatsächlichen Nutzung solcher Unkräuter bzw. Wildpflanzen aus methodischen Gründen meist schwierig ist. Die Verwendung von kultiviertem Gemüse läßt sich in Zentraleuropa ebenfalls erst für das römische Besatzungsgebiet und dann im Mittelalter fassen.

9.3.2 Ackerland

Über die auf den Feldern angebauten Kulturpflanzen informieren deren bei Ausgrabungen erschlossene Reste. Die große Fülle schon früh angebauter Arten sorgte für ein relativ buntes Landschaftsbild. Neben die verschiedenen Grün- und Gelbtöne des wachsenden und reifenden Getreides traten blau blühende Leinfelder und weiß oder auch rot leuchtende Mohnäcker; Leindotter sorgte ähnlich wie heute der Raps für gelbe Farbflecke in der Landschaft.

Die aus dem Winterregengebiet des Vorderen Orients stammenden Getreidearten dürften anfangs auch in Mitteleuropa als Winterfrucht angebaut worden sein. Da auf den frühen Feldern die Bestandesdichte vermutlich noch recht gering war, konnten sich dort Unkräuter behaupten, die in jüngerer Zeit als Sommerfrucht-Unkräuter gelten. Daher kann aus der Anwesenheit solcher Arten nicht einfach auf den Anbau von Sommergetreide geschlossen werden. Leguminosen und Ölfrüchte wurden aber wohl von Anfang an als Sommerfrüchte kultiviert.

Die in Vorratsfunden angetroffene Artenkombination gibt Aufschluß über die Form des Anbaus, z.B. ob die Arten separat oder im Gemisch wuchsen. Erkenntnisse über Fruchtfolgen lassen sich aus Beimengungen einer zweiten Ackerfrucht ableiten. Es handelt sich dabei überwiegend um Früchte von Pflanzen, deren Saatgut im vorhergehenden Jahr bereits vor der Ernte ausgefallen war. Die daraus entstehenden Pflanzen wuchsen im folgenden Jahr in der neuen Hauptfrucht mit heran und wurden dann auch mitgeerntet.

Besonders wertvolle Informationen über die Produktionsbedingungen auf den Äckern bieten jedoch die Belege der Unkräuter. Dies betrifft ebenso die Formen von Anbau und Ernte wie die Standortsbedingungen auf den Feldern. Daher wurde den Unkräutern gerade in jüngerer Zeit stärkere Beachtung geschenkt. So kann beispielsweise aus der Wuchshöhe der nachgewiesenen Unkräuter ebenso wie aus dem Vorhandensein oder Fehlen von Getreidehalmknoten auf die Erntehöhe geschlossen werden. Anfangs herrschte Ährenernte vor, wesentlich später und z.T. erst im Mittelalter vollzog sich der Übergang zur bodennahen Ernteweise, bei der das Stroh auch ein wichtiges Erntegut darstellte. Von der Menge der geernteten Biomasse hängt verständlicherweise das Ausmaß der durch die Ernte bedingten Bodenverarmung ab. Daraus ergibt sich ein Zusammenhang zwischen Erntemethode und den Strategien, möglichst ertragsfähige Böden zu nutzen. Dies konnte entweder durch Düngung oder Verlagerung der Ackerfluren bewirkt werden. Dabei ist allerdings zu berücksichtigen, daß die Erträge früher ohnehin wesentlich geringer waren als heute.

Die ökologischen Ansprüche der nachgewiesenen Unkräuter geben zudem Aufschluß über die Standortsverhältnisse der Felder. Offenbar lagen sie bevorzugt auf frischen, also hinreichend mit Wasser versorgten Böden. Auch der Basengehalt und das Angebot an Stickstoffverbindungen war zunächst ausreichend. Ärmere, steinige, trockenere oder auch nasse Böden wurden seltener und meist erst in den Ausbauphasen genutzt.

9.3.3 Gärten

Einzelne Nachweise von Gewürzarten wie Petersilie *(Petroselinum hortense)* gibt es bereits aus dem Neolithikum der Seeufersiedlungen im Alpenvorland. Das deutet darauf hin, daß es schon recht früh Gärten für den Anbau der nicht einheimischen Würzpflanzen gegeben haben dürfte. In größerer Zahl liegen Zeugnisse für Gartenbau in Mitteleuropa aber erst aus wesentlich späterer Zeit vor, nämlich aus der Römischen Kaiserzeit. Dies gilt allerdings nahezu ausschließlich für die Römischen Besatzungsgebiete. Dort wurden ähnlich wie später im Mittelalter neben Gemüse und Gewürzpflanzen auch Kulturobstarten angebaut. Die Obstkultur war erst möglich geworden, nachdem man die Kunst des Pfropfens beherrschte.

In Mitteleuropa scheint sich die Kultur von Zierpflanzen ebenfalls erst sehr spät entwickelt zu haben: Die ersten Belege stammen wiederum aus der Germania Romana. Etwas reichlicher sind die Funde dann aus dem Mittelalter, wo Arten wie Rose und Akelei wohl in erster Linie Bedeutung als christliche Symbolpflanzen hatten. Darüber informieren spätmittelalterliche Buch- und Tafelmalerei ebenso wie die zeitgenössische Literatur. Die Pflanzen der Klostergärten dienten zugleich als Heilpflanzen; sie bildeten zudem später den Grundstock der Bauern- und Bürgergärten. Es handelt sich dabei nahezu ausschließlich um nicht einheimische Arten, die vorzugsweise aus dem Mittelmeergebiet stammen. In Mitteleuropa benötigen sie Schutz vor der Konkurrenz einheimischer Arten sowie Pflege. Dies ist in einem Garten gewährleistet.

9.3.4 Gehölzflächen

Da Mitteleuropa von Natur aus bewaldet war, machte der Anbau von Kulturpflanzen Rodungen erforderlich. Zur Auflockerung bzw. Beseitigung der Wälder im Umland einer Siedlung trugen aber auch andere Maßnahmen bei, die sich wenigstens z.T. durch Holzfunde erfassen lassen. Dazu gehört neben der Gewinnung von Bauholz auch die Deckung des laufenden Bedarfs an Feuerholz, das die Energie zum Garen der Nahrung wie zum Wärmen in der kalten

Jahreszeit lieferte. Weiterer Holzbedarf ergab sich im Zusammenhang mit dem Räuchern von Nahrung zu Konservierungszwecken sowie für die Gewinnung von Gerbstoffen oder Pech und Teer. Holz lieferte schließlich auch die Energie für frühe technische Prozesse, wie sie zunächst die Töpferei und von der Bronzezeit an auch die Metallurgie darstellten. Nur durch eine sehr genaue Beachtung stratigraphischer Details an der Fundstelle lassen sich hierzu Erkenntnisse gewinnen.

Auch Waldweide und Futterlaubgewinnung trugen zur Auflichtung der Wälder bei. Angesichts eines derart großen Holzbedarfs ist damit zu rechnen, daß die frühen Siedlungen ebenso wie die des Mittelalters nicht inselartig in einem sie umgebenden Hochwald gelegen haben. Vielmehr spricht alles für eine im Laufe der Zeit immer stärkere Auflichtung der nahe gelegenen Waldflächen. So konnte allmählich eine Gehölzgruppen-Landschaft entstehen, in der sich verbleibende Waldreste mit Regenerationsflächen und Offenlandbereichen abwechselten.

Durch diese Art der Holznutzung wurden besser regenerationsfähige Holzarten wie Hasel, Eiche und Hainbuche oder auch Weide begünstigt. Ihre Stock- oder auch Kopfausschläge bildeten sehr schnell die Grundlage für den Aufbau neuer Gehölzbestände. Daher nahm der Anteil solcher Holzarten zu. Auf diese Weise kam es dazu, daß Bestände vom Typ der Nieder- und Mittelwälder im Umland der Siedlung vorherrschten. Daß dort weiterhin große Mengen von Holz entnommen wurden, läßt sich gut an den Resten von Bauholz erkennen: Die in Fachwerkhäusern angetroffenen Stammhölzer weisen oftmals Spuren einer dichten Beastung auf, wie sie sich nur bei Freistand der Bäume entwickeln kann. Zahlreiche Rutenabdrücke in Hüttenlehm zeigen, daß vom Frühneolithikum an Stockausschlagshölzer für die Herstellung von Flechtwänden Verwendung gefunden haben. Wie groß der Bedarf an dünnen Stockausschlagshölzern auch später gewesen ist, machen die in vielen, noch nicht restaurierten Fachwerkhäusern enthaltenen Flechtwände deutlich, die meist mit Strohlehm verstrichen wurden.

Befunde vom ehemaligen Siedlungs- und Verhüttungsplatz Düna am Südwestharz geben ein weiteres Beispiel für anthropogene Eingriffe in die Umwelt. So führen beispielsweise unverkohlte Makroreste wie Blätter und Früchten der Erle zur Rekonstruktion eines bachbegleitenden Auenwäldchens (Andrae 1990). In derselben Schicht, in der diese Funde aufhören, treten plötzlich zahlreiche verkohlte Erlenholzstückchen auf. In den folgenden Schichten sind Erlenbelege aber nur noch sporadisch vertreten. Offenbar ist der Erlenbestand in dieser Zeit beseitigt worden. Dabei bleibt unklar, ob es sich bei den Holzkohlen um Reste von Hausbrand oder auch um Meilerkohle handelt.

9.3.5 Haus- und Handwerk

Die Nutzung von Pflanzen als Lieferanten wichtiger Ressourcen muß sich auch im Haus- und Handwerk widerspiegeln. Wie Funde von Holzgerätschaften, Bauteilen oder auch Textilien aus Pflanzenfasern zeigen, ist dies durchaus der Fall. Bei genauer Analyse derartigen Fundgutes kann die Paläo-Ethnobotanik daher auch wesentliche Erkenntnisse über die frühe Entwicklung des Handwerks bzw. der Technologie liefern. Dieser Aussagebereich fand bislang allerdings erst wenig Beachtung.

Aus der Fülle der in Betracht kommenden Beispiele können hier nur einige herausgegriffen werden. Dazu gehört vor allem die Verwendung bzw. Verarbeitung von Holz. Geeignetes Fundgut steht allerdings nur aus Feuchtablagerungen zur Verfügung. Entsprechend gibt es Erkenntnisse über die Entwicklung der Holztechnologie im Bereich der Seeufersiedlungen des Alpenvorlandes (Neolithikum und Bronzezeit) sowie für die Wurtensiedlungen an der Nordseeküste (Römische Kaiserzeit und Mittelalter). Günstig sind die Voraussetzungen auch für das Mittelalter im Binnenland, wo Holzfunde vor allem aus Brunnen, Kloaken oder Gräben zu Tage kommen. Da der Abbau organischer Substanz im Kontaktbereich zu Metallen weitgehend unterbunden wird, ergeben sich interessante Aussagemöglichkeiten aber auch bei der Untersuchung von metallzeitlichen Gräberfeldern.

Geschnitzte bzw. gedrechselte Holzgefäße wurden meist aus dem Holz von Ahorn, Esche oder Ulme gearbeitet. In der Waffentechnologie fand Eschenholz bevorzugt Verwendung, so beispielsweise für die Herstellung von Lanzen oder Wurfäxten (Franziska).

Da Holz bzw. Holzkohle die für technische Prozesse erforderliche Energie lieferte, kann durch gezielte und sorgfältige Probenentnahme und anschließende Holzbestimmung erkannt werden, ob einzelne Holzarten für bestimmte Brennprozesse bevorzugt worden sind. Dies würde zu Erkenntnissen über das damalige energietechnologische Wissen führen, das den Erfolg bei der Keramikherstellung und bei metallurgischen Prozessen bestimmt haben dürfte (s. Kap. 9.3.6).

Bei der Herstellung von Keramik wurde dem Ton häufig pflanzliches Magerungsmaterial zugefügt. Meist handelte es sich um zerkleinerte Getreidedruschreste. Wie Abdrücke von Blättern oder auch Druschrückständen im Boden größerer Gefäße zeigen, wurden diese vor dem Brennen offensichtlich auf eine Schicht pflanzlichen Materials gestellt. Auf diese Weise ließ sich ein Anhaften der noch ungebrannten schweren Behälter auf dem Erdboden vermeiden.

Interessante Erkenntnisse über den frühen Hausbau lassen sich je nach den Erhaltungsbedingungen aus Funden von Holz, Holzkohle oder Abdrücken in Hüttenlehm ableiten. Besonders wertvoll sind in diesem Zusammenhang auch Untersuchungen von Fachwerkhäusern des Mittelalters bzw. der frühen Neuzeit. Für die tragende Konstruktion wurde nach Möglichkeit Eichenholz verwendet, für den Dachstuhl – jedenfalls seit dem Mittelalter – das gerade gewachsene und vergleichsweise leichte Holz von Tanne oder Fichte. Ruten von Hasel, Weide, Erle oder auch Hainbuche dienten vornehmlich der Herstellung von Flechtwänden und Flechtzäunen. Dabei richtete man sich offenbar weitgehend nach dem Angebot des Naturraumes. Als Magerungsmaterial für den Wandbewurf nahm man Druschreste. Sie stammten anfangs vor allem vom Emmer, später besonders vom Roggen. Gerste und Saat-Weizen wurden seltener benutzt. Dies hängt mit der morphologischen Beschaffenheit der Druschreste zusammen: offenbar war es günstig, wenn sie das lehmige Baumaterial gut vernetzen konnten. Außerdem dürfte hierbei auch die Haltbarkeit der Pflanzenteile wichtig gewesen sein; sie ist beim Roggen besonders groß. Der Feinputz im Fachwerklehm ist oft mit Leinscheben oder auch mit längern Getreidegrannen gemagert. Dies trug offensichtlich zu größerer Haltbarkeit bei. Leinscheben wurden auch zur Magerung ungebrannter Lehmziegel benutzt.

Da Leinscheben bei der Gewinnung der Flachsfasern anfallen, kann durch derartige Funde erschlossen werden, auf welche Weise die Flachsfasern aus den Stengeln gewonnen wurden: Man führte die bereits gerösteten Leinstengel bündelweise so in die Flachsbreche ein, daß die Holzteile des Stengels in etwa 1 cm lange Stücke zerschlagen wurden. Diese Abfälle fanden offenbar gezielt Verwendung. Hier bietet sich zugleich ein Einblick in den Umgang der damaligen Menschen mit noch nutzbaren Teilen von Abfällen. Außerdem ergibt sich die Möglichkeit, Informationen über die früheren Anbaugebiete des Leins und seine Nutzung als Faserlieferant zu erhalten. Das ist besonders wichtig, weil Leinfasern aus Gründen ihrer Erhaltungsfähigkeit in archäologischem Fundgut nur selten vertreten sind. Die starke Verbreitung von Leinschebenfunden zeigt schließlich, daß die Leinfasergewinnung zum allgemein verbreiteten Hauswerk gehört haben dürfte. Auf diese Weise ergeben sich somit auch Erkenntnisse über das Alltagsleben der Menschen in der Vergangenheit.

9.3.6 Frühe Industrie

Das gehäufte Vorkommen von Holzkohlen steht oft in Verbindung mit frühen gewerblichen bzw. industriellen Bereichen, wie z.B. Töpferei, Glasherstellung oder Erzverhüttung. Die an derartigen Fundstellen vorhandenen Holzkohlen sind in der Regel Produkte einer gesteuerten gewerbsmäßigen Verkohlung.

Zum Nachweis der wirtschaftlichen und ökologischen Bedeutung früher Gewerbe und industrieähnlicher Komplexe liefern Analysen der Fundplätze (Gruben- und Platzmeiler, Schlackenhalden, Glas- und Töpfereiabfallhalden) und besonders der Holzkohlen wertvolle Erkenntnisse. Sie betreffen ebenso den Umgang mit der Ressource Holz wie meilertechnologische Aspekte. Dazu müssen u.a. Artenkombination und Durchmesser der Hölzer einer Fundstelle sowie charakteristische Veränderungen der Zellstrukturen (Teerspiegel, Verbackungen, Auftreibungen) ermittelt werden.

Einen besonderen Aussagewert hat Holzkohle für Zeiten, aus denen noch keine schriftlichen Quellen vorliegen. Archivalische Überlieferungen können durch Ergebnisse der Holzkohlenanalyse ergänzt werden. Mit Hilfe der Holzkohlenanalyse ließen sich im Harz beispielsweise die Anfänge des Bergbaus besser fassen. Zudem werden gelegentlich wichtige kleinräumige Veränderungen in der Zusammensetzung des Waldes erkennbar.

Holzkohlenfunde aus frühen Schlackenstellen des Oberharzes zeigen, daß Buchen-Ahornwälder hier ursprünglich verbreitet waren. In den zeitgleichen Pollendiagrammen kommt dies nicht so gut zum Ausdruck, da der insektenblütige Ahorn in den Spektren unterrepräsentiert ist. Erst die Holzkohlenanalyse konnte zur Präzisierung der Vorstellungen wesentlich beitragen. In die Region der ursprünglichen Laubwälder drang schließlich die Fichte ein.

Für die mittelalterliche Waldzusammensetzung im Bereich des ehemaligen Johanneser Kurhauses (Clausthal-Zellerfeld) ergab sich eine Mischung von Rotbuche, Ahorn, Eiche und einzelnen Fichten. Außerdem war ein kleiner Bruchwald vorhanden. Am gleichen Platz ließ sich eine interessante Holzarten-Kombination zur Befeuerung von Bleiöfen im 9. und 10. Jahrhundert feststellen, in der Ahorn, Rotbuche, Fichte und Pappel vertreten waren. Hier belegten die Makroreste, daß ein Bleischmelz-Verfahren, das Agricola im 16. Jh. in seinem Buch "Vom Berg- und Hüttenwesen" für die "Sachsen bei Gittelde" (S. 354) beschreibt, offenbar schon eine längere Tradition hatte.

Während des Mittelalters und der frühen Neuzeit erfolgte die Waldnutzung oftmals im Nieder- bzw. Mittelwaldbetrieb. Entsprechend sind die leicht Stockausschlag bildenden Holzarten im Holzkohlespektrum stark vertreten. Ein hoher Anteil von Destruktionszeigern wie Eberesche und Birke weist auf die Übernutzung der Bestände hin (Abb. 9.4). Proben aus Schlackenhalden mit einem großen Anteil von Destruktionszeigern lassen erkennen, daß schon vor dem erfaßten Zeithorizont stärkere Eingriffe stattgefunden haben müssen. Hier ist zu klären, ob sie im Zusammenhang mit Bergbau, Glasherstellung oder Töpferei gestanden haben, oder ob eine andere Nutzungsart wie z.B. Waldweide oder Bauholzgewinnung anzunehmen ist.

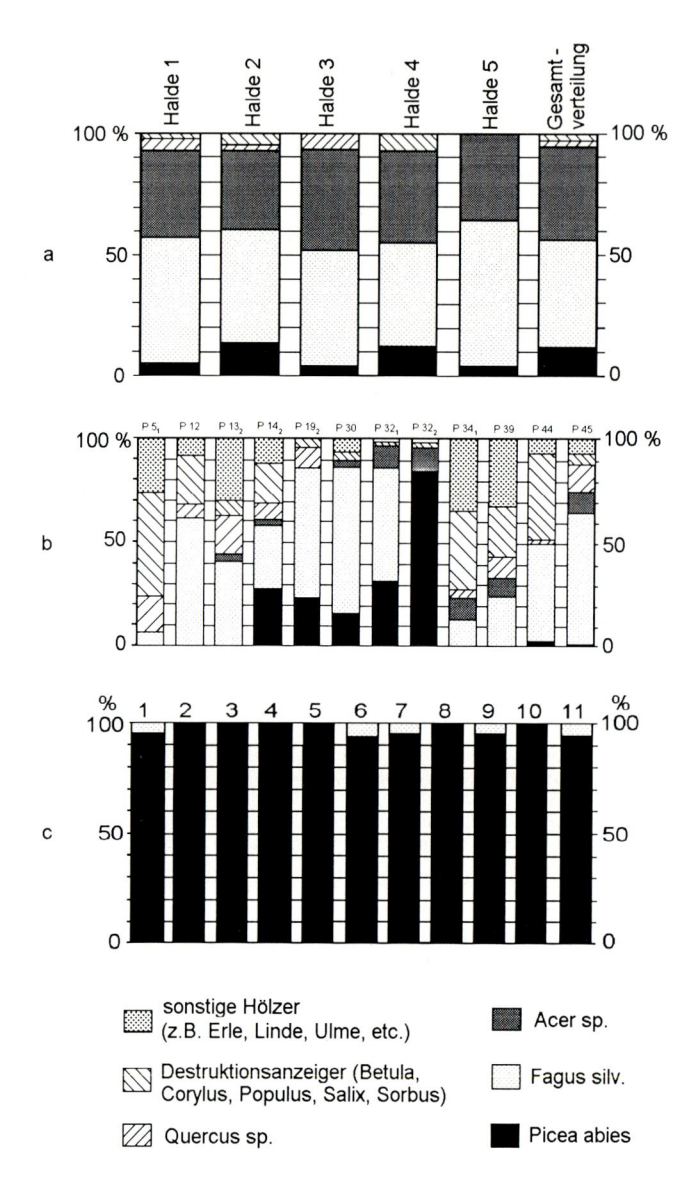

Abb. 9.4. Holzkohlespektren aus dem Oberharz gewähren Einblick in die Veränderung der Waldzusammensetzung seit dem Mittelalter (Hillebrecht 1982)
a. Spektren mit hohen Anteilen von Rotbuche und Ahorn (11. Jh.)
b. Spektren mit Destruktionsanzeigern (12.–16. Jh.)
c. Uniforme Fichtenholzspektren der Neuzeit

Die Beeinflussung von Landschaft und Wirtschaftsraum durch Holzkohleproduktion und Bergbau wird also mancherorts deutlich. Dabei ist oftmals eine Betonung der wirtschaftlichen Interessen im Zusammenhang mit der Erzverhüttung erkennbar (Hillebrecht 1992). Als Folge dieser Ressourcen-Ausbeutung ergaben sich ökonomische und ökologische Probleme (Hillebrecht 1986).

Die ökonomischen Probleme lagen in der immer wieder feststellbaren Erschöpfung der Energie-Ressourcen infolge einer rigorosen Übernutzung. Phasen des wirtschaftlichen Niederganges hängen damit zusammen (für das Erzgebirge vgl. Clauss 1988). Einen erheblichen Kostenfaktor und eine nicht marktgerechte Verteuerung des Endproduktes führten zum Import von Holzkohle aus dem Vorharz bzw. dem Export von Erz.

Die Folgen der ökologischen Probleme sind vielfach noch heute erkennbar. Das ökologische Gleichgewicht wurde durch Veränderungen der Waldvegetation empfindlich gestört (z.B. Bodenversauerung, Bodenerosion, Veränderung des Wasserhaushaltes).

9.4 Zusammenfassung und Ausblick

Durch die Untersuchung pflanzlicher Makroreste ermöglicht die Paläo-Ethnobotanik interessante und vielseitige Erkenntnisse über die Lebens-, Produktions- und Umweltverhältnisse des Menschen in der Vergangenheit. Dabei können sich ebenso Erkenntnisse über die vegetabilische Ernährung wie über den Anbau der Kulturpflanzen und die Produktionsbedingungen auf den Äckern ergeben. Außerdem ist es möglich, Einsichten über das frühe Haus- und Handwerk sowie deren Technologien zu gewinnen. Selbst die die Siedlungen und frühen Industrieanlagen umgebenden Gehölzflächen lassen sich oftmals erkennen. Mit Hilfe der verschiedenen Aussagebereiche ergibt sich schließlich eine Vorstellung von den frühen Stadien der Kulturlandschaft und deren Entwicklung seit dem Neolithikum.

Freilich ist zu berücksichtigen, daß es sich dabei um rekonstruierende Aussagen handelt. Manchmal mögen sie erst den Wert eines Erklärungsmodells haben. Daher ist es erforderlich, daß sie durch eine große Zahl weiterer Analysen bestätigt oder gegebenenfalls auch erweitert bzw. verändert werden. Erfreulicherweise gibt es einige Möglichkeiten, die aufgrund der Analyse fossiler Belege erstellten Modelle bzw. Aussagen auf experimentellem Wege zu überprüfen. Dies gilt ebenso für frühe Formen des Ackerbaus wie für die verschiedenen Arten der Gehölz- oder Grünlandnutzung. Gelegenheiten dazu gibt es vor allem im Bereich Archäologischer Freilichtmuseen, was eine enge Kooperation von Botanikern und Archäologen voraussetzt. Allerdings können auch die in manchen Landschaften noch vorhandenen Relikte alter

Landnutzungsformen ebenfalls zur Kontrolle und Ergänzung dienen. Das betrifft beispielsweise Gehölzformen wie Mittel- und Niederwald oder Schneitel- und Kopfholznutzung.

Auf diese Weise kann die Paläo-Ethnobotanik wesentliche Erkenntnisse über die nutzungsbedingten Veränderungen der Landschaft seit dem Neolithikum und damit zur Umweltgeschichte vermitteln. Dies sollte zugleich Einsichten erschließen in die Möglichkeiten, die der Mensch bei der Landnutzung hat. In diesem Zusammenhang dürfte auch die Verantwortung deutlich werden, die wir Menschen für den uns anvertrauten Raum haben.

9.5 Anmerkung

In der Literaturliste finden sich eine Reihe von paläo-ethnobotanischen Arbeiten vorwiegend neueren Datums, in denen viele der hier diskutierten Fragen behandelt werden. Von dort aus ist die inzwischen umfangreich gewordene paläo-ethnobotanische Literatur zu erschließen.

10 Vegetationsgeschichte

Hans-Jürgen Beug

10.1 Einleitung

Die Vegetationsgeschichte, ein Teilgebiet der Botanik, ist wie kein anderes Fach in der Lage, mit seinen spezifischen Methoden den Zugang zu Fragen der Pflanzendecke früherer Zeiten zu eröffnen. Sie bedient sich überwiegend historischer Arbeitsmethoden und erzielt ihre Ergebnisse vornehmlich durch die Untersuchung fossiler Pflanzenreste (Pollenkörner, Sporen, Früchte, Samen und Hölzer).

Die Vegetationsgeschichte ist naturgemäß ein interdisziplinäres Fach mit engen Beziehungen zur Geologie, Geographie, Ur- und Frühgeschichte, Archäologie, Geschichte, Bodenkunde, Klimatologie und Forstwissenschaft. Daraus erklärt sich, daß für Teilaspekte der Vegetationsgeschichte besondere Bezeichnungen entstanden. Sie werden heute oft nebeneinander und mit unscharfer Abgrenzung verwendet.

Die Begriffe Palynologie und Pollenanalyse werden besonders dann verwendet, wenn in der Vegetationsgeschichte Pollenkörner und Sporen als Mikrofossilien vorrangig von Bedeutung sind. Dabei ist Palynologie (Pollen- und Sporenkunde) im heutigen Sprachgebrauch ein sehr umfassender Begriff geworden, der z.B. auch cytologische und physiologische Aspekte einbezieht. Die Pollenanalyse (quantitative und qualitative Ausarbeitung von Pollenspektren) ist dagegen eine Methode, der sich die palynologische bzw. vegetationsgeschichtliche Forschung überwiegend bedient. Fälschlich wird der Begriff "Pollenanalyse" als Synonym für "Palynologie" oder gar für "Vegetationsgeschichte" verwendet.

Die Untersuchung pflanzlicher Fossilien in archäologischem Fundgut (meist Früchte, Samen, Blätter, Hölzer, Produkte aus pflanzlichen Materialien, aber auch Pollenkörner und Sporen) eröffnet der Vegetationsgeschichte die Möglichkeit, Aussagen über die vielfältigen Formen der Nutzung der Pflanzen durch den vor- und frühgeschichtlichen Menschen zu machen. Hier werden die Begriffe Archäobotanik und Paläo-Ethnobotanik verwendet.

Es ist aber keineswegs nur die abgeschlossene Vergangenheit, mit der sich die Vegetationsgeschichte befaßt. Ihre Fragestellungen betreffen vielmehr immer stärker Probleme, die für die Gegenwart von Bedeutung sind. So ist der Zustand der heutigen Pflanzendecke in vielen seiner Züge das vorläufige Endprodukt langer Entwicklungsprozesse, die in der Vergangenheit abgelaufen sind. Ursachen dieser Entwicklung sind überwiegend Klimaveränderungen, Pflanzenwanderungen und Eingriffe des Menschen. Die vegetationsgeschichtliche Forschung kann diese Entwicklungsprozesse und damit gleichzeitig viele Ursachen für den Zustand unserer heutigen Umwelt sichtbar machen. Da die vegetationsgeschichtliche Forschung Prozeßabläufe studiert, aufdeckt und analysiert, gewinnt sie bei der Zukunftsplanung in der Umweltforschung zunehmend an Bedeutung und wird immer stärker zu einer Paläoökologie. Die gegenwärtig ablaufenden Klimaveränderungen und die anthropogenen Eingriffe in die Pflanzendecke sind Vorgänge, deren Auswirkungen durch kurzfristige Beobachtungen und Messungen nicht oder nur schwer abgeschätzt werden können. Die vegetationsgeschichtliche Forschung kann aber zyklische Prozesse und andere Vorgänge, die in der Vergangenheit abgelaufen und dabei abgeschlossen worden sind, über ihre gesamte Dauer verfolgen. Dadurch ergeben sich wichtige Hinweise für die Steuerungsmöglichkeiten solcher Prozesse in der Gegenwart: Zukunftsplanung durch die Erforschung der Vergangenheit. Die Vegetationsgeschichte liefert somit in der Umweltforschung, der Paläoklimatologie und der Ökosystemforschung wichtige und eigenständige Beiträge zu aktuellen Fragen.

10.2 Grundlagen

Bei der vegetationsgeschichtlich-pollenanalytischen Arbeitsweise spielen ganz unterschiedliche Methoden eine Rolle, und ihre Erörterung erfordert ein Eingehen auf die Grundlagen der Vegetationsgeschichte.

Fossile Pollenkörner (im folgenden als PK abgekürzt) findet man vor allem in Torfen, limnischen und marinen Sedimenten sowie in Material aus archäologischen Grabungen. PK erhalten sich hier unter anaeroben Bedingungen unbegrenzt. Man untersucht im allgemeinen Proben mit einem Volumen von 1–3 cm^3 auf ihren Gehalt an fossilen PK. Eine solche Probe stellt meistens einen Ausschnitt von 1 cm des untersuchten Profils dar. Die Untersuchung einer solchen Probe liefert ein Pollenspektrum, das einen Mittelwert des Pollenniederschlages von meist 20–40 Jahren darstellt.

In den Pollenspektren werden die Anteile der einzelnen Pollenformen in Prozenten angegeben (Influxberechnungen s. Kap. 10.4.2) Es sind dabei Grundsätze der statistischen Sicherung zu beachten, die in einschlägigen

Lehrbüchern für dieses Fach dargestellt sind (Birks u. Birks 1980; Birks u. Gordon 1985; Faegri u. Inversen 1989; Moore, Webb u. Collinson 1991).

Bei der Berechnung der Pollenspektren wird meist die Summe der Baumpollen (BP) gleich 100% gesetzt, und die Anteile der einzelnen Baumsippen werden in Prozenten dieser Summe angegeben. Außer den waldbildenden Sippen werden die folgenden Taxa in Gruppen zusammengefaßt und ihrerseits in Prozenten der BP-Summe berechnet:

– *Corylus avellana* (Hasel-Strauch) und andere Taxa mit strauchiger Wuchsform.
– Zwergsträucher (vor allem Ericaceen): *Calluna vulgaris* (Besenheide), *Empetrum nigrum* (Krähenbeere) und andere.
– Krautige und staudige Arten als Nichtbaumpollen (NBP).

Wasser- und Sumpfpflanzen sowie Farne werden nicht in die NBP einbezogen. Sie enthalten Arten, die sich oft durch eine hohe Pollenproduktion auszeichnen, denen aber nur eine lokal begrenzte Bedeutung zukommt, so in Seen, in Verlandungsbeständen und auf Mooren.

Die Mehrzahl der BP und NBP kann für die Rekonstruktion der Zusammensetzung der Pflanzendecke bis zu einer Entfernung von ca. 10 km vom Untersuchungsort verwendet werden. Ein kleiner Anteil kann auch aus Entfernungen von 50–100 km und mehr stammen. Die Höhe der NBP-Anteile bzw. das Verhältnis von BP zu NBP liefert wichtige Informationen über die Walddichte (vgl. 10.4.3.1).

Die Pollenspektren werden in Form eines Pollendiagrammes mit der Profiltiefe oder (wenn möglich) einer linearen Zeitachse als Ordinate zusammengestellt. Wesentliche Größen für die Interpretation eines Pollendiagrammes sind die zeitliche Auflösung (Abstand der Pollenspektren) und die Höhe der Auszählung.

Ein Pollendiagramm wird zunächst in Zonen oder Abschnitte gegliedert, die größere Etappen der Vegetationsentwicklung darstellen sollen. Bei der Entwicklung der Vegetation in Mitteleuropa seit dem Ende der letzten Kaltzeit kam es immer wieder zu einer schubweisen Zuwanderung von neuen Baumarten. Von ihren kaltzeitlichen Refugien sind die Baumarten nämlich zu unterschiedlichen Zeiten nach Mitteleuropa gelangt. Die Abfolge in der Einwanderung und Ausbreitung der wichtigsten Baumarten kann etwa in folgender Weise beschrieben werden: Birke – Kiefer – Hasel – Eiche, Ulme, Linde, Esche – Rotbuche, Fichte, Tanne. Hainbuche. Man bezeichnet das als "mitteleuropäische Grundsukzession in der Waldentwicklung". Die Pollendiagramme lassen somit die Vorgänge der Einwanderung und Ausbreitung der einzelnen Baumarten erkennbar werden und machen die Prozesse der Störung und Veränderung der Waldökosysteme ebenso sichtbar wie deren Rückkehr zu stabilen Verhältnissen.

Die Zonierung der Pollendiagramme in Pollenzonen oder Diagrammabschnitte kann mit einer weiteren Untergliederung fortgesetzt werden. Häufig werden Pollendiagramme in sog. "pollen assemblage zones" unterteilt, d.h. in Zonen völlig einheitlicher Art und somit in ihre kleinstmöglichen Einheiten.

Wie immer man ein Pollendiagramm zoniert, es werden dabei die Ursachen für Veränderungen in der Pflanzendecke erkennbar, nämlich Klimaveränderungen, natürliche Wanderungsprozesse, menschliche Eingriffe und Sukzessionen. Dieses Vorgänge sind aber voneinander nicht unabhängig, und deswegen ist es schwer, ein für alle Fälle passendes Zonierungssystem zu finden. Beispielsweise können Zonen, die auf den Einwanderungsvorgängen beruhen, sich mit solchen schneiden, die sich aus den menschlichen Eingriffen ergeben. Es ist dann sicher besser, die Pollendiagramme mit einer doppelte Zonierung zu versehen, als sie in eine Vielzahl allzu kleiner "pollen assemblage zones" aufzuteilen.

Auf der Basis einer sachgemäßen Zonierung kann dann die weitere Interpretation vorgenommen werden. Im Rahmen der statistischen Sicherung können Quantifizierungen vorgenommen werden, die in Kapitel 10.4 mit Beispielen vorgestellt werden.

Eine Quantifizierung pollenanalytischer Ergebnisse setzt eine hinreichende statistische Sicherung voraus. Im allgemeinen ist diese gegeben, wenn in einem Pollenspektrum mindestens 600 BP gezählt worden sind (vgl. Birks u. Birks 1980; Faegri u. Iversen 1989). Wenn auch solche Pollenformen mit einiger Sicherung erfaßt werden sollen, deren Werte im Bereich weniger Prozente oder sogar im Promille-Bereich liegen, dann müssen 1000 oder mehr BP pro Pollenspektrum berücksichtigt werden. Das gilt besonders für Siedlungszeiger in frühen Perioden der landwirtschaftlichen Nutzung (Neolithikum).

10.3 Bestimmung von Pollenkörnern durch Größenmessungen

10.3.1 Die Getreide-Pollenanalyse

Die Familie der *Poaceae* (Gräser) zeichnet sich durch rundlich bis eiförmige PK aus, die eine von einer ringförmigen Wandverdickung (Anulus) umgebene Keimpore (Porus) besitzen. Firbas stellte 1937 durch größenstatistische Untersuchungen fest, daß sich innerhalb der mitteleuropäischen Flora Wildgräser und Getreide pollenanalytisch aufgrund der Pollen-Größen unterscheiden lassen. Rohde (1959) wiederholte einen Teil dieser Untersuchungen und legte die Grenze zwischen den kleineren PK der Wildgräser und den größeren der Getreide auf 37 µm fest. Hinzu kommen Unterschiede in der Größe der Poren sowie bei der Höhe und der Breite des Anulus. Auch hier weisen die Getreide-PK stets die höheren Werte auf. Ausführlich wurde dieses nochmals von Andersen (1979) dargestellt. Nach Beug (1961) sind folgende Merkmale für die Bestimmung des Getreide-Typs von Bedeutung:

Größter Durchmesser der PK	> 37,0 µm
Porendurchmesser	> 2,7 µm
Anulus-Breite	> 2,7 µm
Anulus-Dicke	> 2,0 µm (meist > 3,0 µm)

Bei den von Wildgräsern abtrennbaren Getreide-Arten handelt es sich in erster Linie um die *Triticum*-, *Avena*- und *Hordeum*-Arten und um *Zea mays*. Die PK von *Zea mays* haben mit einer Größe von 53,1–138 µm und einem Porendurchmesser von 3,7–8.6 µm so riesige Ausmaße, daß ihre Bestimmung kaum Schwierigkeiten macht. *Secale* (Roggen) hat auch große PK, die sich durch das besondere Merkmal ihrer länglichen, d.h. nicht rundlich-eiförmigen Form von allen anderen Getreide-Arten unterscheiden. Genaue Größenangaben haben Beug (1961) und Andersen (1979) dargestellt.

Eine vollständige Trennung in zwei Größenklassen ohne einen Überschneidungsbereich ist jedoch nicht möglich. Getreide-Pollenkörner, die kleiner sind als 37 µm, können vernachlässigt werden, weil ihre Anteile sehr gering sind. Aber es gibt verschiedene Wildgräser, bei denen ein großer Teil der PK in den Größenbereich der Getreide-Arten fällt. Dazu gehören vor allem Arten der Gattungen *Agropyron*, *Bromus*, *Elymus* und *Glyceria*. Zum Teil kann hier die Berücksichtigung der Anulus-Merkmale Abhilfe schaffen, doch bleiben gewisse Unsicherheiten bei der Bestimmung fossiler PK vom Getreide-Typ mit Größen von 37 bis etwa 47 µm zurück.

Einen Fortschritt brachte dann die Untersuchung im Phasenkontrastbild, durch die unterschiedliche Muster in der Wand von PK der Gattungen *Triticum*, *Avena*, *Hordeum* und *Panicum* sichtbar gemacht werden konnten (Beug 1961; Köhler u. Lange 1979). In zunehmendem Maße werden heute Pollendiagramme veröffentlicht, in denen Kurven für einen *Hordeum*-, *Triticum*- und *Avena*-Typ dargestellt sind. Angemerkt sei an dieser Stelle, daß die meisten Wildgräser mit PK vom Getreide-Typ zum *Hordeum*-Typ gehören.

Vom archäometrischen Gesichtspunkt her betrachtet sind die Arten der Gattung *Triticum* von besonderem Interesse. Unter den gebauten Weizen gibt es diploide, tetraploide und hexaploide Arten. Die Größe der PK nimmt mit steigendem Polyploidie-Grad zu (nach Beug 1961; Mittelwerte für verschiedene Herkünfte; gemessen wurden jeweils 150 PK pro Herkunft):

		Pollengrößen	Mittelwerte
Triticum monococcum	(n= 7)	32,5-59,1 µm	43,2-46,6 µm
Triticum dicoccon	(n=14)	38,5-71,0 µm	49,2-57,6 µm
Triticum compactum	(n=21)	44,5-66,4 µm	54,8-56,7 µm
Triticum aestivum	(n=21)	39,8-69,0 µm	55,2-57,6 µm
Triticum spelta	(n=21)	41,8-72,3 µm	53,8-63,7 µm

Über die von der Chromosomenzahl abhängigen Pollengrößen lassen sich wegen der Überschneidungen keine quantitativen Aussagen am fossilen Material machen. Dagegen sind, wie Abb. 10.1 zeigt, qualitative Aussagen möglich. Das Beispiel stammt von dem ehemaligen Luttersee, der im Unteren Eichsfeld, Landkreis Göttingen, in einer Lößlandschaft liegt (Beug 1992). Für 10 Abschnitte der Besiedlung in diesem Lößbecken sind die Größen der fossilen PK vom *Triticum*-Typ dargestellt. Die Zahl der gemessenen PK liegt zwischen 43 und 272. Zum Vergleich enthält Abb. 10.1 auch Größenverteilungs-Kurven für je eine *Triticum*-Art mit n=7 (*T. monococcum*: Einkorn), n=14 (*T. dicoccon*: Emmer) und n=21 (*T. aestivum*: Saatweizen).

Der Ausschnitt aus dem älteren Teil der linienbandkeramischen Besiedlung enthält *Triticum*-PK, die die Größenbereiche aller drei Polyploidiegrade abdecken. Im frühen Neolithikum wurde (nach Funden von Getreidekörnern) in Mitteleuropa vor allem *T. monococcum* und *T. diccocon* angebaut. Die Größenmessungen an PK bestätigen das, zeigen aber außerdem, daß auch hexaploide Weizenarten in nicht unbeträchtlicher Menge eine Rolle spielten. Im jüngeren Teil dieser frühneolithischen Siedlungszeit, an die sich offenbar Siedlungen mit Rössener Kulturen unmittelbar anschlossen, fehlt der Bereich von *T. monococcum* weitgehend. Hier läßt sich somit für die Dauer der linienbandkeramischen Besiedlung ein Anbauwechsel im Unteren Eichsfeld feststellen, der neben der Verminderung des Einkorn-Anteils mit einer starken Erweiterung des Gersten-Anbaues einherging.

In keiner der folgenden Siedlungszeiten wurde im Unteren Eichsfeld das Einkorn noch einmal in nennenswerter Menge angebaut. Tetraploide und hexaploide Weizen waren in der Folgezeit die hauptsächlichen gebauten Arten. Im Übergang von dem Neolithikum zur Bronzezeit verschieben sich dann die Höchstwerte der Größenverteilungskurven vom Bereich der tetraploiden in den der hexaploiden Weizen. Dieser Zustand dauert dann bis zum Ende der vorrömischen Eisenzeit an.

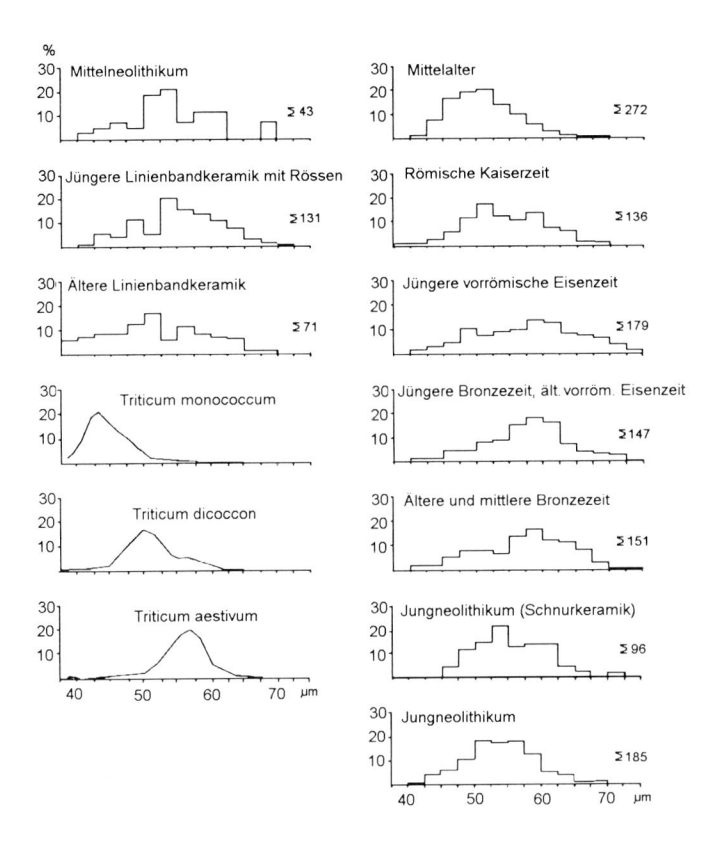

Abb. 10.1. Größenmessungen an Getreide-Pollenkörnern vom *Triticum*-Typ aus den Abschnitten der neolithischen bis mittelalterlichen Besiedlung im Unteren Eichsfeld, Landkreis Göttingen (nach Beug 1992, verändert). Größenmessungen an rezenten Pollenkörnern von *Triticum monococcum* (diploid), *T. dicoccon* (tetraploid) und *T. aestivum* (hexaploid) nach Rohde (1959)

10.3.2 Die Bestimmung der mitteleuropäischen Tilia-Arten

In Mitteleuropa wachsen zwei Linden-Arten, nämlich die Winterlinde (*Tilia cordata*) und die Sommerlinde (*Tilia platyphyllos*). Die Arten der Gattung Tilia besitzen sehr charakteristische PK. Sie sind abgeflacht (oblat) und besitzen drei Keimfurchen (Colpi) mit je einer großen Keimpore (Porus). Solche Pollenformen werden als tricolporat bezeichnet. Die Keimfurchen sind bei Tilia kurz und nur wenig länger als der Durchmesser der großen Poren. Wie bei den meisten tricolporaten Pollenkörnern sind die Furchen verdünnte Bereiche der äußeren Pollenwand, der Ektexine. Die Poren sind dagegen dünne Bereiche in der Endexine, der inneren Schicht der Pollenwand oder Exine. An den Porenrändern ist die Endexine stark verdickt und zeigt eine schwammartige Konsistenz. Bei oberflächlicher Betrachtung scheint die Endexine unter den Keimfurchen taschenartig nach innen gewölbt zu sein.

Genauere Untersuchungen an PK der Linden-Arten (Beug in Jung; Beug u. Dehm 1972, und dort zitierte Literatur) haben gezeigt, daß sich die beiden Arten bis zu einem gewissen Grade pollenmorphologisch unterscheiden lassen. Dabei spielt die Größe der Strukturelemente der Exine auf den beiden Seiten (Polarfeldern) der oblaten PK eine wichtige Rolle. Um die Bestimmungskriterien verstehen zu können, muß der Wandaufbau und die Heteropolarität der Pollenkörner erläutert werden.

Der Wandaufbau weicht bei *Tilia* von dem am häufigsten vertretenen Typ ab, bei dem auf der Endexine eine Stäbchenschicht (Columellae-Schicht) steht, die ihrerseits von einer Lamelle (Tectum) abgedeckt ist. Bei *Tilia* ist das Tectum von kreisförmigen Öffnungen durchbrochen. Anstelle von Columellae münden hier nach außen offene Trichter, die sich nach unten verjüngen, mit ihrer Basis auf der Endexine sitzen und in ihrem unteren Viertel oder Fünftel Längsschlitze aufweisen. Man bezeichnet diesen Strukturtyp als "tubulat".

Die Heteropolarität der PK von *Tilia* beruht vor allem darauf, daß die Tubulae auf den Polarfeldern unterschiedlich groß sind. Das ist bei *T. platyphyllos* stark und bei *T. cordata* schwach ausgebildet. Die Strukturelemente sind aber klein und einzeln im Lichtmikroskop auch bei starken Vergrößerungen schwer zu messen. Es wurde daher mit einem Okularmikrometer eine Strecke von 10 µm abgegriffen und gezählt, wieviele Tubulae auf diese Strecke entfallen. Das muß für beiden Seiten eines jeden PK gemessen werden. In Abb. 10.2 werden diese Werte als n_1 und n_2 bezeichnet, wobei n_2 der Wert des Polarfeldes mit den größeren Tubuli ist. Der Quotient aus n_1 und n_2 der einzelnen PK ist ein Maß für den Grad der Heteropolarität: Dieser Quotient ist bei *T. platyphyllos* relativ kein und bei *T. cordata* relativ groß. Stellt man den Quotienten in Abhängigkeit von n_2 dar, so zeigt die Verteilung der Werte für beide Linden-Arten nur einen relativ kleinen Überschneidungsbereich (Abb. 10.2 oben). Abb. 10.2 unten zeigt Messungen an fossilen PK. Bei der Auswertung solcher Messungen wird man die PK im Überschneidungsbereich nicht der einen oder anderen Art zuordnen.

Bei dem rezenten Material (jeweils 2 Herkünfte) waren von *Tilia coradata* 76% bestimmbar, 24% lagen im Überschneidungsbereich. Bei *Tilia platyphyllos* waren 74% bestimmbar. Rund 3/4 der vorhandenen PK dürften sich somit bestimmen lassen. Bei der fossilen Probe liegt das Verhältnis der bestimmbaren PK von *T. cordata* zu *T. platyphyllos* bei 7.4:1 und zeigt ein deutliches Übergewicht von *T. cordata* in den Wäldern des westlichen Harzvorlandes.

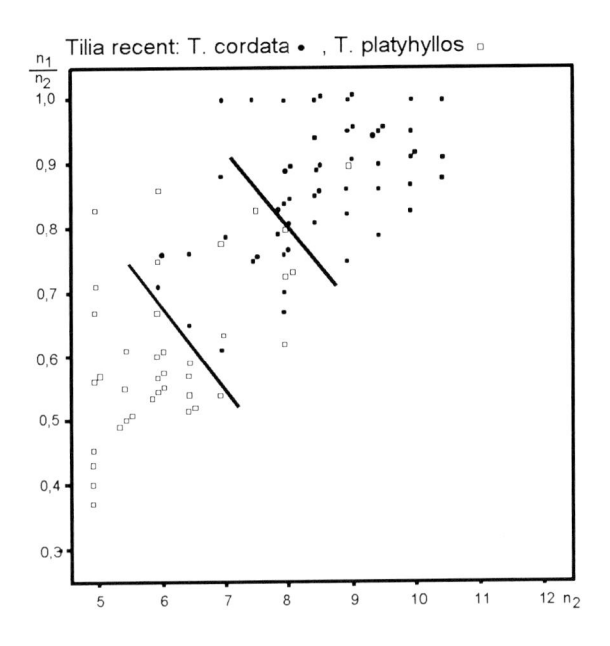

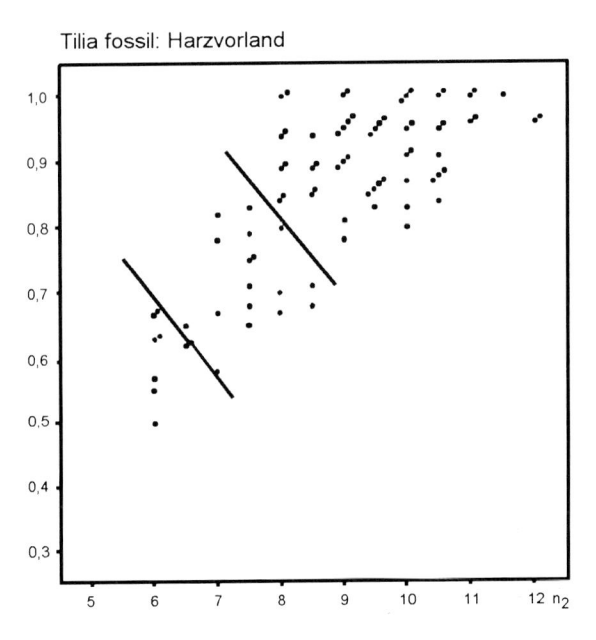

Abb. 10.2. Messungen zur Artbestimmung von *Tilia cordata* und *Tilia platyhyllos*.
Oben: rezentes Material (je 2 Herkünfte)
Unten: Fossiles Material aus Torfschichten der jüngeren mittleren Wärmezeit (Pollenzone VII) des Finnenbruchs bei Pöhlde, Landkreis Osterode (Bechler 1985)
Erläuterungen im Text

10.4 Beispiele für die Quantifizierung vegetationsgeschichtlicher Ergebnisse

10.4.1 Eichung pollenanalytischer Ergebnisse am rezenten Pollenniederschlag

Die Interpretation eines Pollendiagramms basiert im wesentlichen auf der Kenntnis des rezenten Pollenniederschlages und dessen Beziehungen zur aktuellen Vegetation. Für entsprechende Untersuchungen werden Oberflächenproben bearbeitet, die man aus der wachsenden Oberfläche von Mooren, der Sedimentoberfläche von Seen oder aus den obersten Horizonten von Bodenprofilen gewinnt. Auf diese Weise erhält man Informationen über den charakteristischen Pollenniederschlag in verschiedenen Pflanzengesellschaften, in verschiedenen Formationen oder entlang von Transekten, die die Zonen einer horizontalen oder vertikalen Vegetationsgliederung erfassen.

Wichtig sind u.a. die dabei gewonnenen Erfahrungen über die artspezifischen Unterschiede in der Pollenproduktion der verschiedenen Baumarten. Zu den stärksten Pollenproduzenten gehören *Pinus, Betula, Alnus, Quercus, Taxus* und *Corylus*. Mittlere Pollenproduzenten sind *Ulmus, Carpinus* und *Picea*, und eine auffallend schwache Pollenproduktion zeigen *Fagus, Tilia, Fraxinus* und *Larix* (vgl. dazu Andersen 1970). Dabei kommen auch die Unterschiede in der Pollenproduktion zwischen windblütigen (anemogamen) und insektenblütigen (entomogamen) Baumarten zum Ausdruck. Allerdings ist die artspezifische Pollenproduktion keine so konstante Größe, daß eine Umwandlung der Prozentwerte aus den Pollenspektren in prozentuale Anteile in der Vegetation möglich wäre.

Große Bedeutung hat (in außertropischen Gebieten) die Tatsache, daß die Pollenproduktion in Wäldern immer erheblich größer ist als in waldlosen Gebieten. In ihrer Pollenproduktion sind staudige und krautige Pflanzensippen den Holzpflanzen meistens deutlich unterlegen. Aus dem Verhältnis BP:NBP lassen sich daher wichtige Informationen über den Grad der Bewaldung gewinnen. Das ist für paläoklimatische Fragen (z.B. Lage von Waldgrenzen) und für die Beurteilung von Rodungsflächen (Intensität landwirtschaftlicher Nutzung) von größter Wichtigkeit und gehört zu den Grundlagen der Interpretation vegetationsgeschichtlicher Daten (Beispiele dazu in Kap. 10.4.3.1 u. 10.4.4).

10.4.2 Pollenkonzentration und Polleninflux

Die Pollenkonzentration ist eine Größe, die vom jährlichen Pollenanflug und der Sedimentzuwachsrate abhängt. Sie wird in PK pro cm^3 Sediment angegeben. Zu einer Sediment- oder Torfprobe bekannten Volumens werden kommerziell hergestellte Tabletten, die eine bestimmte Menge von Lycopodium-Sporen enthalten, zugegeben. Der Summe der bestimmten fossilen PK steht dann eine bestimmte Anzahl aus der Gesamtmenge der zugefügten Lycopodium-Sporen gegenüber, aus dessen Anteil an der Gesamtmenge der zugefügten Lycopodium-Sporen die Menge fossiler Pollenkörner in der Probe, bzw. pro cm^3 berechnet werden kann.

Der Polleninflux gibt den Pollenniederschlag pro cm^2 und Jahr an und wird als Quotient aus Konzentration (PK pro cm^3) und Zuwachsrate (Jahre pro cm Torf oder Sediment) berechnet. Das ist allerdings nur bei Pollendiagrammen mit einer zuverlässigen Zeitachse (z.B. im Fall einer größeren Zahl von Radiocarbon-Datierungen) sinnvoll.

Bei mehr oder weniger stabilen Waldverhältnissen kann man von einem konstanten jährlichen Pollenniederschlag ausgehen. In solchen Fällen kann man auch mit Pollenkonzentrationswerten die Feingliederung einer Zeitachse vornehmen.

Influxdiagramme geben die Veränderungen des jährlichen, flächenbezogenen Pollenniederschlages mit absoluten Werten wieder. Influx-Werte sind u.a. hilfreich bei der Beurteilung von mehr oder weniger vegetationslosen Gebieten (Tundren, Wüsten, Halbwüsten), in denen der Pollenniederschlag relativ hohe BP-Anteile zeigt, weil die PK nicht die Pflanzendecke der Umgebung repräsentieren, sondern aus weit entfernten (Wald-) Gebieten stammen.

Influx-Werte haben sich u.a. bei marin-palynologischen Untersuchungen als unentbehrlich erwiesen. Da hier nur Ferntransport von PK eine Rolle spielt, können aus den Influxwerten nicht nur Informationen über den Vegetationszustand der Pollenliefergebiete, sondern auch über die Effizienz (Stärke) des Transportsystems (meist Wind) abgeleitet werden. Das erweitert den paläoklimatischen Aussagewert marin-palynologischer Daten beträchtlich (vgl. Kap. 10.4.3.2).

10.4.3 Klimainduzierte Vegetationsveränderungen

10.4.3.1 Veränderungen der Bewaldungsdichte. Pollenanalytische Untersuchungen über die Bewaldungsdichte wurden erstmals von Firbas (1934) im Bereich der polaren Waldgrenze in Schwedisch-Lappland durchgeführt. Das Maß der Bewaldung kann von den in Prozenten der BP berechneten NBP-Anteile in den Pollenspektren abgeleitet werden. Es muß allerdings sicher sein, daß die NBP-Anteile aus der regionalen Vegetation und nicht von lokalen Quellen (Moore, Seen) stammen. Die pollenanalytische Ermittlung der Bewaldungsdichte ist seit der Untersuchung von Firbas in vielen Erdteilen, und hier insbesondere im Bereich von Waldgrenzen, überprüft worden und wird ständig bei der Interpretation des fossilen Befundes angewendet.

Eine der aufschlußreichsten Studien dieser Art stammt von McAndrews (1967) aus dem Bereich der nordamerikanischen Prärie und ihrer Grenze zum Wald. Den folgenden Werten liegt eine sog. Grundsumme zugrunde, die aus BP und NBP gebildet wird.

Im Waldland nehmen die BP stets mehr als 75% ein, die NBP somit weniger als 25%. Im Übergang zwischen Wald und Prärie (oak savanna) wurden um 25% NBP oder etwas mehr festgestellt. In der Prärie selber liegen die NBP-Anteile ebenfalls über 25%. Mit zunehmender Entfernung zum Waldland steigen die NBP-Werte auf über 50% an. Diese Werte können im wesentlichen auf andere außertropische Gebiete übertragen werden.

Wichtige Anwendungen findet man bei den Untersuchungen über die Späteiszeit und über Waldzerstörung durch den Menschen seit dem Neolithikum (vgl. Kap. 10.4.4). In der Späteiszeit stellen die Tundrenzeiten (älteste, ältere und jüngere Tundrenzeit) stratigraphisch und paläoklimatisch wichtige Intervalle dar. Durch Anwendung des BP/NBP-Verhältnisses konnte beispielsweise im südlichen Niedersachsen festgestellt werden, daß die alpine Waldgrenze während der Jüngeren Tundrenzeit (ca. 10.800 bis 10.300 BP) hier bei etwa 150 m NN lag (Steinberg 1944). Im Vergleich mit der heute bei 1100 m NN am Brocken liegenden Waldgrenze entspricht das einer Depression von fast 1000 m. Im Bereich der heutigen großen Vermoorungen im Hochharz (750–900 m NN) gibt es keine Torfe aus der Jüngeren Tundrenzeit. Die Ursache dafür ist darin zu sehen, daß sich diese Gebiete damals 600–750 m über der alpinen Waldgrenze befanden. In entsprechender Höhenlage gibt es auch heute in den Hochgebirgen keine wachsenden Moore.

10.4.3.2 Verschiebungen von Vegetationsstufen und Vegetationszonen.

Klimaveränderungen bewirken eine Verschiebung von Vegetationszonen. Das betrifft sowohl die horizontale wie die vertikale Zonierung der Vegetation. Beispiele von vertikalen Verschiebungen von Waldzonen wurden u.a. von Zoller (1960) durch pollenanalytische Untersuchungen in der montanen Stufe der insubrischen Alpen beschrieben. In dem 1540 m hoch gelegenen Moor Pian di Signano im Tessin wurden in der Zeit von 7400–6000 BP zweimal tannenreiche Wälder durch Kiefern-Wälder in tiefere Lagen verdrängt. Diese Kältephasen sind die wesentlichen Teile der sog. Misoxer Schwankungen. Die Depression der damaligen Obergrenze der Tanne (*Abies alba*) konnte durch Untersuchung in tiefer gelegenen Mooren mit 200–250 m angegeben werden. So konnten bei der Untersuchung eines in 1235 m Höhe gelegenen Moores die Misoxer Schwankungen pollenanalytisch nicht festgestellt werden. Diese Höhelage blieb somit während der ganzen Zeit der Misoxer Schwankungen im Bereich der Tannenwälder.

Der Nachweis klimabedingter Verlagerungen von Vegetationszonen gelingt allerdings nur, wenn sich die Untersuchungspunkte in sensibler Lage befinden, d.h. wenn die Höhenlage des Untersuchungspunktes von einer Waldstufengrenze durchwandert wird, oder wenn Transekte mit vielen Untersuchungspunkten durch das Höhenstufenprofil gelegt werden können (z.B. Welten 1952).

Beispiele für die quantitative Erfassung von Veränderungen im Bereich einer horizontalen Abfolge von Vegetationszonen stammen von marin-palynologischen Untersuchen aus dem Nordatlantik vor der Küste von NW- und W-Afrika (Hooghiemstra 1988). Während der Glazial-Interglazial-Zyklen kam es hier zu einer erheblichen Verstärkung der Aridität in den Kaltzeiten. Die Warmzeiten sind hier die humideren Phasen.

Die Untersuchungen an einer größeren Anzahl von marinen Profilen von Gibraltar bis zum Golf von Guinea haben es ermöglicht, meist über mehrere Glazial-Interglazial-Zyklen hinweg die Verlagerungen der Nord- und Südgrenze der Sahara sowie der Nordgrenze tropischer Wälder zu verfolgen (Dupont u. Hooghiemstra 1989; Briffa u. Agwu 1992; Hooghiemstra et al. 1992). Daraus lassen sich Angaben über die Niederschläge in W-Afrika ableiten, so z.B. für das Maximum der letzten Kaltzeit um 18000 BP und für das Maximum der holozänen Feuchtphase um 8000 BP.

10.4.4 Anthropogene Veränderungen in der Vegetation

Anthropogene Veränderungen der Pflanzendecke beginnen mit dem Aufkommen bäuerlicher Kulturen zu Beginn des Neolithikums. Mit pollenanalytischen Methoden lassen sich diese Veränderungen erkennen und in ihrem Umfang abschätzen. In den Pollendiagrammen treten sog. anthropogene Indikatoren auf (Behre 1981). Primäre Indikatoren dieser Art sind die PK der gebauten und eingeführten Arten (Getreide, Leguminosen, Lein u.a.). Auf den Nutzflächen (Acker, Grünland, Siedlungsbereiche) wurden durch den Menschen Standorte geschaffen, die es vorher nicht gab. Hier fanden sich aus der einheimischen Flora bestimmte Arten (Apophyten, Anthropochoore) zusammen und bildeten neue Pflanzengesellschaften. Man spricht von sekundären anthropogenen Indikatoren. Dazu gehören u.a. *Plantago lanceolata, Centaurea cyanus, Rumex-* und *Artemisia*-Arten und Arten der *Chenopodiaceae*. Hinzu kommen Veränderungen in der quantitativen Zusammensetzung der Wälder (Beeinflussung der Häufigkeit von Ulme, Eiche, Birke, Rot- und Hainbuche), die entsprechend der früheren Nutzungsformen sehr unterschiedlich ausfallen können. Alle genannten Pflanzen lassen sich pollenanalytisch nachweisen.

Es sollen einige Beispiele angeführt werden, bei denen quantitative Aussagen über die anthropogenen Veränderungen möglich waren.

Die pollenanalytischen Untersuchungen an den Sedimenten des ehemaligen Luttersees (vgl. Kap. 10.3.1) im Unteren Eichsfeld, Landkreis Göttingen, haben gezeigt, daß es in der Zeit vom frühen Neolithikum (Linienbandkeramik) bis zum älteren Jungneolithikum (ca. 5150–3000 BC) insgesamt 4 Siedlungszeiten gab. In Abb. 10.3 ist ein Pollendiagramm für diesen Abschnitt unter Berücksichtigung einiger besonders wichtigen Sippen dargestellt (Beug 1992).

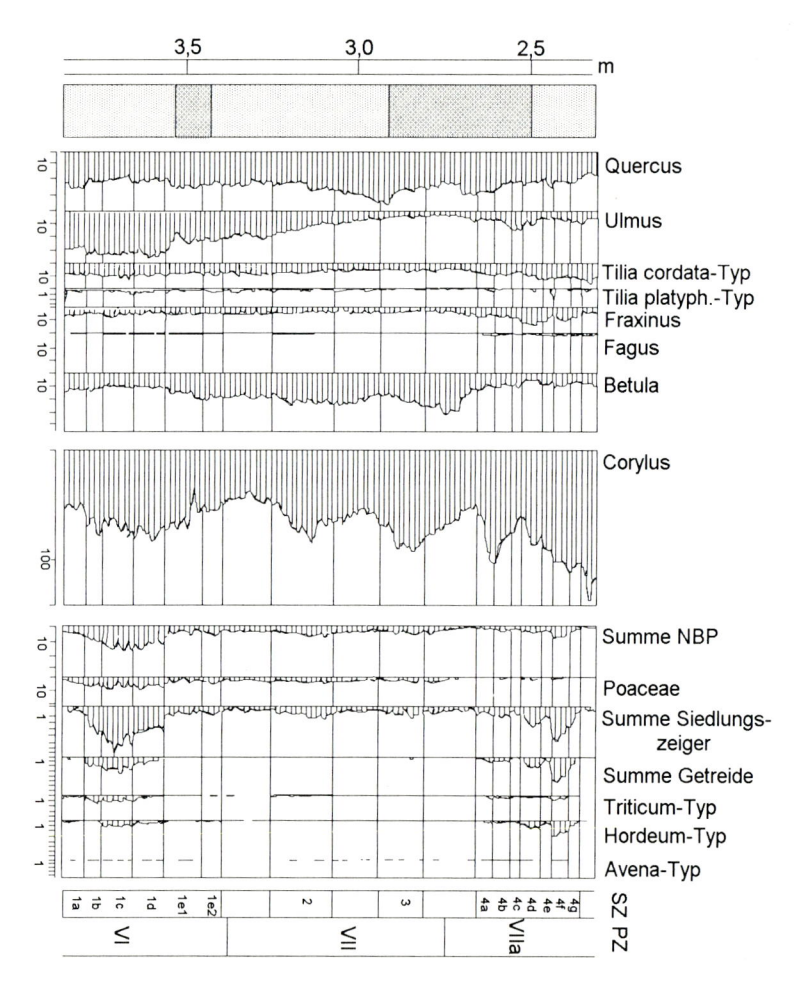

Abb. 10.3 Ausschnitt aus einem Pollendiagramm vom Luttersee im Unteren Eichsfeld, Landkreis Göttingen. Links Tiefenmaßstab und Signaturen für die Art der limnischen Ablagerungen (eng schraffiert: Feindetritusmudden; weit schraffiert: mittelfeine Detritusmudden). Rechts Siedlungszeiten (SZ) und ihre Untergliederung sowie die Pollenzonen (PZ) nach dem mitteleuropäischen Zonierungssystem (PZ VI–VII: Mittlere Wärmezeit; PZ VIII: Späte Wärmezeit). Weitere Erläuterungen im Text

Im Fall der Siedlungszeit (SZ) 1 (Linienbandkeramik und Rössener Kulturen: ca. 5150–4600 BC) und der Siedlungszeit 4 (älteres Jungneolithikum: ca. 3350–3000 BC) ist die Rodungstätigkeit sehr deutlich durch den Anstieg der NBP-Anteile dokumentiert. In der SZ 1 liegen maximale NBP-Werte bei 20% der BP, in der SZ 4 zwischen 10 und 20%. In einem Gesamtpollenspektrum (BP + *Corylus* + NBP = 100%) sind das aber nur etwa 12%. Immerhin liegen in der SZ 1 die NBP-Anteile maximal sechsmal, in der SZ 4 etwa zweimal höher als vorher und in der folgenden Siedlungslücke. Im Vergleich mit den an Waldgrenzen gewonnenen Ergebnissen (vgl. Kap. 10.4.2) sprechen die Verhältnisse im Neolithikum aber nur für regional schwach oder lokal stärker aufgelichtete Wälder. Im Vergleich dazu erreichen die NBP-Anteile beim Höhepunkt des mittelalterlichen Landesausbaues fast 30% der Grundsumme, im rezenten Pollenniederschlag des heute fast völlig entwaldeten Unteren Eichsfeldes sogar um 60%.

Im Unteren Eichsfeld sind die für die Siedlungszeiten 1 und 4 festgestellten Werte der NBP und der Siedlungszeiger für eine neolithische Besiedlung aber beträchtlich hoch. Man muß daraus schließen, daß es damals mehrere Siedlungen gab und diese in der Nähe des Luttersees lagen. Der Bodenbefund umfaßt auch tatsächlich mehrere Siedlungen in der Nähe des Luttersees.

Die beiden mittelneolithischen Siedlungszeiten 2 (ca. 4400–4100 BC) und 3 (ca. 3800–3600 BC) sind dagegen nur schwach ausgeprägt. Bodenfunde mittelneolithischer Siedlungen sind nur in 2 Fällen bekannt. Sie liegen relativ weit vom Luttersee entfernt.

Bei pollenanalytischen oder archäobotanischen Untersuchungen über Siedlungszeiten konzentriert sich das Interesse vor allem auf Alter, Dauer und Intensität der Besiedlung sowie auf Anbaufrüchte, Wirtschaftsweisen und die durch die Besiedlung bewirkten Veränderungen der Pflanzendecke. Quantitative Aussagen lassen sich aber in der Regel nur näherungsweise machen. Zwei Beispiele aus dem Neolithikum im Unteren Eichsfeld sollen hier gebracht werden.

1. In Abb. 10.3 ist leicht zu erkennen, daß Siedlungszeiten und *Corylus*-Anteile miteinander korrelieren. Viele Vorgänge (Rodungen, Holznutzung, Waldweide) dürften während der Siedlungszeiten zur Auflichtung der Wälder und – in der unmittelbaren Nähe der Siedlungen – sogar zur völligen Beseitigung von Baumbeständen geführt haben. Dadurch wurde die Hasel (im übrigen eine wichtige Sammelpflanze) als lichtliebender Strauch zunehmend gefördert. Die *Corylus*- und Siedlungszeiger-Werte zeigen im Pollendiagramm vom Luttersee eine lineare Abhängigkeit. Sie gilt aber nur für Siedlungszeiger-Werte bis etwa 3%. Danach bleiben die *Corylus*-Anteile zurück. Man kann daraus schließen, daß die haselreichen Rodungsflächen bei einer bestimmten Siedlungsgröße um die Wohnplätze herum offenbar völlig verschwanden und daß dieser gehölzfreie Gürtel bei der weiteren Vergrößerung der Siedlung zunahm.

2. Die Gräser-Anteile korrelieren in den Siedlungszeiten deutlich mit denen der Siedlungszeiger. Wahrscheinlich deutet das auf grasreiche Brachen. Brachenwirtschaft bedeutet, daß die (maximalen) Anteile von Gräsern, NBP, Siedlungszeigern und Getreide in einem bestimmten Verhältnis stehen sollten. Es bestehen hier aber deutliche Unterschiede zwischen den neolithischen Siedlungszeiten 1 und 4 (folgende Angaben in % der BP):

	NBP	Poaceae	Siedl.Z	Getreide
Siedlungszeit 1	21.9	10.4	9.8	3.9
Siedlungszeit 4	10.8	3.5	7.1	5.1

Bei etwa vergleichbar hohen Siedlungszeiger-Anteilen waren in der SZ 1 die gerodeten Flächen (NBP-Anteile) und die Gräser-Anteile erheblich größer als in SZ 4, die Getreide-Anteile aber kleiner. Diese Unterschiede können dadurch bedingt sein, daß in der SZ 4 die Rotationszeit im Wechsel der Nutzung geringer als in der SZ 1 war, und damit der Anteil grasreicher Bracheflächen im Mittel geringer als in der Siedlungszeit 1. Die Anbauflächen wurden in der Siedlungszeit 4 somit häufiger für den Feldbau genutzt als im frühen Neolithikum. Dafür spricht auch, daß in der Siedlungszeit 4 die maximalen Getreide-Anteile deutlich höher als in der Siedlungszeit 1 sind, obwohl dort doppelt so große NBP-Anteile (Maß für die Größe der Rodungsflächen) vorliegen.

11 Elektronische Datenverarbeitung in der Archäometrie

Kurt Darms

11.1 Einleitung

In den vorangegangenen Beiträgen wurden Untersuchungsverfahren vorgestellt, die sich mit naturwissenschaftlichen Methoden zur Analyse von Sachüberresten befassen. Die elektronische Datenverarbeitung in der Archäometrie läßt sich jedoch auf diesen thematisch eng gefaßten Anwendungsbereich nicht beschränken, denn in der Wissenschaft ist die EDV mittlerweile zu einem unverzichtbaren und bestimmenden Bestandteil der täglichen Arbeit geworden. Viele Routineaufgaben, wie etwa die Korrespondenz und das Anfertigen von Publikationsmanuskripten werden heute selbstverständlich mit Hilfe der Personal Computer erledigt und für den in der Wissenschaft notwendigen Informationsaustausch ist der Arbeitsplatzrechner zu einem immer wichtigeren Kommunikationsmittel zur Informationsbeschaffung geworden.

Der gesamte Bereich des Informationsmanagements (s. Kap. 11.2), der besonders für die interdisziplinäre Zusammenarbeit in der Archäometrie unverzichtbar ist, bliebe ausgeklammert, würden nur die Anwendungen behandelt, in denen die EDV als Bestandteil eines Untersuchungsverfahren eingesetzt wird. Aber auch Datenmanagementanwendungen (s. Kap. 11.3), die für Informationsrecherchen innerhalb der immer umfangreicher und zahlreicher werdenden Informationsquellen unerläßlich sind und die für die Archivierung von Schriftquellen oder die Verwaltung von Fundkatalogen sowie zur Stichprobengewinnung für statistische Prüfverfahren ein überaus wichtiges Hilfsmittel sind, dürfen in diesem Zusammenhang nicht unerwähnt bleiben.

In nahezu allen naturwissenschaftlichen Untersuchungsverfahren, die in der Archäometrie verwendet werden, werden Teilaufgaben bereits durch die elektronische Datenverarbeitung gelöst, bzw. könnten durch den Einsatz alternativer, EDV-basierter Verfahren ersetzt werden. Vor allem "bildgebende" Untersuchungsverfahren/-methoden sind durch die Integration rechnergestützter Systeme so nachhaltig beeinflußt worden, daß völlig neuartige Bearbeitungsmöglichkeiten eröffnet wurden. In diesem Anwendungsbereich hat die EDV einen so dominierenden Einfluß erlangt, daß diese Untersuchungsverfahren insgesamt als EDV-Anwendungen betrachtet und im entsprechenden Kontext dargestellt werden müssen.

11.2 Informationsmanagement

Als Informationsmanagement bezeichnet man die Erschließung von Informationsquellen, die Zusammenführung von Teilinformationen aus verschiedenen Quellen und deren Verwaltung. Die gezielte Extraktion von Detailinformationen und deren Weitergabe an unterschiedliche Interessentengruppen hat in der Archäometrie, in der das interdisziplinäre Zusammenarbeiten zwischen verschiedenen Fachrichtungen einen stetigen Informations- und Datenaustausch erfordert, eine herausragende Bedeutung erlangt.

11.2.1 Daten-, Informationsaustausch und Kommunikation

Die einfachste Form des Daten- und Informationsaustausches wird durch die Verwendung von transportablen Speichermedien (Diskette, CD-ROM, Wechselfestplatte und Magnetband) ermöglicht. Die Daten und Informationen werden elektronisch auf ein Medium gespeichert und lassen sich an jedem anderen, mit der entsprechenden Hard- und Software ausgestatteten Computer wieder einlesen und weiterverarbeiten. Wesentlich komfortabler ist der Datenaustausch zwischen Arbeitsplatzrechnern, die durch eine Verkabelung miteinander verbunden sind. Über das Kabelnetz werden die Daten und Informationen an den Adressaten übertragen, so daß sich der Austausch von Speichermedien hier erübrigt. Diese Computernetze werden darüber hinaus für kommunikative Aufgaben genutzt, wobei Absender und Adressaten einen interaktiven Online-Dialog führen können.
    Hierzu werden je nach Einsatzzweck und Aufgabenstellung unterschiedliche Technologien benutzt, die sich im wesentlichen durch die Verwendung der benutzten Kabelnetze unterscheiden.
    Eigenständige Kabelnetze, mit denen z.B. die Arbeitsplatzrechner eines Institutes verbunden sind, werden als Local Area Net (LAN) bezeichnet. Die Daten werden über die Netzwerkkarte des Computers in das LAN-Kabelnetz eingespeist und an der Empfängerseite wiederum von einer Netzwerkkarte ausgelesen. Die hohen Übertragungsraten innerhalb eines LAN ermöglichen neben der Kommunikation zwischen allen angeschlossenen Arbeitsplatzrechnern auch den Zugriff auf gemeinsame Ressourcen (z.B. Datenbestände) und die Ausführung von Programmen auf dem lokalen Rechner, die physikalisch auf einem Fremdrechner installiert sind. Computernetze, die diese Technologie für die

Verbindung von räumlich weit voneinander entfernten LANs nutzen, werden als WAN (= Wide Area Net) bezeichnet.

Während die Kommunikationsmöglichkeiten innerhalb eines LAN/WAN immer nur auf die angeschlossenen Rechner begrenzt sind, kann mit einem an einem PC angeschlossenen Modem jeder beliebige Computer angesprochen werden, der ebenfalls über ein Modem verfügt. Dabei werden die Daten, jedoch mit vergleichsweise geringen Übertragungsraten, über das öffentliche Telefonnetz weitergeleitet.

Sowohl über ein Modem als auch über eine Netzwerkverbindung können Arbeitsplatzrechner, die zum überwiegenden Teil als Single-User-Systeme ausgelegt sind, mit einem Großrechner verbunden werden. Großrechner sind als Multi-User-Syteme konzipiert, die gleichzeitig von mehreren Benutzern bedient werden können und a priori den Daten- und Informationsaustausch zwischen verschiedenen Benutzern ermöglichen.

Eine Verbindung zu einem Großrechner, der wiederum Bestandteil eines größeren, kontinentalen/globalen Rechnerverbundes ist, ermöglicht deshalb die Kommunikation und den Datenaustausch mit allen Teilnehmern, die ebenfalls über einen Zugang zu diesen Computerverbund haben. Darüber hinaus wird der Zugriff auf die umfangreichen und nur auf Großrechnern vorhandenen Wissens-Datenbanken (z.B. Bibliothekskataloge) ermöglicht, die für die Informationsbeschaffung eine zunehmende Bedeutung erlangen.

11.2.2 Informationsbeschaffung

Insbesondere die über globale Computernetze (z.B. INTERNET, BITNET, WINET) erreichbaren Datenbanken stellen für die Wissenschaft eine Fülle an Informationen bereit. Aus diesen Datenbeständen lassen sich sehr schnell Auskünfte, z.B. über verfügbare Literatur zu einem Thema/Stichwort (DIMDI, MedLINE, etc.) oder spezielle Detailinformationen (z.B. Gen-Datenbanken, Satellitenaufnahmen) einholen.

Einige Verlage, wie etwa der SPRINGER-VERLAG, veröffentlichen Fachzeitschriften bereits vor der Auslieferung der gedruckten Exemplare, in den Computernetzen. Dort können die Inhaltsverzeichnisse und/oder die Abstracts zu den Artikeln eingesehen werden.

Sogenannte "electronic journals", die elektronischen Pendants der Zeitschriften, haben keinerlei Zugriffsbeschränkung und erlauben das Lesen des gesamten Journals. Sie werden hauptsächlich von US-amerikanischen Universitäten parallel zur Printversion herausgegeben.

Eine weitere, für die Wissenschaften interessante Dienstleistung sind die Diskussionsforen, über die aktuellste Informationen und Meinungen aus dem Kollegenkreis eingeholt werden können. Jeder Interessent kann sich in Fach- und/oder themenspezifische Teilnehmerlisten eintragen und aktiv an Diskussionen teilnehmen. In der HIST_ANTHRO_LIST, tauschen z.B.

vorwiegend Historiker und Anthropologen Informationen zu aktuellen Problemen aus, kündigen ihre Forschungsvorhaben an oder erbitten Auskünfte über vorhandene Fundmaterialien. Themen der Archäologie, Ur- und Frühgeschichte werden vorwiegend in der ARCH_LIST behandelt.

Alle über die Informationsbeschaffung zugänglichen Quellen stellen für die Wissenschaft einen stetig wachsenden Pool von gespeichertem Wissen dar, der nur noch mit dem elektronischen Datenmanagement zu beherrschen ist.

11.3 Datenmanagement

Als Datenmanagement bezeichnet man die computergerechte Erfassung einer Vielzahl von Einzeldaten, deren gemeinsame Archivierung und Verwaltung in Datenbanken. Datenbanken werden hauptsächlich für die gezielte Extraktion von Detailinformationen und deren Weiterverarbeitung benutzt.

Als Orientierungs- und Navigationshilfe sind Datenmanagementanwendungen für die Suche nach Detailinformationen innerhalb der Wissens-Datenbanken ebenso unverzichtbar wie für die Verwaltung und Auswertung von Daten, die bei der Durchführung von Forschungsprojekten anfallen.

Die elektronische Datenverarbeitung hat gegenüber der herkömmlichen Karteiarchivierung so enorme arbeitsökonomische Vorteile, daß neue Datensammlungen nahezu ausschließlich mit der EDV angelegt werden (sollten).

11.3.1 Datenverwaltung

Voraussetzung für die elektronische Datenverwaltung ist die Erstellung von Datenbanken, in denen ähnlich wie in einer herkömmlichen Kartei, inhaltlich zusammengehörende Informationen auf einer Karteikarte abgelegt werden. So lassen sich, lediglich durch die Speicherressourcen des Rechners begrenzt, große Mengen auch völlig unterschiedlicher Daten (numerische Werte, Texte, digitalisiertes Bild- und Tonmaterial) gemeinsam verwalten.

Bilddatenbanken werden wegen des umfangreichen Speicherbedarfs bisher fast nur auf Großrechnern installiert, durch neue und preiswerte Speichermedien wie etwa das CD-ROM ist dieser Anwendungsbereich jedoch auch für den Einsatz am Arbeitsplatzrechner interessant geworden. Da jedes Bild nur in seiner Gesamtheit erfaßt und verwaltet werden kann, ist die vollautomatische oder teilautomatisierte Auswertung des Bildinhaltes mit Datenbankprogrammen nur sehr begrenzt möglich.

Aufgrund dieser konzeptionellen Einschränkung werden Bilddatenbanken vor allem für die Archivierung und Verwaltung von Bildbeständen eingesetzt. Der besondere Vorteil elektronisch gespeicherter Bildvorlagen ist u.a. darin zu sehen, daß die einmal abgespeicherten Daten unverändert bleiben. Fotografien und Druckvorlagen sind hingegen einem natürlichen Verschleiß (z.B. Verblassen der Farben) ausgesetzt, der einen hohen Wartungsaufwand zur Erhaltung des Qualitätsstandards eines herkömmlichen Bildarchivs erfordert. Jede in einer Bilddatenbank abgespeicherte Abbildung wird über eine interne Archivnummer verwaltet, über die das betreffende Bild angesprochen und auf dem Monitor dargestellt werden kann (s. Abb. 11.1).

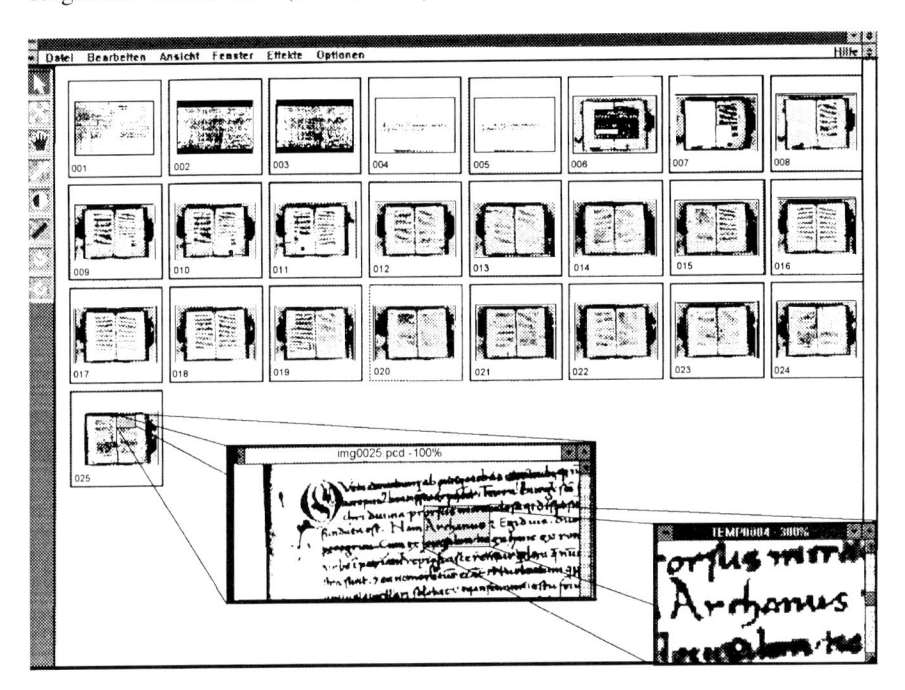

Abb. 11.1. Inhaltsverzeichnis einer Bilddatenbank, in der Ablichtungen eines handschriftlichen Textes gespeichert sind. In der unteren Bildhälfte sind Ausschnittsvergrößerungen aus einem einzelnen Datensatz (Bild) in Originalgröße (100%) und ein Teilausschnitt in 3-facher Vergrößerung des Originals dargestellt. (Die Vorlage für diese Abbildung wurde freundlicherweise von Herrn Dr. H. Steenweg, Gesellschaft für wissenschaftliche Datenverarbeitung mbH, Göttingen, zur Verfügung gestellt.)

Im Gegensatz zu Bilddatenbanken, bei denen der spezifische Bildinhalt dem Datenbankzugriff verborgen bleibt, werden in Datenbanken gespeicherte numerische Werte und/oder Texte transparent verwaltet. Der Datenbankzugriff kann deshalb nicht nur über eine interne Verwaltungsnummer, sondern auch über die unter dieser Nummer abgelegten individuellen numerischen/textuellen Angaben erfolgen.

Die Geschwindigkeit und die Treffsicherheit einer Abfrage von Detailinformationen, die letztlich die Effizienz einer Datenbank bestimmen, hängt jedoch entscheidend vom strukturellen Aufbau der Datenbank ab. Bei der Anlage einer neuen Datenbank wird die Datenbankstruktur festgelegt, wobei gleichzeitig die Form der Dateneingabe mit vorgegeben wird. Der Vorteil einer strukturierten Dateneingabe besteht im wesentlichen darin, daß die Gesamtmenge der Daten in Teilmengen zerlegt wird und bei Bedarf nur eine Teilmenge für eine Recherche analysiert werden muß.

Sämtliche z.B. zu einem Fundstück verfügbaren Informationen werden als Datensatz bezeichnet, der, in Datenfelder unterteilt, die speziellen Angaben über Fundort, -nummer, -beschreibung, zeitliche Einordnung, Zeitpunkt der Bergung, Name des Ausgräbers, Katalog-/Archivnummer, etc. enthält. Vergleichbar wie auf einem Karteikartenformular erfolgt schließlich, für jedes Fundstück auf einer separaten Karteikarte, die Dateneingabe in die entsprechenden Datenfelder. Nach Abschluß der Dateneingabe enthält die Datenbank für jedes Fundstück einen Datensatz.

Die einmal in einer Datenbank erfaßten Informationen lassen sich nach nahezu beliebigen Auswahl- und Ordnungskriterien jederzeit wieder abrufen. Die Informationsabfrage nach speziellen Informationen kann sich auf komplette Datensätze (z.B. Katalognummer), einzelne Datenfeldinhalte (z.B. "Grabbeigaben") oder mehrere, durch Relationen miteinander verknüpfte Inhalte verschiedener Datenfelder (z.B. "Mumien, weiblich, 1000–1500 v. Chr.") beziehen. Sortierfunktionen, die eine auf- oder absteigende Reihung der Datensätze nach Fundnummern, zeitlicher Einordnung oder einem beliebigen anderen Datenfeld ermöglichen, vereinfachen die Erstellung von übersichtlichen, sachbezogenen Teillisten (z.B. alle Knochenfunde nach Grabnummern sortiert, nur Grabbeigaben nach Fundhorizonte geordnet, etc.), die zur Stichprobengewinnung herangezogen werden. So lassen sich beispielsweise Querschnittsanalysen zur Einordnung eines Fundes innerhalb des Variationsspektrums einer Epoche und Längsschnittsanalysen zum Aufzeigen von Entwicklungsveränderungen in der Charakteristik von Fundstücken aus ein und demselben Datenbestand nur durch die Anwendung unterschiedlicher Selektionskriterien vornehmen.

Die Stichprobengewinnung mit Hilfe der elektronischen Datenverarbeitung kommt besonders dort zum Einsatz, wo statistische Verfahren für die Bewertung und Einordnung von Individualbefunden in einem weiter gefaßten Untersuchungsansatz notwendig sind.

11.3.2 Datenanalysen

Unter der Datenanalyse wird die Weiterverarbeitung der erhobenen Rohdaten zu summarischen Angaben und statistischen Kenngrößen verstanden. Diese quantitative Datenreduktion soll ohne Informationsverlust Forschungsergebnisse für Nichteingeweihte transparent machen und generellere Aussagen zu übergeordneten Aspekten ermöglichen.

Für die Durchführung von statistischen Analysen werden Computerprogramme benutzt, die sowohl Verfahren der deskriptiven als auch schließenden Statistik beinhalten und eine grafische Darstellung der Ergebnisse ermöglichen. Durch den Einsatz von Statistikprogrammen entfallen langwierige, zeitaufwendige manuelle Rechenoperationen. Der Arbeitsaufwand reduziert sich auf die Dateneingabe/-übernahme aus einem anderen Programm (z.B. Datenbank), die Auswahl eines geeigneten Testverfahrens und die Festlegung der Ergebnispräsentationsform.

Die deskriptive Statistik umfaßt Methoden und Verfahren zur tabellarischen und grafischen Beschreibung einer Datenpopulation. Sie ist Bestandteil der naturwissenschaftlichen Grundbildung, die z.B. zur Fehlerberechnung benötigt und an entsprechender Stelle erwähnt wird (vgl. Kap. 2.4).

Die Berechnung statistischer Kenngrößen einer Datenpopulation als Voraussetzung für die Durchführung komplexerer statistischer Verfahren ist oftmals mit einem so hohen Rechenaufwand verbunden, daß sie nur mit Hilfe der elektronischen Datenverarbeitung durchgeführt werden kann. Nahezu alle Verfahren der Interferenzstatistik beinhalten mehrere rechenintensive Teilschritte, die mit Statistikprogrammen in kurzer Zeit gelöst werden können.

Die schließende Statistik (Interferenzstatistik) verwendet Verfahren, die die Zusammenhänge zwischen einer mathematischen Modellvorstellung und der empirischen Beobachtung ermitteln. Mit Hilfe der auf der Wahrscheinlichkeitstheorie basierenden Modelle lassen sich z.B. individuelle Ausprägungen von regelhaften Erscheinungen trennen und aus einer Stichprobe Rückschlüsse auf die Charakteristik der zugehörigen Grundgesamtheit gewinnen. Welche Verfahren letztlich hierfür eingesetzt werden können, hängt im wesentlichen von der Fragestellung und von der Charakteristik der zu analysierenden Stichprobe ab (s. hierzu z.B. Ihm 1978).

"Klassische" Testverfahren setzten oftmals eine Normalverteilung innerhalb der Stichprobe voraus, die besonders bei archäologischem/anthropologischem Datenmaterial zumeist nicht gegeben ist. In der Praxis archäometrischer Forschungen haben deshalb multivariate Verfahren wie Cluster-, Diskriminanz-, und Faktorenanalysen, bei denen zunächst die jeweils vorliegende theoretische Verteilung geprüft wird, eine größere Bedeutung (vgl. z.B. Kap. 5) erlangt. Vor allem die Korrespondenzanalyse muß in diesem Zusammenhang gesondert erwähnt werden, da hieraus abgewandelte Verfahren in der Archäologie oftmals für die Erstellung von Chronologien benutzt werden.

176 Kurt Darms

Als **Seriationen** werden in der Archäologie die Verfahren bezeichnet, die durch Ordnung von Kombinationstabellen einen Gradientenverlauf aufzeigen und beschreiben können.

Durch die Korrespondenzanalyse wird die, durch die strukturierte Dateneingabe vorgegebene Ordnung einer Matrix so umgestellt, daß sich die Positionen mit dem zu analysierenden Merkmalskriterium um die Diagonale der Matrix häufen. Die so ermittelte Ordnung spiegelt inhaltliche Kriterien wider, denen z.B. Fundinventare und/oder typologische Kriterien zu Grunde liegen können. Der Formen- und Gestaltwandel von Grabbeigaben kann mit Hilfe dieser Verfahren zur Ermittlung von Chronologien benutzt werden, so daß u.U. aus einer einzelnen Grabbeigabe auch auf den relativen Zeitpunkt der Grabbelegung geschlossen werden kann. Anhand von Grabbeigaben aus Frauengräbern, die aus merowingischer Zeit stammen, wurden z.B. von Roth u. Theune (1988) durch die Seriation Modeperioden nachgewiesen.

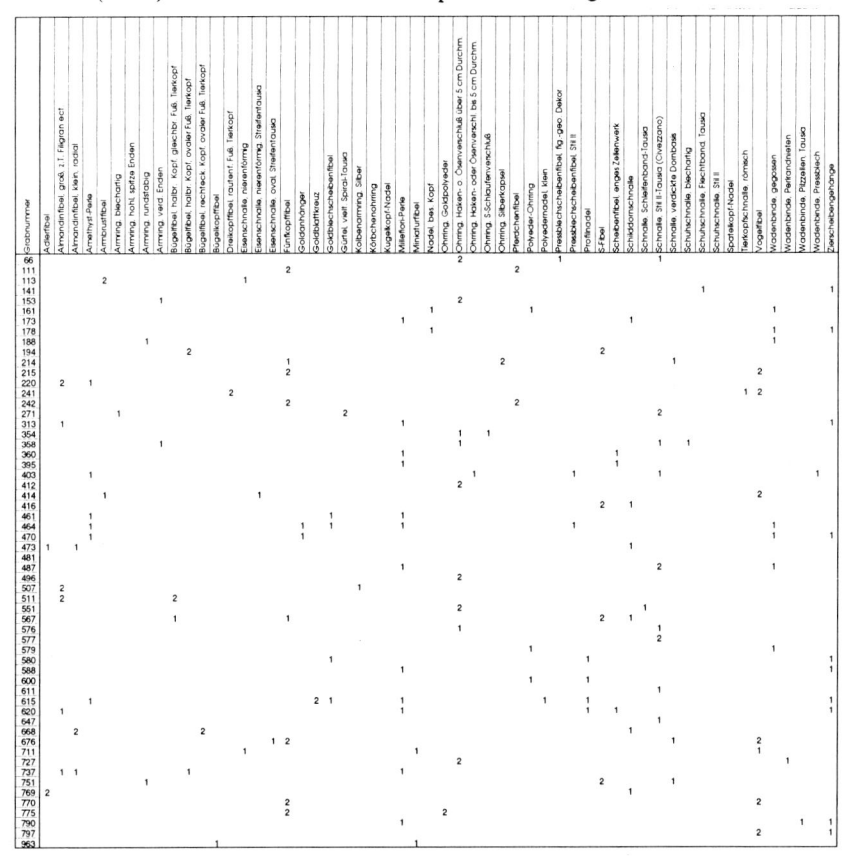

Abb. 11.2. Häufigkeitsverteilung eines Merkmalskomplexes innerhalb eines Gräberkollektivs. Die Matrix ist zeilenweise nach Grabnummern und spaltenweise nach den einzelnen Merkmalen aufgebaut. Die Position der Zeilen und Spalten ist durch die aufsteigende Reihenfolge der Grabnummern und der alphabetischen Sortierung der Merkmale vorgegeben, so daß die Matrixzellen mit den Merkmalseintragungen über die gesamte Matrix verteilt sind. (nach Roth u. Theune (1988), verändert)

Elektronische Datenverarbeitung in der Archäometrie 177

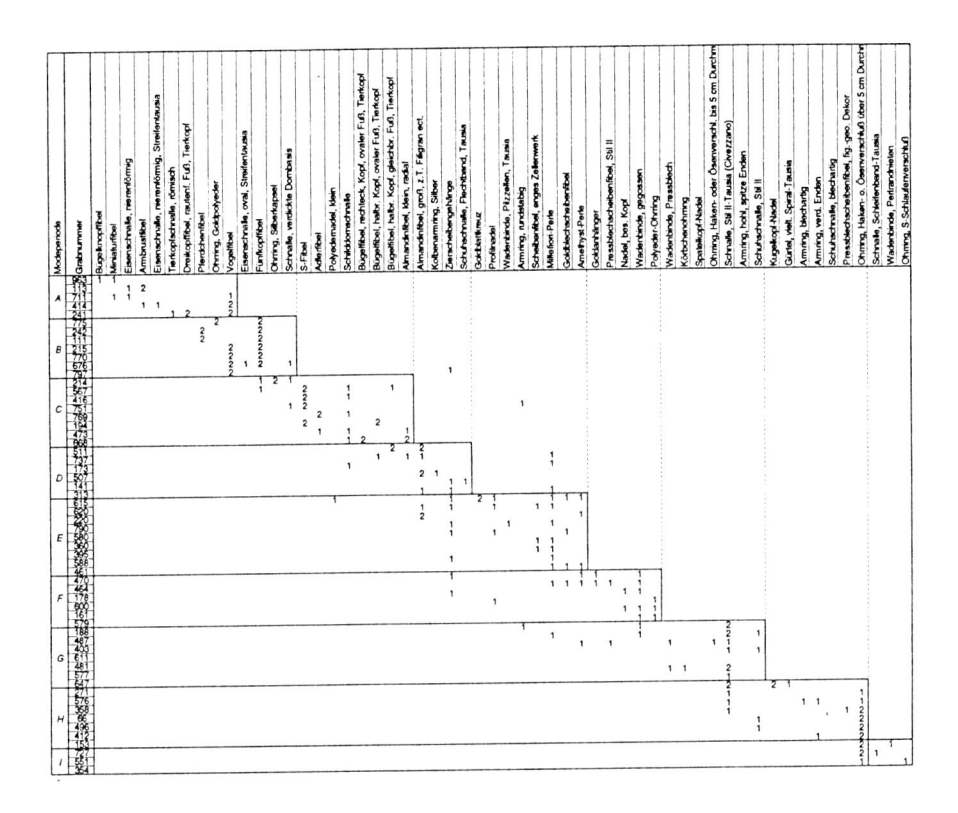

Abb. 11.3. Nach der Durchführung einer Seriation sind die Zeilen und Spalten der Matrix so umgestellt worden, daß die Matrixzellen mit den Merkmalswerten um die Diagonale der Matrix angeordnet sind (nach Roth u. Theune (1988), verändert)

11.4 Elektronische Bildverarbeitung

Häufig werden in der Archäometrie Untersuchungsverfahren angewendet, die auf der Auswertung und Weiterverarbeitung einer bildlichen Darstellung/Wiedergabe des Untersuchungsgegenstandes (vgl. Kap. 3 u. 8) beruhen. Diesen bildlichen Darstellungen entnimmt der fachlich versierte Betrachter die für seine Analysen erforderlichen Informationen. Unabhängig von der jeweiligen "bildgebenden" Untersuchungsmethode erfolgt die Auswertung mit der Datenevaluation sowohl in qualitativer als auch in quantitativer Hinsicht über die Ansprache, Klassifizierung und morphometrische Erfassung der dargestellten Objekte und Strukturen an der bildlichen Darstellung.

Durch den Einsatz elektronischer Datenverarbeitungsanlagen werden diese, bisher weitestgehend durch manuelle Auswertungsarbeiten gekennzeichneten Arbeitsschritte, nicht nur rationeller durchgeführt, sondern es werden auch völlig neue Bearbeitungsmöglichkeiten eröffnet. Diese Methoden und Verfahren beschränken sich nicht nur auf Tätigkeitsbereiche die im Zusammenhang mit der Bildgewinnung anfallen, sondern auch auf den Bereich der wissenschaftlichen Auswertung des Bildmaterials.

11.4.1 Grundlagen und Funktionsweise einer elektronischen Bildverarbeitungsanlage

Eine Bildverarbeitungsanlage besteht aus mindestens einer Bildaufnahmekomponente, einem Datenwandler (Digitalisierer), der analoge Informationen (z.B. von einer Videokamera) in digitale Daten umwandelt, einem Computer, der die digitalen Daten aufnimmt und für die Weiterverarbeitung zwischenspeichert sowie einer Ausgabeeinheit, auf der das bearbeitete Bildmaterial gedruckt bzw. auf einen Speichermedium dauerhaft ausgelagert werden kann. Für das Zusammenspiel der einzelnen Komponenten muß schließlich auf dem Computer die entsprechende Software installiert sein, von der die Gerätesteuerung sichergestellt wird.

Voraussetzung für die Übernahme einer bildlichen Darstellung in eine Bildverarbeitungsanlage ist die Umsetzung von Licht oder anderen elektromagnetischen Strahlungen in elektrische Signale. Eine Videokamera/Videorecorder (zur Aufzeichnung/Speicherung bewegter Bilder) oder die Leseeinheit eines Scanners (für das Einlesen fotografischer oder gedruckter Vorlagen) übertragen Lichtintensitäten in analoge elektrische Signale, die jedoch noch nicht direkt in einen Computer eingespeist werden können. Erst nachdem ein Analog/Digital-Wandler die analogen Signale in digitale Daten transformiert hat, können sie vom Computer weiterverwendet werden.

Bei der Digitalisierung wird das Abbild der Vorlage in diskrete Bildpunkte zerlegt und das so entstandene Rasterbild auf eine Matrix übertragen. Entsprechend der räumlichen Position eines Bildpunktes auf der Bildvorlage und seinem Farb-/Helligkeitswert wird im korrespondierenden Matrixfeld ein numerisches Äquivalent zwischen 0 und 256 eingetragen (Abb. 11.4).

Mit der Digitalisierung wird also nicht eine bildliche Kopie erzeugt, sondern ein nach Zeilen und Spalten geordnetes Datenpaket mit numerischen Werten, das der bildlichen Vorlage entspricht. Dieses Datenpaket (Raster-Bildschirmspeicher) wird bei der Wiedergabe am Computermonitor visualisiert. Alle Veränderungen am Raster-Bildspeicher beeinflussen deshalb auch unmittelbar die visuelle Repräsentation.

Elektronische Datenverarbeitung in der Archäometrie 179

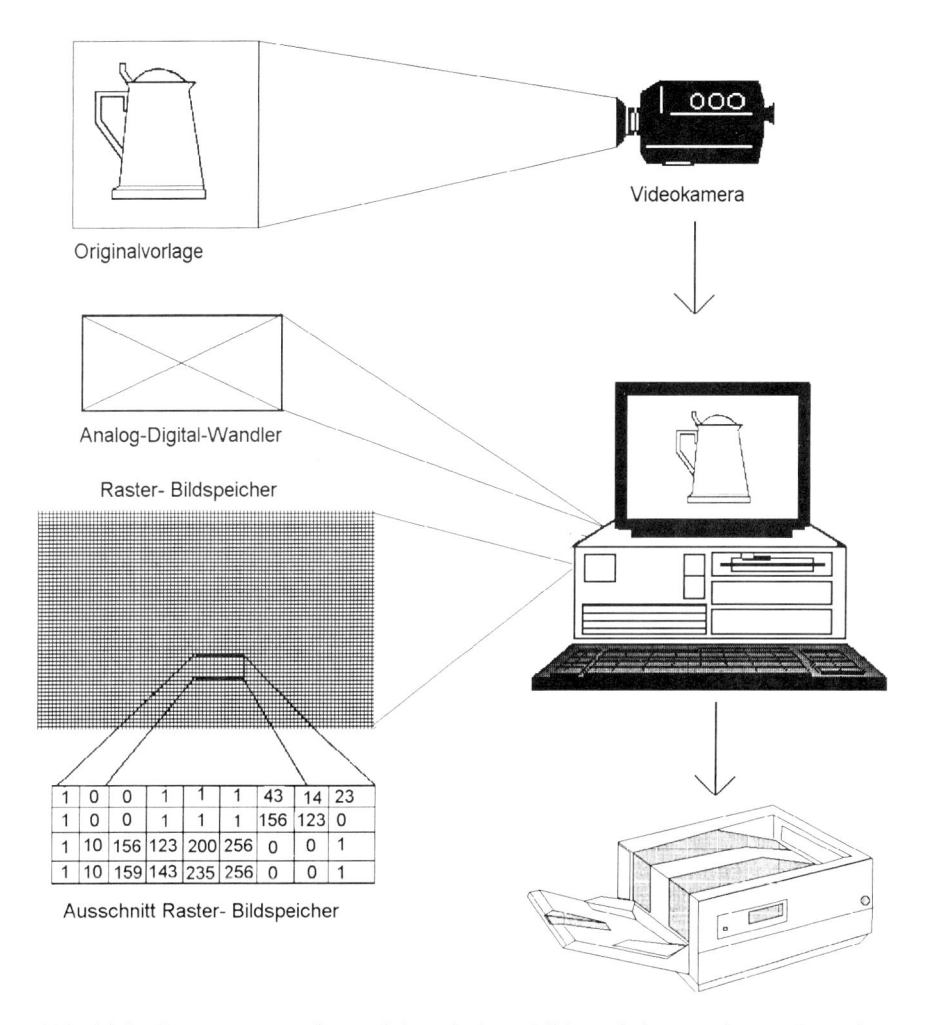

Abb. 11.4. Komponenten einer elektronischen Bildverarbeitungsanlage. Von einer Videokamera werden analoge Signale zum Analog-Digital-Wandler übertragen. Die analogen Signale werden in digitale Signale umgewandelt und im Raster-Bildspeicher als diskrete numerische Werte (Wertebereich 0–256) übertragen. Vom Computermonitor werden die Werte der Matrix als diskrete Bildpunkte (Pixel) in der entsprechenden Graustufe oder Farbe dargestellt

11.4.2 Bildbearbeitung

Unter dem Begriff Bildbearbeitung werden alle Arbeitsschritte betrachtet, die im Zusammenhang mit der Bilderzeugung und der Bildaufbereitung für eine Auswertung anfallen. Die Bilderzeugung ist ein rein technisches, von der verwendeten Bildaufnahmekomponente (Videokamera, Scanner) abhängiges Problem, auf das hier nicht näher eingegangen werden muß. Die Bildaufbereitung hingegen ist für die Bearbeitung von digitalisierten Bildmaterial ein so universelles Hilfsmittel, das auf eine eingehendere Erläuterung nicht verzichtet werden kann.

In einer bildlichen Darstellung sind in der Regel überschüssige Bildinformationen enthalten, die für die Bildanalyse/-auswertung nicht erforderlich oder hinderlich sind. Elektronische Bildverarbeitungsprogramme enthalten deshalb Bildbearbeitungsfunktionen, mit denen Abbildungsfehler/-Schwächen des optischen Aufnahmesystems (z.B. perspektivische Verzerrungen in einem Satellitenfoto oder ungleichmäßige Ausleuchtungen in einem Präparat unter dem Mikroskop) korrigiert werden können. Die Möglichkeiten zur Kontrastveränderung (Spreizung, Ausgleich, Abschwächung) und Grauwertverschiebung sowie Filteroperationen (Kantenverstärkung), Bildretuschen und Bildumwandlungen (Farbwiedergabe > Graustufendarstellung > Schwarz-Weiß-Bild > Falschfarbdarstellungen) werden hauptsächlich zur Verbesserung der bildlichen Darstellung benutzt, die durch Bildmontagefunktionen ergänzt werden. Hiermit lassen sich Überlagerungen von Einzelbildern oder Bildausschnitten herstellen und grafische Elemente (z.B. Konturnachzeichnungen) einfügen. Zum Ausblenden unwichtiger Bildbereiche stehen schließlich Bildsegmentierungsfunktionen zur Verfügung, die eine Bildauswertung erheblich vereinfachen bzw. überhaupt erst ermöglichen.

11.4.2.1 Anwendungsbeispiele

Entscheidende Impulse für die Entwicklung der elektronischen Bildverarbeitung sind von der militärischen Fernaufklärung ausgegangen, die schließlich zur Entstehung einer neuen Wissenschaft, der Fernerkundung, geführt haben.

Unter Fernerkundung versteht man allgemein die Ermittlung von Objekten und ihrer Eigenschaften aus größerer Entfernung mit Hilfe elektromagnetischer Strahlen. Die elektromagnetische Strahlung wird in einer Distanz von wenigen Metern (Heißluftballon), einigen hundert Metern (Flugzeug, Hubschrauber) oder etlichen hundert Kilometern (Satelliten) aufgezeichnet und als Fernerkundungsaufnahme aufbereitet. Räumlich und spektral hochauflösende Fernerkundungsaufnahmen enthalten eine Fülle von Informationen über die Meteorologie, Hydrologie, Geologie, Geographie und Biologie der erkundeten Region. Entsprechend der Fragestellung erfolgt die Auswertung unter Einbeziehung weiterer verfügbarer Zusatzinformationen (Datenbanken) (Buschmann 1993).

Besonders für die Umweltgeschichte, die sich mit den Mensch-Umwelt-Beziehungen in vergangenen Epochen befaßt, stellt die Fernerkundung eine bedeutende und bisher nur wenig genutzte Informationsquelle dar. Erst mit der Fernerkundung ist es möglich geworden, schnell und präzise globale Klimaveränderungen (z.B. Ozonloch, globale Erwärmung), die daraus resultierenden Veränderungen der kontinentalen Vegetationszonen (z.B. Ausbreitung der Sahara und der Sahel Zone) zu verfolgen. Anthropogene Eingriffe in Lebensräume (z.B. Brandrodungen in der Tropenwäldern) können so überwacht und die wirtschaftliche Nutzung von Landschaften kontrolliert werden (z.B. Kontrolle der durch EG-Subventionen stillgelegten Ackerflächen, Art der angebauten Nutzpflanzen und deren Reifezustand sowie Abschätzung witterungsbedingter Ernteausfälle). Fernerkundungsaufnahmen regional enger begrenzter Areale werden u.a. in der Restaurationsökologie dazu benutzt, den Renaturierungsprozeß vormals wirtschaftlich genutzter Flächen zu überwachen und gegebenenfalls steuernd einzugreifen, aber auch für die traditionelle archäologische Forschung haben diese Fernerkundungsdaten eine sehr große Bedeutung.

Bau- und Bodendenkmäler beeinflussen die Vegetation und werden durch "Bioindikatoren" angezeigt. Selbst Baudenkmale, die sich vollständig unter der Erdoberfläche befinden und mit bloßem Auge nicht sichtbar sind, können so aufgespürt werden. Als Folge vielfacher Eingriffe in die Landschaft sind oberirdische Überreste und Spuren von Denkmalen vergleichsweise selten erhalten geblieben. Die Mehrzahl aller bekannten und vermutlich auch aller noch vorhandenen aber noch nicht entdeckten Denkmale befindet sich unter der Erdoberfläche. Sie aufzuspüren und dokumentarisch zu erfassen ist die Aufgabe der Archäologischen Luftbildprospektion, einem Teilgebiet der Fernerkundung.

Die Luftbildprospektion liefert vor allem wichtige Anhaltspunkte über Art und Größe einer archäologischen Fundstätte. Die Schaffung von regionalen Luftbildkatastern hat in der Vergangenheit zur Entdeckung einer Vielzahl bis dahin unbekannter Fundplätze geführt und ist zu einer bedeutenden Planungshilfe denkmalpflegerischer Arbeit geworden. Bauvorhaben oder andere massive Eingriffe in die Landschaft, die archäologische Fundstätten in Mitleidenschaft ziehen, bzw. unwiederbringlich zerstören würden, können bereits in der Planungsphase daraufhin überprüft werden, ob denkmalpflegerische Einwände bestehen oder Rettungsmaßnahmen, wie Notgrabungen durchgeführt werden müssen. Der Rückgriff auf die entsprechenden Datensammlungen trägt somit auch zum Erhalt archäologischer Fundstätten bei (s. a. Kap. 11.3.!).

Abb. 11.5. Spuren einer jungsteinzeitlichen Befestigungsanlage (ca. 3500 v. Chr.), die durch den Bau der Bundesbahntrasse und einer Straße teilweise zerstört wurde. Die diagonal durch das Bild verlaufenden geraden dunklen Linien sind vermutlich Drainagen, die zur Trockenlegung der Ackerflächen angelegt worden sind. (Das Foto wurde freundlicherweise vom Landschaftsverband Südniedersachsen e.V., Northeim zur Verfügung gestellt. Aufnahme: O. Braasch)

Luftbilder werden im allgemeinen von niedrig und langsam fliegenden Kleinflugzeugen aus, mit speziellen Kameras (kurze Verschlußzeiten, hochempfindliches Filmmaterial, Filtervorsätze) aufgenommen. Je nach Art und Erhaltungszustand der archäologisch interessanten Objekte unterscheidet man in der Luftbildprospektion zwischen den obertägigen, im Geländerelief noch erhaltenen, und den unter der Oberfläche verschwundenen, untertägigen Bodendenkmalen (Hessisches Ministerium für Wissenschaft und Kunst 1983).

Jeder mit Erdarbeiten verbundene Eingriff in die natürlich entstandene Bodenstruktur verändert lokal die Bodeneigenschaften, die zu Verfärbungen, Veränderungen der mineralogischen Zusammensetzung und der geophysikalischen Eigenschaften der betreffenden Areale führt. Diese Störung der ursprünglichen Homogenität der Bodenschichten bleibt dauerhaft erhalten und beeinflußt auch nach mehreren Jahrtausenden noch das Wachstum der Vegetation. In Abhängigkeit von Jahreszeit, Witterung, Vegetationsphase und Bepflanzung zeichnen sich die Umrisse ehemaliger Bauten mehr oder weniger deutlich direkt im Oberflächenprofil oder Bewuchs ab.

Für die Beobachtung der Oberfläche eines Areals sind drei Merkmalsgruppen zu nennen: Sicht-, Boden- und Bewuchsmerkmale (Braasch 1983; Tier 1989).

Zu den Sichtmerkmalen zählen:

- Schattenmerkmale, die abhängig vom Lichteinfall ein vorhandenes Bodenrelief kontrastreicher machen und damit Strukturen deutlicher hervorheben,
- Schneemerkmale, die durch eine unterschiedliche Temperaturverteilung im Boden zu einem schnelleren Abschmelzen der Schneedecke auf den wärmeren Flächen oder durch Windeinflüsse zu einer unterschiedlichen Dicke der Schneedecke erkennbar werden, und
- Flutmerkmale, die bei der Überflutung eines Gebietes auch minimale Höhenunterschiede im Geländerelief hervortreten lassen.

Als Bodenmerkmale werden

- Feuchtigkeitsmerkmale, die durch unterschiedliche Wasserspeicherungen hervorgerufen werden, und
- Frostmerkmale, die zu einem vorzeitigen, bzw. verzögerten Auftauen des Bodens führen, zusammengefaßt.

Bewuchsmerkmale werden nach der Auswirkung auf das Pflanzenwachstum als

- positiv bezeichnet, wenn ein verstärktes Pflanzenwachstum auf einem humusreichen, feuchten Untergrund zu beobachten ist, bzw. als
- negativ bewertet, wenn auf einem nährstoffarmen, trockenen Boden die Vegetation ein vermindertes Wachstum aufweist.

Sicht-, Boden- und Bewuchsmerkmale können in vielfältigen Kombinationen auftreten und sind häufig nur unter ganz bestimmten saisonalen, tageszeitlichen oder witterungsbedingten Gegebenheiten - oftmals auch nur für sehr kurze Zeit - erkennbar. Luftbildaufnahmen mit gleichzeitiger optimaler Wiedergabe aller Merkmale gelingen deshalb eher selten, so daß die zumeist suboptimalen Vorlagen durch die elektronische Bildverarbeitung nachbearbeitet werden müssen.

Die digitale Bildverarbeitung verbessert die Auswertungsmöglichkeiten u.a. dadurch, daß nachträglich veränderte Beleuchtungsverhältnisse simuliert werden um z.B. Schattenmerkmale deutlicher in der Luftbildaufnahme zu akzentuieren. Alle an einem Bild vorgenommenen Veränderungen können jedoch nicht zu einer Vermehrung des Bildinhaltes führen, sondern nur zu verbesserten Auswertungsmöglichkeiten. Dabei ist zu beachten, daß die Grenzen zwischen einer die Bildinformationen verändernden Verfälschung und einer optimalen Aufbereitung für eine Analyse fließend sind.

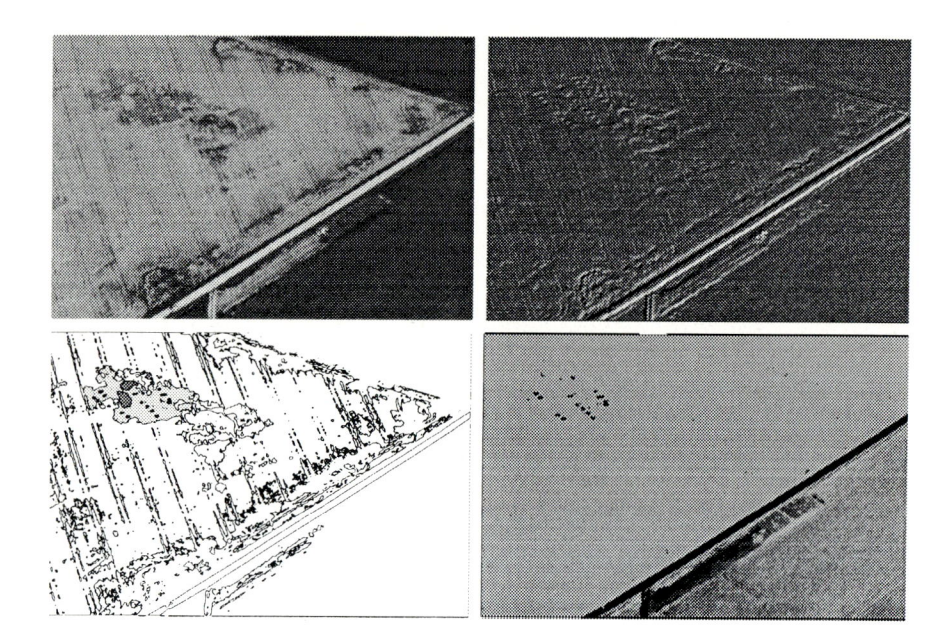

Abb. 11.6. Oben links: Luftbildaufnahme mit Pfostenlöcher und Vorratsgruben einer prähistorischen Siedlung. Oben rechts: Verstärkte Schattenmerkmale durch simulierte Beleuchtungsverhältnisse, die zu einer plastischen Darstellung des Geländes führen. Unten links: Konturumzeichnung mit unterschiedlichen Grauwerten. Unten rechts: Kontrast- und Grauwertveränderungen. Die Pfostenlöcher sind aus dem homogenen Hintergrund hervorgehoben. (Foto: H.-D. Rheinländer)

Die Erkundung archäologischer Fundstätten aus der Luft wird häufig als Luftbildarchäologie mißverstanden, da Archäologische Luftbildprospektion und Luftbildarchäologie fälschlicherweise oftmals synonym verwendet werden.

Die Luftbildarchäologie ist von der Luftbildprospektion getrennt zu betrachten und sollte deshalb auch nur die Anwendungsmöglichkeiten zur Informationsgewinnung beinhalten, die mit herkömmlichen archäologischen Methoden nicht zugänglich sind. Mit den nur aus Luftbildern zu gewinnenden Erkenntnissen wird das Spektrum archäologischer Arbeitsmethoden erweitert und rechtfertigt die Verwendung des Begriffes Luftbildarchäologie. So gesehen ist die Luftbildarchäologie eine "neue" Wissenschaft, deren Bedeutung für der Rekonstruktion/Erforschung vergangener Umwelten bisher weitestgehend übersehen worden ist.

Großflächige archäologische Fundgebiete, wie z.B. das Verkehrswegenetz oder Be-/Entwässerungssysteme in einer Landschaft deren Erfassung mit herkömmlichen Methoden nur schwer möglich ist, lassen sich auf Luftbildern vollständig erfassen und auswerten. Die umweltgeschichtliche Betrachtung anthropogener Veränderungen in der Landschaft eröffnet die Möglichkeit,

Aussagen über die vielfältigen Nutzungen und Gestaltung der Landschaft durch ihre Bewohner zu gewinnen. Da der heutige Zustand unserer Umwelt die Spuren längst vergangener Eingriffe in die Landschaft enthält, wird die Luftbildarchäologie auch im Rahmen einer umweltgeschichtlichen Ursachenerforschung in der Zukunftsplanung der Umweltforschung eine größere Bedeutung gewinnen.

Abb. 11.7. Das Luftbild dokumentiert einen im 19. Jhd aus wirtschaftlichem Interesse vorgenommen Eingriff in die Landschaft. Der ursprüngliche Bachlauf wurde verlegt und begradigt. Die bessere Wasserversorgung des Getreides im ehemaligen Bachlauf und in den Traktorspuren haben dazu geführt, daß sich die Pflanzen nach einem starken Gewitter hier schneller wieder aufrichten konnten als auf den übrigen Flächen. In den Traktorspuren sammelt sich das Oberflächenwasser und versickert langsamer, da der Boden durch das Gewicht des Traktors verdichtet wurde. (Foto: H.-D. Rheinländer)

Abb. 11.8. Auf dem Luftbild sind in einem Acker Spuren von Gebäuden und Überreste eines alten Wirtschaftsweges erkennbar, der zu einer nahegelegenen Wüstung führt. Als die Siedlung verlassen wurde, ist der Wirtschaftsweg bedeutungslos geworden und die Wegfläche wurde in die Ackerfläche einbezogen. (Foto: H.-D. Rheinländer)

11.4.3 Bildauswertung

Für die Bildanalyse ist eine Bildsegmentierung notwendig, um die zu analysierenden Objekte und Bildstrukturen vom Bildhintergrund zu trennen.

Jeder von einem Computer dargestellten Graustufe/Farbe ist ein exakter numerischer Wert zwischen 0 und 256 zugeordnet (vgl. Kap. 11.4.1). Mit der Festlegung eines Schwellenwertes wird bestimmt, welcher Wertebereich als Bildhintergrund von der anschließenden Bildanalyse ausgenommen werden soll.
Mit der Unterteilung der Bildvorlage in Hintergrund und Vordergrund wird die Voraussetzung für die Bildanalyse geschaffen, deren erfolgreiche Durchführung entscheidend von der Qualität der Bildbearbeitung abhängt.

Die elektronische Bildauswertung ermöglicht die Extraktion geeigneter Merkmale zur Charakterisierung und Unterscheidung von bildlichen Objekten aus dem Bildvordergrund und deren Klassifizierung nach charakteristischen Merkmalen. Sie setzt jedoch voraus, daß die dazu erforderlichen spezifischen Fachkenntnisse in den Computer als verständliches Klassifikationskriterium übertragen werden können. Wenn Objekte und Strukturen in bildlichen Darstellungen durch ihre Morphologie präzise beschrieben werden können, kann der Computer alle identischen oder sehr ähnlichen Muster im gesamten Bild selbständig aufspüren. Die Grundlagen dieser vermeintlich intelligenten Fähigkeit eines Computers sind Mustererkennungsverfahren, die auf einer möglichst präzisen mathematischen Beschreibung geometrischer Strukturen aufbauen.

11.4.3.1 Mustererkennungsverfahren

Mustererkennungsverfahren werden hauptsächlich zur quantitativen Erfassung und qualitativen Unterscheidung von Bildstrukturen eingesetzt, die in einer bildlichen Vorlage mehrfach auftreten.

2-dimensionale Bildstrukturen sind, auch bei der bildlichen Wiedergabe räumlicher Verhältnisse, lediglich Flächenanteile eines Gesamtbildes, die sich durch Umfang, Flächeninhalt, Mittelpunkt, Kreisförmigkeit, Färbung, etc. präzise beschreiben lassen. Die klassifikatorische Zuordnung gefundener Muster basiert auf spezifischen Merkmalskriterien, die für jeden Typus festgelegt werden muß.

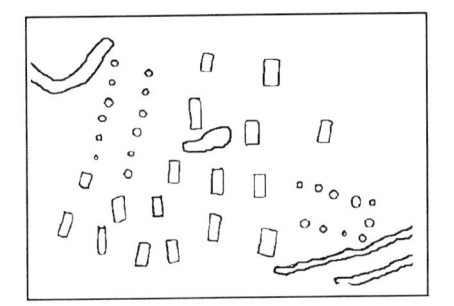

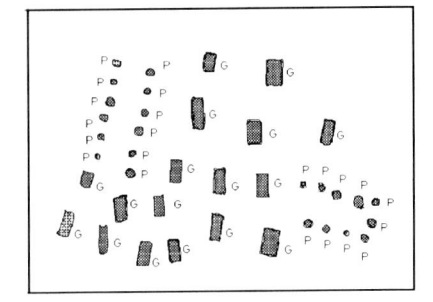

Abb. 11.9. Links: Ausschnitt aus einem Grabungsplan. Rechts: Durch Anwendung eines Mustererkennungsverfahrens sind aus dem Grabungsplan Pfostenlöcher und Gräber automatisch extrahiert und zugeordnet worden. P=Pfostenlöcher, G=Gräber

3-dimensionale Gegenstände lassen sich prinzipiell nach dem zuvor beschriebenen Mustererkennungsverfahren klassifizieren, allerdings wächst die Datenmenge um ein Vielfaches, da die gesamte Körperoberfläche in diskrete Teilflächen zerlegt werden muß. Je nach Blickwinkel und Beleuchtungsverhältnissen variiert die bildliche Wiedergabe eines 3-dimensionalen Gegenstands in der perspektivischen Darstellung und Schattierung/Färbung der Oberfläche, so daß Objekterkennungen nur dann sinnvoll vorgenommen werden können, wenn die Aufnahmebedingungen für die Objekte identisch sind. Auch wenn die Objekterkennung an 3-dimensionalen Körpern in der Archäometrie noch keine allzu große Rolle spielt, ist die bildliche Erfassung und Weiterverarbeitung mit der EDV besonders für Rekonstruktionen interessant. Bruchstücke eines Mosaiks oder das Scherbenkollektiv eines vorwiegend flächigen Fundstückes (z.B. Schrifttafeln, Wandgemälde) lassen sich mit Hilfe von Mustererkennungsverfahren so zueinander positionieren, daß Rekonstruktionsvorschläge und -alternativen am Computer erarbeitet werden können.

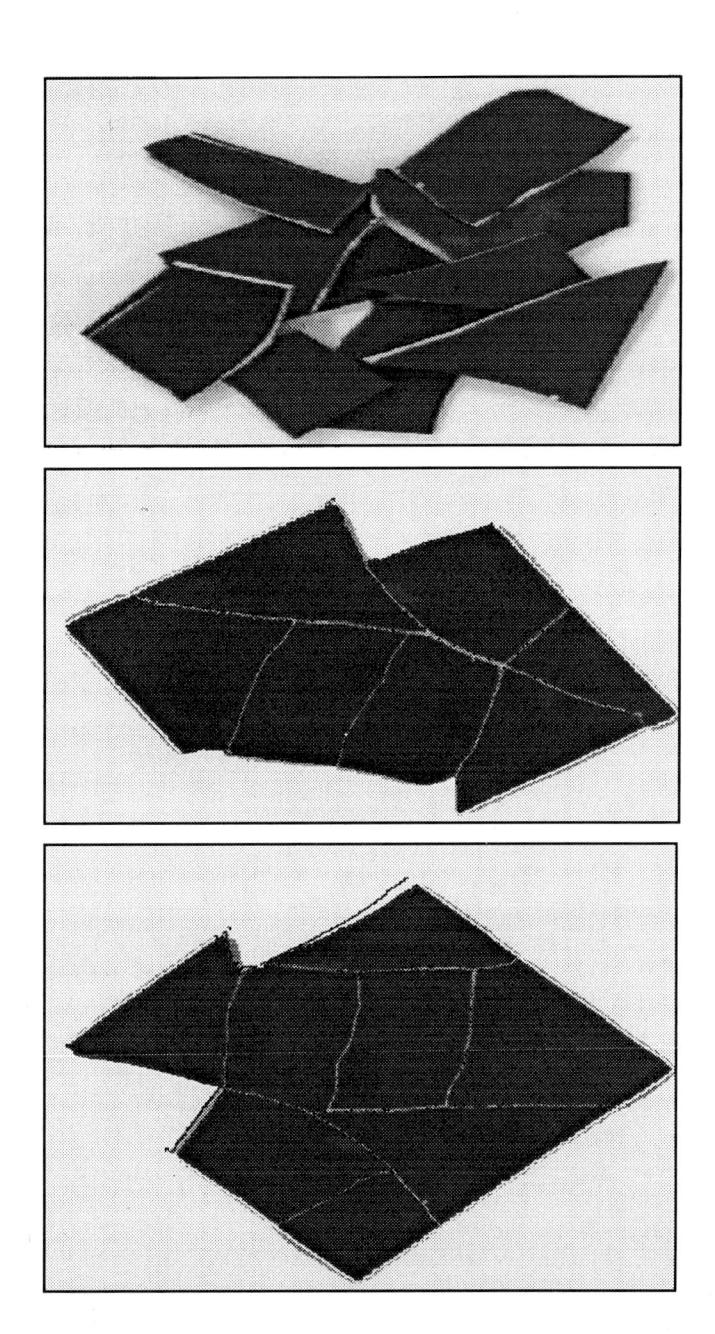

Abb. 11.10. Oben: Ausgangsmaterial Scherbenkollektiv. Mitte und unten: Vom Computer vorgeschlagene Arrangements einiger Scherben für eine Rekonstruktion. (Die Bilder wurden freundlicherweise von Herrn Prof. Dr. Stanke, Gesellschaft zur Förderung angewandter Informatik e.V., Berlin, zur Verfügung gestellt)

Die Texterkennung, in der Informatik als Optical Character Recognition (OCR) bezeichnet, ist ein Anwendungsgebiet, das ebenfalls auf Mustererkennungsverfahren basiert. Obwohl die OCR nicht zu den naturwissenschaftlichen Methoden zur Untersuchung von Sachüberresten zählt, darf sie nicht unerwähnt bleiben, da sie in den Nachbardisziplinen eine weitaus größere Bedeutung hat.

Für die Inhaltsanalyse historischer Texte ist es oftmals notwendig Abschriften und Transkriptionen von Originalvorlagen herzustellen, die mit der Texterkennung automatisch angefertigt werden können. Ein Texterkennungsprogramm sucht in einer digitalisierten Abbildung eines Textes nach geometrischen Strukturen die einem, für jeden Buchstaben vorgegebenen spezifischen Muster entsprechen. Jedes erkannte Buchstabenmuster wird durch den entsprechenden Buchstaben ersetzt und der Text so sukzessive erstellt. Nach Abschluß der Texterkennung (i.d.R. werden mehr als 95% aller Zeichen eines Textes richtig erkannt) kann mit einem beliebigen Textverarbeitungsprogramm die Korrektur und Weiterverarbeitung des transkribierten Textes erfolgen.

Transkriptionen, wie etwa die Übertragung kyrillischer Texte in die lateinische Schriftform werden dadurch erreicht, daß dem geometrischen Buchstabenmuster eines kyrillischen Schriftzeichen der entsprechende lateinische Buchstabe zugewiesen wird. Dieses Ersetzungsverfahren wird, allerdings meist mit geringerem Erfolg, dazu benutzt, handschriftliche Aufzeichnungen in Maschinenschrift zu übertragen.

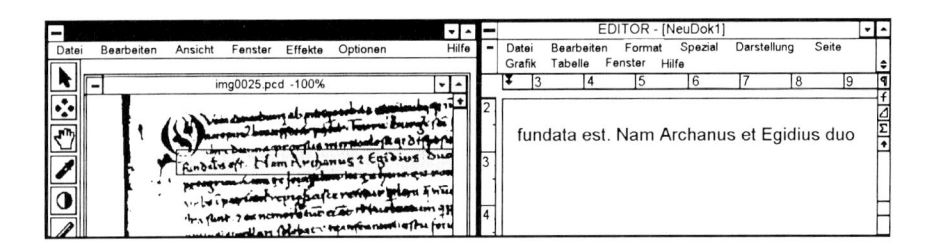

Abb. 11.11. Die in einer Bilddatenbank gespeicherte Fotografie einer Handschrift (links) wurde durch ein Texterkennungsprogramm bearbeitet. Die im markierten Bildausschnitt erkannten Buchstaben stehen als Transkription im Editorfenster (rechts). (Die Vorlage zu dieser Abbildung wurde freundlicherweise von Herrn Dr. H. Steenweg, Gesellschaft für wissenschaftliche Datenverarbeitung, Göttingen, zur Verfügung gestellt.)

11.5 Ausblick

Viel stärker als es bisher wahrgenommen wird, werden EDV-Entwicklungen das gesamte Umfeld verändern, in dem wissenschaftliches Arbeiten eingebettet ist. Diese für die Archäometrie nur scheinbar marginalen Veränderungen werden vor allem neue Anwendungsmöglichkeiten für die Wissensweitergabe und -verbreitung von Forschungsergebnissen mit sich bringen.

Für die Publikation von Forschungsergebnissen stellt die EDV z.B. ein neues Verbreitungsmedium dar, mit dem bisher unbekannte Bearbeitungsmöglichkeiten geschaffen werden. Wegen der vergleichsweise hohen Gestehungskosten und der geringen Auflage für einen kleinen Interessentenkreis ist die Herstellung umfangreicher Fundkataloge bisher ein finanzielles Zuschußgeschäft der Verlage. Auf CD-ROMs lassen sie sich hingegen auch als Kleinserien kostengünstig herstellen oder können in öffentlich zugängliche Datenbanken für eine geringe Benutzungsgebühr zugänglich gemacht werden.

Für die Wissensvermittlung innerhalb der Lehre und für die populärwissenschaftliche Verbreitung von Forschungsergebnissen stehen bereits heute entsprechende EDV-Anwendungen zur Verfügung. Computerbased Teaching (CAT) als Bestandteil einer fachwissenschaftlichen Ausbildung und Infotainment zur "unterhaltenden" Wissensverbreitung in einem größeren, fachlich weniger versierten, Interessentenkreis sind neue didaktische Hilfsmittel, die unabhängig von der Präsenz des Lehrenden eine dialogorientierte Abfrage von Lehrinhalten ermöglichen.

Multimediaanwendungen, die Bild-, Text- und grafische Bestandteile zu einem interaktiv steuerbaren Informationskomplex kombinieren, schaffen neue komplexe Dokumentationsformen, die noch vor wenigen Jahren illusorisch erschienen. Unter Einbeziehung bewegter Bilder (Animationen) und Videosequenzen können virtuelle Welten geschaffen werden, die z.B. auch Forschungsergebnisse in dem entsprechenden zeitgenössischen Szenario darstellen können. Dem Betrachter wird dabei der Eindruck vermittelt, er bewege sich in einer Welt, die zwar real nicht existiert, in der er aber von verschiedenen Standorten aus beispielsweise einen rekonstruierten Gebäudekomplex betrachten kann. Bei dieser Art der Dokumentation eines Fundplatzes lassen sich eine Fülle von Teilinformationen in ihrem ursprünglichen Umfeld und Kontext darstellen, wodurch komplexere Zusammenhänge erkennbar werden.

An der Fortentwicklung dieser Technologien wird die Umweltgeschichte ein besonderes spezifisches Interesse zeigen müssen, da vergangene Umweltsituationen sich nun einmal nicht real wiederherstellen lassen und nur in Form einer "virtual reality" anschaulich gemacht werden können (In der Medizin werden diese Möglichkeiten u.a. bereits für Operationsvorbereitungen genutzt. Aus einer Vielzahl von Tomographieaufnahmen eines menschlichen Körpers werden "Kamerafahrten" durch den Körper errechnet, die dem Chirurgen eine optimale Operationsvorbereitung ermöglichen). Diese Techniken ließen sich genauso für die Simulation von Rekonstruktionen einsetzen, die es ermöglichen, durch die wiederhergestellte Athener Akropolis zu wandern, das unzerstörte Pompeji zu besichtigen oder die Wasserwege des Rheins durch seine rekonstruierten Auwälder und Altwasserarme zu verfolgen. Dies wäre dann schon der qualitative Sprung von der Geschichte in die Zukunft der präventiven Umweltforschung.

11.6 Danksagung

Für die freundliche Überlassung von Bildern und Bildvorlagen danke ich Herrn O. Braasch, dem Landschaftsverband Südniedersachsen e.V., Herrn H.-D. Rheinländer, Herrn Prof. Dr. Stanke und Herrn Dr. H. Steenweg.

Literatur

Ambrose SH (1986) Stable carbon and nitrogen isotope analysis of human and animal diet in Africa. J Hum Evol 15: 707-731

Ambrose SH (1993) Diet reconstruction with stable isotopes. In: Sandford MK (ed) Investigations of ancient human tissue. Chemical analyses in anthropology. Gordon & Breach, Langhorne PA, pp 59-130

Ambrose WR, Duerden P, Bird JR (1989) An archaeological application of PIXE-PIGME analysis to Admiralty Islands obsidians. Nucl Instr Methods 191: 397-402

Andersen ST (1979) Identification of wild grass and cereal pollen. Dan Geol Unders Arbog 1978: 69-92

Andrae C (1990) Paläo-ethnobotanische Untersuchungen aus dem Bachbett. In: Klappauf L, Linke FA (Hrsg) Düna I. - Materialhefte z. Ur.- u. Frühgeschichte Niedersachsens 22: 153-225

Andraschko FM, Lohmann J, Willerding U (1990) Paläo-Ethnobotanik in Rekonstruktion und Experiment im Archäologischen Freilichtmuseum Oerlinghausen. Archäol Mitt Nordwestdeutschland, Beiheft 4 (Experimentelle Archäologie in Deutschland): 55-70

Anon (1992) Vintage Wine. European Heritage Newsletter 6(3): 33

Asperen de Boer JRJ van, Dijkstra J, Schonte R van(1992) Underdrawing in Paintings of the Rogie van der Weyden and Master of Flemalle groups. Nederlands Kunsthistorisch Jaarbook 1990, Deel 41. Waanders Uitgevers, Zwolle

Atkinson P, West R (1970) Loss of skeletal calcium in lactating women. J Obstetr Gynecol 77: 555-560

Bär W, Kratzer A, Mächler M, Schmid W (1988) Postmortem stability of DNA. Forensic Sci Int 39: 59-70

Baillie MGL (1982) Tree-ring Dating and Archaeology. Crom-Helm, London

Baillie MGL (1989) Do Irish bog oaks date the Shang Dynasty? Current Archaeology 117: 310-313

Baillie MGL (1991) Marking in marker dates: towards an archaeology with historical precision. World Archaeology 23: 233-243

Baillie MGL, Munro MAR (1988) Irish tree rings, Santorini and volcanic dust veils. Nature 332: 344-346

Baillie MGL, Pilcher JR (1973) A simple cross-dating program for tree-ring research. Tree-Ring Bull. 33: 7-14

Balabanova S, Parsche F, Pirsig W (1992) First identifikation of drugs in Egyptian mummies. Naturwissenschaften 79: 358

Bechler A (1985) Vegetationsgeschichtliche Untersuchungen am Finnenbruch bei Pöhlde (Landkreis Osterode). Unveröff Diplomarbeit Univ Göttingen

Behre KE (1978) Formenkreise von Prunus domestica L. von der Wikingerzeit bis in die frühe Neuzeit nach Fruchtsteinen aus Haithabu und Alt-Schleswig. Ber Dtsch Bot Ges 91: 161-179

Behre KE (1981) The interpretation of anthropogenic indicators in pollen diagrams. Pollen et Spores 23: 225-245

Behre KE, Jacomet S (1991) The ecological interpretation of archaeobotanical data. In: Zeist W van, Wasylikowa K, Behre KE Progress in Old World Palaeoethnobotany. Bakema, Rotterdam Brookfield, p 350, pp 81-108

Behre KE, Lorenzen H, Willerding U (Hrsg) (1978) Beiträge zur Paläo-Ethnobotanik von Europa. G Fischer, Stuttgart New York, S 204

Benecke N (1983) Die Tierreste aus einer frühmittelalterlichen Siedlung in Ralswiek/Kreis Rügen - ein Beitrag zur Frühgeschichte der Haustierfauna im südlichen Ostseegebiet. Unpubliziertes Manuskript, Berlin

Benecke N (1985) Untersuchungen zum Einfluß der Bergungsmethode auf die Qualität von Tierknochenmaterialien. Ausgrabungen und Funde 30: 260-265

Benecke N (1986a) Die Entwicklung der Haustierhaltung im südlichen Ostseeraum. Weimarer Monographien zur Ur- und Frühgeschichte 18, Beiträge zur Archäozoologie 5, Weimar

Benecke N (1986b) Some remarks on sturgeon fishing in the Southern Baltic Region in Medieval Times. In: Brinkhuizen DC, Clason AT (eds) Fish and Archaeology. BAR, International Series Bd 294, Oxford: 9-17

Benecke N (1987) Zur Bedeutung und Anwendung mathematisch-statistischer Verfahren in der Archäozoologie. Ethnographisch-Archäologische Zeitschrift 28: 97-125

Benecke N (1994) Archäozoologische Studien zur Entwicklung der Haustierhaltung in Mitteleuropa und Südskandinavien von den Anfängen bis zum ausgehenden Mittelalter. Schriften zur Ur- und Frühgeschichte Bd 46, Akademie-Verlag, Berlin

Berg S (1975) Leichenzersetzung und Leichenzerstörung. In: Mueller B (ed) Gerichtliche Medizin Bd 1. Springer, Berlin Heidelberg

Beug HJ (1961) Leitfaden der Pollenbestimmung, Lief 1. G Fischer, Stuttgart

Beug HJ (1992) Vegetationsgeschichtliche Untersuchungen über die Besiedlung im Unteren Eichsfeld, Landkreis Göttingen, vom frühen Neolithikum bis zum Mittelalter. Neue Ausgrabungen u Forsch i Niedersachsen 20: 261-339

Billamboz A (1986) Zeitmesser Holz. Archäologie in Deutschland. Heft 1: 26-31

Binford LR (1983) In Pursuit of the Past. Decoding the Archaeological Record. Thames & Hudson, London

Birks HJB, Birks HH (1980) Quaternary palaeoecology. Arnold, London

Birks HJB, Gordon AD (1985) Numerical methods in Quaternary pollen analysis. Academic Press, London

Bökönyi S (1974) History of Domestic Mammals in Central and Eastern Europe. Akadémiai Kiadó, Budapest

Braasch O (1983) Luftbildarchäologie in Süddeutschland. Gesellschaft für Vor- und Frühgeschichte in Würtemberg und Hohenzollern eV (Hrsg) Stuttgart

Brätter P, Gawlik D, Rösick U (1977) On the distribution of trace elements in human skeletons. J Radioanal Chem 37: 393-403

Brätter P, Gawlik D, Rösick U (1988) A view into the past. Trace element analysis of human bones from former times. Homo 39: 99-106

Briffa KR, Bartholin TS, Eckstein D, Jones PD, Karlén W, Schweingruber FH, Zetterberg P (1990) A 1,400-year tree-ring record of summer temperatures in Fennoscandis. Nature 346: 434-439

Brown DM, Munro MAR, Baillie MGL, Pilcher JR (1986) Dendrochronology - the absolute Irish standard. Radiocarbon 28 No 2a: 279-283

Budzikiewicz H (1972) Massenspektrometrie - Eine Einführung. Verlag Chemie, Weinheim

Bumsted P (1985) Past human behavior from bone chemical analysis - Respects and prospects. J Hum Evol 14: 539-551

Burleigh R, Currant A, Jacobi E, Jacobi R (1991) A note on some British Late Pleistocene remains of horse (Equus ferus). In: Meadow RH, Uerpmann HP (Hrsg) Equids in the Ancient World. Volume II. Beihefte zum Tübinger Atlas des Vorderen Orients, Reihe A - Naturwissenschaften, Bd 19/2. Dr Ludwig Reichert Verlag, Wiesbaden, pp 233-237

Buschmann C (1993) Fernerkennung von Pflanzen. Naturwissenschaften, Organ der Max Plank Gesellschaft zur Förderung der Wissenschaften, Gesellschaft deutscher Naturforscher und Ärzte, Arbeitsgemeinschaft der Großforschungseinrichtungen. Springer 80 Jg, Heft 10: 439-453

Cano RJ, Poinar HN, Roubik D, Poinar Jr PO (1992) Isolation and partial characterization of DNA from the bee Problebeia dominicana (Apidae: Hymenoptera) in 25-40 million year old amber. Medic Sc Res 20: 249-251

Casteel RW (1976) Fish Remains in Archaeology and Paleoenvironmental Studies. Academic Press, London

Chaplin RE (1971) The Study of Animal Bones from Archaeological Sites. Seminar Press, London

Clauss H (1988) Erzgebirgische Waldverwüstung im 16. Jahrhundert. Journ Geschichte 1988(4): 24-33

Clottes J (1993) Paint Analyses from Several Magdalenian Caves in the Ariège Region of France. J Archaeol Sci 20: 223-235

Clutton-Brock J (1986) New dates for old animals: the reindeer, the aurochs, and the wild horse in prehistoric Britain. In: Archaeozoologia (Mélanges): 111-117

Clutton-Brock J, Burleigh R (1991) The mandible of a Mesolithic horse from Seamer Carr, Yorkshire, England. In: Meadow RH, Uerpmann HP (Hrsg) Equids in the Ancient World. Volume II. Beihefte zum Tübinger Atlas des Vorderen Orients, Reihe A - Naturwissenschaften, Bd. 19/2, Dr Ludwig Reichert Verlag, Wiesbaden, pp 238-241

Condamin J, Formenti F, Metais MO, Michel M, Blond P (1976) The Application of Gas Chromatography to the Tracing of Oil in Ancient Amphorae. Archaeometry 18: 195-201

Connor M, Slaughter D (1984) Diachronic study of Inuit diets utilizing trace element analysis. Arctic Anthropol 21: 123-134

Cooper A (1993) DNA from museum specimens. In: Herrmann B, Hummel S (eds) Ancient DNA. Springer, New York

Cooper A, Mourer-Chauvire C, Chambers GK, Haeseler A von, Wilson AC, Pääbo S (1992) Independent origins of the New Zealand moas and kiwis. Proc Natl Acad Sci USA 89: 8741-8744

Davis SJM (1987) The Archaeology of Animals. Batsford, London

Dayton JF, Dayton A (1986) Uses for limitations of lead isotopes in archaeology. Proc 24th Intern Archaeom Symp Washington 1984, pp 13-41
Deines H, Grapow von H, Westendorf W (1958) Papyrus Ebers. Bd 4. Akademie Verlag, Berlin
Deith M (1983) Molluscan calendars: the use of growth-line analysis to establish seasonality of shellfish collection at the Mesolithic site of Morton, Fife. Journal of Archaeological Sience 10: 423-440
DeNiro MJ, Epstein S (1981) Influence of diet on the distribution of nitrogen isotopes in animals. Geochim Cosmochim Acta 45: 341-351
DeNiro MJ, Weiner S (1988) Use of collagenase to purify collagen from prehistoric bones for stable isotopic analysis. Geochim Cosmochim Acta 52: 2425-2431
Dincauze DF (1987) Strategies for Paleoenvironmental Reconstruction in Archaeology. In: Advances in Archaeological Method and Theory 11: 255-336
Drasch GA (1982) Lead burden in prehistorical, historical and modern human bones. Sci Tot Envir 24: 199-231
Driehaus J (1968) Archäologische Radiographie. Rheinland Verlag, Düsseldorf
Dupont LM, Agwu COC (1992) Latitudinal shifts of forest and savanna in N.W. Africa during the Brunhes chron: further marine palynological results from site M 16415 (9°N 19°W). Veget Hist Archaeobot 1: 163-175
Dupont LM, Hooghiemstra H (1989) The Saharan-Sahelien boundary during the Brunhes chron. Acta Bot Neerl 38: 405-415
Eglington G, Logan GA (1991) Molecular preservation. Phil Trans R Soc Lond B 333: 315-328
Ehlken B, Grupe G (in prep) Trace element analysis of enamel of permanent teeth - a new approach to the living conditions of children in historic populations. Submitted for J Archaeol Sci
Eibl F (1974) Die Tierknochenfunde aus der neolithischen Station Feldmeilen-Vorderfeld am Zürichsee. I. Die Nichtwiederkäuer. Dissertation Univ München
Ekström J, Furuby E, Liljegren R (1989) Om tillförlitlighet och otillförlitlighet i äldre pollenanalytiska dateringar. University of Lund, Institute of Archaeology, Report Series No. 33: 13-20
Ellegren H (1991) DNA typing of museum birds. Nature 354: 113
Ellegren H (1993) Genomic DNA from museum feathers. In: Herrmann B, Hummel S (eds) Ancient DNA. Springer, New York
Ely RV (1980) Microfocal radiology. Academic Press, London New York Toronto
Emrich D (1976) Nuklearmedizinische Diagnostik und Therapie. Georg Thieme, Stuttgart
Epstein S, Yapp CJ, Hall JH (1976) The determination of D/H ratio of non- exchangeable hydrogen in cellulose extracted from aquatic and land plants. Earth Planet Sci Lett 30: 241-251
Ericson JE (1985) Strontium isotope characterization in the study of prehistoric human ecology. J Hum Evol 14: 503-514
Erlich HA (ed) (1989) PCR Technolgy. Principles and Applications for DNA Amplification. Stockton Press, New York
Evershed RP, Jerman K, Eglinton G (1985) Pine wood origin for pitch from the Mary Rose. Nature 314: 528-530
Evershed RP (1993) Biomulecular archaeology and lipids. World Archaeology 25: 74-93

Faegri K, Iversen J (1989) Textbook of pollen analysis. 4th edn. John Wiley & Sons, Chichester New York Brisbane Toronto Singapore
Faith DP (1990) Chance marsupial relationships. Nature 345: 393
Fauth H, Hindel R, Sievers U, Zinner J (1985) Geochemischer Atlas der Bundesrepublik Deutschland. Bundesanst Geowiss Rohst, Hannover
Felix R, Ramm B (1988) Das Röntgenbild. 3. Aufl. Georg Thieme, Stuttgart New York
Firbas F (1934) Über die Bestimmung der Walddichte und der Vegetation waldloser Gebiete mit Hilfe der Pollenanalyse. Planta 22: 109-145
Firbas F (1937) Der pollenanalytische Nachweis des Getreidebaus. Z f Botanik 31: 447-478
Firbas F, Losert H, Broihan F (1939) Untersuchungen zur jüngeren Vegetationsgeschichte im Oberharz. Planta 30: 422-456
Fornaciari G, Mallegni F, Bertini D, Nuti V (1983) Cribra orbitalia and elemental bone iron in the Punics of Carthage. Ossa 8: 63-77
Frey DG (1986) Cladocera analysis. In: Berglund BE (ed), Handbook of Holocene Palaeoecology and Palaeohydrology. John Wiley, London
Gat JR (1980) The isotopes of hydrogen and oxygen in precipitation. In: Fritz P, Fontes C (eds) Handbook of environmental isotope geochemistry Vol 1. Elsevier, New York, pp 21-48
Gawlik D, Behne D, Brätter P, Gatschke W, Gessner H (1982) The suitability of the iliac crest biopsy in the element analysis of bone and marrow. J Clin Chem Clin Biochem 20: 499-507
Gerlach D (1985) Das Lichtmikroskop. Georg Thieme, Stuttgart New York
Gilbert AS, Lowenstein JM, Hesse BC (1990) Biochemical differentiation of archaeological equid remains: lessons from a first attempt. Journal of Field Archaeology 17: 39-48
Glass M (1991) Animal Production Systems in Neolithic Central Europe. BAR, International Series Bd 572, Oxford
Golenberg EM, Giannasi DE, Clegg MT, Smiley CJ, Durbin M, Henderson D, Zurawski G (1990) Chloroplast DNA sequence from a Miocene Magnolia species. Nature 344: 656
Golenberg EM (1991) Amplification and analysis of Miocene plant fossil DNA. Phil Trans R Soc Lond B 333: 419-427
Golenberg EM (1993) DNA from Plant Compression Fossils. In: Herrmann B, Hummel S (eds) Ancient DNA. Springer, New York
Graham D, Eddie T (1985) X-ray Techniques in Art Galleries and Museums. Hilger, Bristol Boston
Grody WW (1993) Embedded samples. In: Herrmann B, Hummel S (eds) Ancient DNA. Springer, New York
Grigson C (1981) Fauna. In: Simmons IG Tooley MJ (eds) The Environment in British Prehistory. Duckworth, London, pp 110-124
Grue H, Jensen B (1979) Review of the formation of incremental lines in tooth cementum of terrestrial mammals. Danish Review of Game Biology 11: 1-48
Grünewald K, Feichtinger H, Weyrer K, Lyons J (1990) DNA isolated from plastic embedded tissue is suitable for PCR. Nucl Acids Res 18: 6151
Grupe G (1986) Multielementanalyse: Ein neuer Weg für die Paläodemographie. Bundesinst f Bev forschg (Hrsg) Materialien zur Bevölkerungswissenschaft, Sonderheft 7, Wiesbaden

Grupe G (1988) Metastasizing carcinoma in a Medieval skeleton - differential diagnosis and etiology. Amer J Phys Anthropol 75: 369-374

Grupe G (1991) Anthropogene Schwermetallkonzentrationen in menschlichen Skelettfunden. Z Umweltchem Ökotox 3: 226-229

Grupe G (1992) Analytisch-chemische Methoden in der prähistorischen Anthropologie: Spurenelemente und stabile Isotope. In: Knussmann R (Hrsg) Anthropologie. Handbuch der vergleichenden Biologie des Menschen. Bd I/2. Gustav Fischer, Stuttgart, S 66-73

Grupe G, Dörner K (1989) Trace elements in excavated human hair. Z Morph Anthrop 77: 297-308

Grupe G, Garland AN (eds) (1993) Histology of Ancient Human Bone. Springer, Berlin Heidelberg New York

Grupe G, Herrmann B (1986) Die Skelettreste aus dem neolithischen Kollektivgrab von Odagsen, Stadt Einbeck, Lkr Northeim Nachr Nieders Urgesch 55 : 41 - 91

Grupe G, Herrmann B (eds) (1988) Trace elements in environmental history. Springer, Berlin Heidelberg New York

Grupe G, Piepenbrink H (1989) Impact of microbial activity on trace element concentrations in excavated bones. Appl Geochem 4: 293-298

Grupe G, Schutkowski H (1989) Dietary shift during the 2nd millenium BC at prehistoric Shimal, Oman peninsula. Paléorient 15: 77-84

Gyllensten U, Wharton D, Josefsson A, Wilson AC (1991) Paternal inheritance of mitochondrial DNA in mice. Nature 352: 255-257

Hagelberg E, Gray IC, Jeffreys AJ (1991) Identification of the skeletal remains of a murder victim by DNA analysis. Nature 352: 427-429

Hajnalowa E (ed) (1992) Palaeoethnobotany and Archaeology. - International Work-Group for Palaeoethnobotany 8th Symposium Nitra - Nové Vozokany 1989. Acta Interdisciplinaria Archaeologica 7

Hall AR, Kenward HK (1982) Environmental Archaeology in the Urban Context. The Ebor Press, New York

Hammer CR, Clausen HB, Dansgaard W (1980) Greenland ice sheet evidence of postglacial volcanism and its climatic impact. Nature 288: 230-235

Hanson DB, Buikstra JE (1987) Histomorphological alteration in buried human bone from the Lower Illinois Valley: Implications for paleodietary research. J Archaeol Sci 14: 549-563

Hauswirth WW, Dickel CD, Lawlor DA (1993) DNA Analysis of the Windover Population. In: Herrmann B, Hummel S (eds) Ancient DNA. Springer, New York

Hayen H (1960) Erhaltungsformen der in Mooren gefundenen Baumreste. Oldenb Jahrbuch 59 part. 2: 21-49

Heinrich D (1991) Untersuchungen an Skelettresten wildlebender Säugetiere aus dem mittelalterlichen Schleswig. Ausgrabung Schild 1971-1975. Ausgrabungen in Schleswig, Berichte und Studien Bd 9, Karl Wachholtz Verlag, Neumünster

Heron C, Evershed RP, Goad LJ (1990) Effects of migration of soil lipids on organic residudes associated with buried potsherds. J Archaeol Sci 18: 641-659

Herrmann AJ (1992) Nuklearmedizin. 3. Aufl. Urban & Schwarzenberg, München Wien Baltimore

Herrmann B (1985) Parasitologisch-Epidemiologische Auswertung Mittelalterlicher Kloaken. Z Archöol Mittelalters 13: 377-386

Herrmann B (1987) Anthropologische Zugänge zu Bevölkerung und Bevölkerungsentwicklung im Mittelalter. In: Herrmann B, Sprandel R (eds) Determinanten der Bevölkerungsentwicklung im Mittelalter. VCH, Weinheim
Herrmann B (1988) Röntgenologische Methoden. In: Knußmann R (Hrsg) Anthropologie - Handbuch der vergleichenden Biologie, Bd 1. Fischer, Stuttgart New York, S 697
Herrmann B (1993) Indicators for seasonality in trace element patterns. In: Lambert JB, Grupe G (eds) Prehistoric human bone. Archaeology at the molecular level. Springer, Berlin Heidelberg New York, pp 203-215
Herrmann B, Hummel S (eds) (1993) Ancient DNA. Springer, New York
Herrmann B, Meyer RD (1993) Südamerikanische Mumien aus vorspanischer Zeit. Eine radiologische Untersuchung. Staatliche Museen zu Berlin - Preußischer Kulturbesitz, Berlin
Herrmann B, Sprandel R (eds) (1987) Determinanten der Bevölkerungsentwicklung im Mittelalter. VCH, Weinheim
Herrmann B, Grupe G, Hummel S, Piepenbrink H, Schutkowski H (1990) Prähistorische Anthropologie. Springer, Berlin Heidelberg New York
Hessisches Ministerium für Wissenschaft u Kunst, Landesamt für Denkmalpflege Hessen (Hrsg) (1993) Zeitspuren - Luftbildarchäologie in Hessen.
Hietala H (ed)(1984) Intrasite spatial analysis in archaeology. Cambridge Univ Press, Cambridge
Hillebrecht ML (1982) Die Relikte der Holzkohlewirtschaft als Indikatoren für Waldnutzung und Waldentwicklung. Gött Geogr Abh 79: 157
Hillebrecht ML (1986) Eine mittelalterliche Energiekrise. In: Herrmann B (Hrsg) Mensch und Umwelt im Mittelalter. DVA, Stuttgart, S 275-283
Hillebrecht ML (1989) Energiegewinnung auf Kosten der Umwelt. Ber Denkmalpfl Niedersachsen 9: 80-85
Hillebrecht L (1992) Holzkohle als Quelle zur Wald- und Energiegeschichte. Ber Denkmalpfl Niedersachsen 12: 158-160
Hollstein E (1980) Mitteleuropäische Eichenchronologie. Philipp von Zabern, Mainz
Hooghiemstra H (1988) Palynological records from northwest African marine sediments: a general outline of the interpretation of the pollen signal. Phil Trans R Soc Lond B 318: 431-449
Hooghiemstra H, Stalling H, Agwu COC, Dupont LM (1992): Vegetational and climatic changes at the northern fringe of the Sahara 250,000-5000 years BP: evidence from 4 marine pollen records located between Portugal and the Canary Islands. Rev Palaeobotany Palynology 74: 1-53
Hrouda B (Hrsg) (1978) Methoden der Archäologie. CH Beck, München
Hummel S (1992) Nachweis spezifisch Y-chromosomaler DNA-Sequenzen aus menschlichem bodengelagerten Skelettmaterial unter Anwendung der Polymerase Chain Reaction. Dissertation Univ Göttingen
Hummel S (1993) Y-Chromosomal DNA in Ancient Bone. In: Herrmann B, Hummel S (eds) Ancient DNA. Springer, New York
Hummel S, Herrmann B (1991) Y-Chromosome-Specific DNA Amplified in Ancient Human Bone. Naturwissenschaften 78: 266-267
Hummel S, Nordsiek G, Herrmann B (1992) Improved Efficiency in Amplification of Ancient DNA and its Sequence Analysis. Naturwissenschaften 79: 359-360

Ihm P (1978) Statistik in der Archäologie. In: Landschaftsverband Rheinland, Rheinisches Landes Museum Bonn (Hrsg) Archeo-Physika Bd 9. Rheinland-Verlag, Köln (in Komm. Habelt, Bonn)

Iyengar GV, Kollmer WE, Bowen HJM (1978) The elemental composition of human tissues and body fluids. Verlag Chemie, Weinheim New York

Jáky M, Perédi J, Pálos L (1964) Untersuchungen eines aus römischen Zeiten stammenden Fettproduktes. Fette Seifen Anstrichmittel 12: 1012-1017

Jarman MR, GN Bailey, Jarman HN (1982) Early European Agriculture. Its Foundations and Development. Cambridge Univ Press, Cambridge

Jeffreys AJ, Allen MJ, Hagelberg E, Sonnberg A (1992) Identification of the skeletal remains of Josef Mengele by DNA analysis. Forens Sci Int 56: 65-76

Jenkins R (1988) X-ray fluorescence spectrometry. Wiley & Sons, New York

Jung W, Beug HJ, Dehm R (1972) Das Riß/Würm-Interglazial von Zeifen, Landkreis Laufen a.d. Salzach. Abh Bayer Akad Wiss Math Nat Kl NF 151: 1-131

Keller C (1981) Radiochemie. 2. Aufl, Studienbücher Chemie. Diesterweg, Salle Sauerländer

Kenward HK (1978) The value of insect remains as evidence of ecological conditions on archaeological sites. In: Brothwell RD, Thomas KD, Clutton-Brock J (eds) Research problems in Zooarchaeology. Occasional Publication. Institute of Archaeology, London 3: 7-83

Klumpp G (1967) Die Tierknochenfunde aus der mittelalterlichen Burgruine Niederrealta, Gemeinde Cazis/Graubünden. Dissertation Univ München

Knörzer KH (1991) Regional surveys of palaeoethnobotanical research: Deutschland nördlich der Donau. In: Zeist W van, Wasylikowa K, Behre KE Progress in Old World Palaeoethnobotany. Balkema, Rotterdam Brookfield, p 350, pp 189-206

Köhler E, Lange E (1979) A contribution to distinguishing cereal from wild grass pollen grains by LM and SEM. Grana 18: 133-140

König W (1896) 14 Photographien mit Röntgen-Strahlen aufgenommen im Physikalischen Verein, Frankfurt aM. Barth, Leipzig

Körber-Grohne U (Hrsg) (1979) Festschrift Maria Hopf zum 65. Geburtstag. Archaeo-Physika 8: 350

Körber-Grohne U (1987) Nutzpflanzen in Deutschland. - Kulturgeschichte und Biologie. Theiss, Stuttgart, S 490

Kühn H (1983) Naturwissenschaftliche Methoden zur Beurteilung von Gemälden und Graphik. Naturwissenschaften 70: 421-429

Kwok S (1990) Procedures to minimize PCR-product carry-over. In: Innis MA, Gelfand DH, Sninsky JJ, White TJ (eds) PCR Protocols. A Guide to Methods and Applications. S 142-145. Academic Press, San Diego

Lai-Goldman M, Lai E, Grody WW Detection of human immunodeficiency virus (HIV) in formalin-fixed, paraffin-embedded tissues by DNA amplification. Nucl Acids Res 16: 8191

LaMarche VC Jr , Hirschboeck KK (1984) Frost rings in trees as records of major volcanic eruptions. Nature 307: 121-145

Lambert JB, Grupe G (eds) (1993) Prehistoric Human Bone. Archaeology at the Molecular Level. Springer, Berlin Heidelberg New York

Lange E (1971) Botanische Beiträge zur mitteleuropäischen Siedlungsgeschichte. Schriften Ur- u. Frühgeschichte 27: 142

Lang J (1979) Biochemie der Ernährung. 4. Aufl. Steinkopf, Darmstadt

Lange RH, Blödorn J (1981) Das Elektronenmikroskop TEM + REM. Leitfaden für Biologen und Mediziner. Georg Thieme, Stuttgart New York

Lassen C (1993) PCR-bezogene Präparation von alten Haut- und Knochenproben zur Extraktion von menschlicher DNA. Diplomarbeit Univ Göttingen.

Laubenberger T (1990) Leitfaden der medizinischen Röntgentechnik. 5. Aufl. Deutscher Ärzte-Verlag, Köln-Lövenich

Laurop CP (1810) Grundsätze der Forstbenutzung und Forsttechnologie. Mohr & Zimmer, Heidelberg

Lawlor DA, Dickel CD, Hauswirth WW, Parham P (1991) Ancient HLA genes from 7,500-year-old archaeological remains. Nature 349: 785-787

Lebez D (1968) The analysis of archaeological amber and amber from the baltic sea by thin layer chromatography. J Chromatogr 33: 544-547

Legge AJ, Rowley-Conwy PA (1988) Star Carr Revisited: A Re-analysis of the Large Mammals. Alden Press, Oxford

Leibnitz E, Struppe HG (Hrgs) (1984) Handbuch der Gaschromatographie. 3. Aufl. Leipzig

Leuschner HH (1992) Subfossil trees. Lundqua Report 34: 193-197

Leuschner HH, Delorme A (1984) Ausdehnung der Göttinger absoluten Eichenjahrringchronologie auf das Neolithikum. Arch Korrespondenzblatt 14: 119-121.

Leuschner HH, Delorme A (1986) Dendrochronologische Befunde zu Torfeichen aus dem Kehdinger Moor bei Hammah, Kreis Stade.- In: Landkreis Stade (Hrsg): Landschaftsentwicklung und Besiedlungsgeschichte im Stader Raum: 183-189

Leuschner HH, Delorme A, Höfle HC (1987) Dendrochronological Study of Oak Trunks Found in Bogs in Northwest Germany. Proceedings of the intern. Symposion on ecological aspects of tree ring analysis, New York: 298-318

Leute U (1987) Archaeometry. 1. Aufl. VCH, Weinheim

Lieser KH (1991) Einführung in die Kernchemie. 3.Aufl. VCH, Weinheim

Longin R (1971) New method of collagen extraction for radiocarbon dating. Nature 230: 241-242

Longinelli A (1984) Oxygen isotopes in mammal bone phosphate: A new tool for paleohydrological and paleoclimatological research? Geochim Cosmochim Acta 48: 385-390

Luff RM (1982) A Zooarchaeological Study of the Roman Northwestern Provinces. BAR, International Series Bd 137, Oxford

Lumley H de (1979) L' homme de Tautavel. Dossiers Arch 36: 8

Luz B, Kolodny Y, Horowitz M (1984) Fractionation of oxygen istotopes between mammalian bone-phosphate and environmental drinking water. Geochim Cosmochim Acta 48: 1689-1693

Mania D (1983) Zur Jagd des Homo erectus von Bilzingsleben. Ethnographisch-Archäologische Zeitschrift 24: 326-37

Marino BD, DeNiro MJ (1987) Isotopic analysis of archaeobotanicals to reconstruct past climates: Effects of activities associated with food preperation on carbon, hydrogen and oxygen isotope ratios of plant cellulose. J Archaeol Sci 14: 537-548

McAndrews JH (1967) Pollen analysis and vegetational history of the Itasca region, Minnesota. In: Cushing EJ, Wright jr HE (eds) Quaternary Paleoecology. Yale Univ Press, New Haven London, pp 219-236

Merwe NJ van der (1982) Carbon isotopes, photosynthesis, and archaeology. Amer Scient 70: 596-606

Molleson TI (1987) The role of the environment in the acquisition of rheumatic diseases. In: Appelboom T (ed) Art, history and antiquity of rheumatic diseases. Elsevier, Brüssel, pp 100-108

Molleson TI, Eldridge D, Gale N (1986) Identification of lead sources by stable isotope ratios in bones and lead from Poundbury Camp, Dorset. Oxford J Archaeol 5: 249-253

Mommsen H (1986) Archäometrie. 1. Aufl. Teubner, Stuttgart

Moore PD, Webb JA, Collinson ME (1991) Pollen analysis, 2nd edn. Blackwell, London Edinburgh

Morgan ED, Cornford C, Pollock DRJ, Isaacson P (1973) The Transformation of Fatty Material Buried in Soil. Sci Archaeol 10: 9-10

Morgan ED, Titus L, Small RJ, Edwards C (1984) Gas Chromatographic Analysis of Fatty Material from a Thule Midden. Archaeometry 26: 43-48

Müller HH (1966) Neue Nachweise des Elches, *Alces alces* (Linné 1758), im mittelalterlichen Deutschland. Jahresschrift für mitteldeutsche Vorgeschichte 50: 321-324

Müller HH (1985) Frühgeschichtliche Pferdeskelettfunde im Gebiet der Deutschen Demokratischen Republik. Weimarer Monographien zur Ur- und Frühgeschichte Bd 15, Beiträge zur Archäozoologie Bd 4, Weimar

Müller-Stoll W (1936) Untersuchungen urgeschichtlicher Holzreste nebst Anleitung zu ihrer Bestimmung. Prähist Z 27: 3-57

Mullis KB, Faloona FA (1987) Specific Synthesis of DNA in vitro via a Polymerase-Catalysed Chain Reaction. Meth Enzymol 155: 335-350

Nobis G (Hrsg) (1984) Der Beginn der Haustierhaltung in der "Alten Welt". Fundamenta, Reihe B, Bd 3/IX, Böhlau Verlag, Köln Wien

Noe-Nygaard N (1975) Bone injuries caused by human weapons in Mesolithic Denmark. In: Clason AT (ed) Archaeozoological Studies. North-Holland/ American Elsevier, Amsterdam New York, pp 151-159

Nordberg GF, Mahaffey KR, Fowler BA (1991) Introduction and summary. International workshop on lead in bone: Implications for dosimetry and toxicology. Environm Health Persp 91: 3-7

Pääbo S, Gifford JA, Wilson AC (1988) Mitochondrial DNA sequences from a 7000-year old brain. Nucl Acids Res 16: 9775-9787

Pääbo S, Irwin DM, Wilson AC (1990) DNA Damage Promotes Jumping between Templates during Enzymatic Amplification. J Biol Chem 265: 4718-4721

Padberg B (1991) Empirische Zugänge zu einer mittelalterlichen Epidemiologie. Magisterarbeit Univ Göttingen

Padberg B (1992) Empirische Zugänge zu einer Epidemiologie des Mittelalters. Sudhoffs Archiv 76(2): 164-178

Patrick M, Koning AJ de, Smith AB (1985) Gas Liquid Chromatographic Analysis of Fatty Acids in Food Residues from Ceramics found in the Southwestern Cape, South Africa. Archaeometry 27: 231-236

Payne S (1975) Partial recovery and sample bias. In: Clason AT (ed) Archaeozoological Studies. North-Holland/American Elsevier, Amsterdam New York, pp 7-17

Pelet PL (1973/78) Une industrie méconnue. Fer, Charbon, Acier dans le pays de Vaud. Bd. 1/2 (Bibl hist vaudoise, 49 u 54). Lausanne

Poinar GO, Poinar HN, Cano RJ (1993) DNA from amber inclusions. In: Herrmann B, Hummel S (eds) Ancient DNA. Springer, New York

Price TD, Blitz J, Burton J, Ezzo JA (1992) Diagenesis in prehistoric bone: Problems and solutions. J Archaeol Sci 19: 513-529

Price TD, Schoeninger MJ, Armelagos G (1985) Bone chemistry and past behavior: An overview. J Hum Evol 14: 419-447

Radek T (1986) Przynaleznosci gatunkowe skór garbowanych z wczesnosredniowiecznego stanowiska archeologicznego we Wroclawiu. Roczniki Akademii Rolniczej w Poznaniu 172, Archeozoologia 11: 91-101

Reichstein H (1989) Zur Frage der Quantifizierung archäozoologischer Daten: ein lösbares Problem? Archäologische Informationen 12 (2): 144-160

Reynolds R, Sensabaugh G (1991) Analysis of Genetic Markers in Forensic DNA Samples Using the Polymerase Chain Reaction. Anal Chem 63: 2-15

Riederer J (1987) Archäologie und Chemie - Einblicke in die Vergangenheit. Rathgen-Forschungslabor, Staatliche Museen Preußischer Kulturbesitz, Berlin

Robinson D, Ehlers U, Herken R, Herrmann B, Mayer F, Schürman FW (1987) Methods of Preparation for Electron Microscopy. Springer, Berlin Heidelberg New York

Rogan PK, Salvo JS (1990) Study of Nucleic Acids Isolated From Ancient Remains. Yearb Phys Anthrop 33: 195-214

Rohde E (1959) Überprüfung und Ausbau der Getreide-Pollenanalyse, besonders im Hinblick auf den paläontologischen Nachweis von Getreidebau und den Beziehungen zwischen Pollengröße und Chromosomenzahl. Unveröff Staatsarbeit Univ Göttingen

Rosenthal HL (1981) Content of stable strontium in man and animal biota. In: Skoryna SC (ed) Handbook of Stable Strontium, pp 503-514. New York London

Roth H, Theune C (1988) Zur Chronologie merowingerzeitlicher Frauengräber in Südwestdeutschland: Ein Vorbericht zun Gräberfeld von Weingarten, Kr. Ravensburg. In: Landesdenkmalamt Baden-Württemberg (Hrsg) Archäologische Informationen aus Baden-Württemberg. Heft 6, Stuttgart

Rottländer RCA (1985a) Noch einmal: Neue Beiträge zur Kenntnis des Bernsteins. Acta Praehistorica et Archaeologica 16/17: 223-236

Rottländer RCA (1985b) Nachweis und Identifizierung von archäologischen Fetten. Fette Seifen Anstrichmittel 8: 314-317

Ruano G, Kidd KK (1989) Biphasic amplification of very dilute DNA samples via "booster" PCR. Nucl Acids Res 17: 5407

Rubner K (1960) Die pflanzengeographischen Grundlagen des Waldbaus. 5. Aufl. Verlag Neumann, Berlin

Rullkötter J, Nissenbaum A (1988) Dead Sea Asphalt in Egyptian Mummies: Molecular Evidence. Naturwissenschaften 75: 618-621

Runia LT (1987) Strontium and calcium distribution in plants: Effect on paleodietary studies. J Archaeol Sci 14: 599-608

Rust A (1937) Das altsteinzeitliche Rentierjägerlager Meiendorf. Karl Wachholtz Verlag, Neumünster

Ryder ML (1983) Sheep and Man. Duckworth, London

Saiki RK, Gelfand DH, Stoffel S, Scharf SJ, Higuchi R, Horn GT, Mullis KB, Erlich HA (1988) Primer-directed enzymatic amplification of DNA with a thermostable DNA polymerase. Science 239: 487-491

Sambrook J, Fritsch EF, Maniatis T (1989) Molecular Cloning. A Laboratory Manual. CSHL Press

Sandford MK (ed) (1993) Investigations of ancient human tissue. Chemical analyses in anthropology. Gordon & Breach, Langhorne PA

Sandford MK, Kissling GE (1993) Chemical analyses of human hair: anthropological applications. In: Sandford MK (ed) Investigations of ancient human tissue. Chemical analyses in Anthropology, pp 131-166. Gordon & Breach, Langhorne PA

Sayre EV, Smith RW (1974) Analytical study of ancient egyptian glass. In: Bishai A (ed) Recent advances in science and technology of materials. Vol 3. New York London, pp 47-70

Schelvis J (1990) The reconstruction of local environments on the basis of remains of Oribatid mites (Acari; Oribatida). Journal of Archaeological Science 17: 559-571

Schibler J (1980) Osteologische Untersuchungen der cortaillodzeitlichen Knochenartefakte. Die neolithischen Ufersiedlungen von Twann Bd 8, Staatlicher Lehrmittelverlag, Bern

Schimmelmann A, DeNiro MJ (1985) Determination of oxygen stable isotope ratios in organic matter containing carbon, hydrogen, oxygen and nitrogen. Anal Chem 57: 2644-2646

Schimmelmann A, DeNiro MJ, Poulicek M, Voss-Foucart M-F, Goffinet G, Jeuniaux C (1986) Stable isotopic composition of chitin from arthropods recovered in archaeological contexts as palaeoenvironmental indicators. J Archaeol Sci 13: 553-566

Schmidt B (1992) Hölzerne Moorwege als Untersuchungsobjekte für die Dendrochronologie. Archäologische Mitteilungen aus Nordwestdeutschland 15: 147-159

Schoeninger MJ (1979) Diet and status at Chalcatzingo: Some empirical and technical aspects of strontium analysis. Amer J Phys Anthropol 51: 295-310

Schoeninger MJ (1981) The agricultural "revolution": Its effect on human diet in prehistoric Iran and Israel. Paléorient 7: 73-91

Schoeninger MJ (1985) Trophic level effects on $^{15}N/^{14}N$ and $^{13}C/^{12}C$ ratios in bone collagen and strontium levels in bone mineral. J Hum Evol 14: 515-525

Schoeninger MJ (1988) Reconstrucing prehistoric human diet. Homo 39: 78-99

Schoeninger MJ, DeNiro M (1984) Nitrogen and carbon isotopic composition of bone collagen from marine and terrestrial animals. Geochim Cosmochim Acta 43: 625-639

Schomburg G (1977) Gaschromatographie. Verlag Chemie, Weinheim.

Schutkowski H (1994) Gruppentypische Spurenelementmuster in frühmittelalterlichen Skelettserien Südwestdeutschlands. In: Landesdenkmalamt Baden-Württemberg (Hrsg) Osteologie. Das 8. Arbeitstreffen der Osteologen, Konstanz 11.-15.10.1993. Materialhefte zur Vor- und Frühgeschichte Baden-Württembergs 25, Stuttgart

Schwarcz HP, Melbye J, Katzenberg MA, Knyf M (1985) Stable isptopes in human skeletons of Southern Ontario: reconstructing paleodiet. J Archaeol Sci 12: 187-206

Schweingruber FH (1976) Prähistorisches Holz. Academica helvetica 2: 106

Schweingruber FH (1978) Mikroskopische Holzanatomie. Kommissionsverlag, Zug, S 226

Schweingruber FH (1983) Der Jahrring. Paul Haupt, Bern

Schweingruber FH (1988) Tree Rings. Basics and Applications of Dendrochronology. Reidel, Dordrecht

Schweingruber FH (1990) Anatomie europäischer Hölzer. Haupt, Bern Stuttgart, S 800

Sensabaugh GF (1993) DNA Typing of Biological Evidence Material. In: Herrmann B, Hummel S (eds) Ancient DNA. Springer, New York

Sensabaugh GF, Beroldingen C von (1991) Genetic typing of biological evidence using the polymerase chain reaction. In: Farley MA, Harrington JJ (eds) Forensic DNA Technology. CRC Press, Lewis Publ Chelsea

Shackleton N (1973) Oxygen isotope analysis as a means of determining season of occupation of prehistoric midden sites. Archaeometry 15: 133-141

Sherratt A (1983) The secondary exploitation of animals in the Old World. World Archaeology 15: 90-104

Sillen A (1986) Biogenetic and diagenetic Sr/Ca in Plio-Pleistocene fossils of the Omo Shungura Formation. Paleobiology 12: 311-323

Sillen A, Kavanagh M (1982) Strontium and paleodietary research: A review. Yearb Phys Anthropol 25: 67-90

Sillen A, Smith P (1984) Weaning patterns are reflected in strontium-calcium ratios of juvenile skeletons. J Archaeol Sci 11: 237-245

Simoons FJ, Baldwin JA (1982) Breast-feeding of animals by women: its sociocultural context and geographic occurrence. Anthropos 77: 421-448

Smith B (1972) Natural abundance of stable isotopes of carbon in biological systems. Bio Sci 22: 226-231

Spahn N (1986) Untersuchungen an Skelettresten von Hunden und Katzen aus dem mittelalterlichen Schleswig. Ausgrabung Schild 1971-1975. Ausgrabungen in Schleswig, Berichte und Studien Bd 5, Karl Wachholtz Verlag, Neumünster

Steinberg K (1944) Zur spät- und nacheiszeitlichen Vegetationsgeschichte im Untereichsfeld. Hercynia 3: 529-587

Steppan K (1993) Osteologische und taphonomische Untersuchungen an Tierknochenfunden aus der mesolithischen Freilandfundstelle Rottenburg-Siebenlinden I, Lkr. Tübingen. Zeitschrift für Archäologie 27: 9-16

Stürmer W, Scharschmidt F, Mittermeyer HG (1980) Versteinertes Leben im Röntgenlicht. Kleine Senckenberg Reihe 11. Kramer, Frankfurt aM

Swann EC, Saenz GS, Taylor JW (1991) Maximizing information content of morphological specimens: herbaria as sources of DNA for molecular systematics. Mycol Soc Amer Newsl 42: 36

Tauber H (1981) ^{13}C evidence for dietary habits of prehistoric man in Denmark. Nature 292: 332-333

Taylor JW, Swann EC (1993) DNA from Herbarium Specimens. In: Herrmann B, Hummel S (eds) Ancient DNA. Springer, New York

Thomas RH, Schaffner W, Wilson AC, Pääbo S (1989) DNA phylogeny of the extinct marsupial wolf. Nature 340: 465-467

Thomas RH, Pääbo S, Wilson AC (1990) Chance marsupial relationships (reply). Nature 345: 393-394

Thomas WK, Pääbo S, Villablanca FX, Wilson AC (1990) Spatial and Temporal Continuity of Kangaroo Rat Populations Shown by Sequencing Mitochondrial DNA from Museum Specimens. J Mol Evol 31: 101-112

Thornton I (1988) Soil features and human health. In: Grupe G, Herrmann B (eds) Trace elements in environmental history. Springer-Verlag, Berlin Heidelberg New York, pp 135-144

Tobolski K (1991) Wstep do paleoekologii Lednickiego Parku Krajobrazowego. Biblioteka Studiów Lednickich, Wydawnictwo Polskiej Akademii Nauk, Poznan

Torke W (1981) Fischreste als Quellen der Ökologie und Ökonomie in der Steinzeit Südwest-Deutschlands. Urgeschichtliche Materialhefte Nr. 4, Verlag Archaeologica Venatoria, Tübingen

Traut W (1991) Chromosomen. Klassische und molekulare Cytogenetik. Springer, Berlin Heidelberg

Trier B (Hrsg) (1989) Archäologie aus der Luft. Aschendorffsche Verlagsbuchhandlung, Münster
Tswett MS (1903) Arb Naturforschg Ges 20: 14
Tuross N, Fogel ML, Hare PE (1988) Variability in the preservation of the isotopic composition of collagen from fossil bone. Geochim Cosmochim Acta 52: 929-935
Tuross N, Behrensmeyer AK, Eanes ED (1989) Strontium increases and crystallinity changes in taphonomic and archaeological bone. J Archaeol Sci 16: 661-672
Vernet JC (1973) Etude sur l'histoire de la végétation du sud-est de la France au Quaternaire, d'après les charbons de bois principalement. Palaeobiologie Continentale 4. zugl Diss Montpellier
Vörös I (1981) Wild equids from the Early Holocene in the Carpathian Basin. Folia Archaeologica 32: 37-67
Vörös I (1985) Early Medieval aurochs (Bos primigenius Boj.) and his extinction in Hungary. Folia Archaeologica 36: 193-219
Vörös I (1987) Large mammalian faunal changes during the Late Upper Pleistocene and Early Holocene Times in the Carpathian Basin. In: Pécsi M (ed) Pleistocene Environment in Hungary. Akadémiai Kiadó, Budapest, pp 81-101
Welten M (1952) Über die spät- und postglaziale Vegetationsgeschichte des Simmentales. Veröff Geobotan Inst Rübel Zürich 26. H Huber, Bern Stuttgart
Welz B (1983) Atomabsorptionsspektrometrie. 3. Auflage. Verlag Chemie, Weinheim New York
Weser U, Miesel R, Hartmann HJ, Heizmann W (1989) Mummified enzymes. Nature 341: 686
Wheeler A, Jones AFG (1989) Fishes. Cambridge Manuals in Archaeology. Cambridge Univ Press, Cambridge
White TD (1992) Prehistoric Cannibalism at Mancos 5 MTUMR-2346. Princeton Univ Press, Princeton
WHO (1973) World Health Organisation Technical Report Series No 532: Trace elements in human nutrition. Genf
Willerding U (1979a) Bibliographie zur Paläo-Ethnobotanik des Mittelalters in Mitteleuropa 1945-1977 (Teil 1). Z Archäol Mittelalter 6: 173-223
Willerding U (1979b) Bibliographie zur Paläo-Ethnobotanik des Mittelalters in Mitteleuropa 1945-1977 (Teil 2). Z Archäol Mittelalter 7: 207-225
Willerding U (1984a) Paläo-ethnobotanische Befunde und schriftliche sowie ikonographische Zeugnisse in Zentraleuropa. In: Zeist W van, Casparie WA (eds) Plants and Ancient Man. - Studies in palaeoethnobotany. Balkema, Rotterdam Boston, pp 75-98
Willerding U (1984b) Ur- und Frühgeschichte des Gartenbaues. In: Franz G Geschichte des deutschen Gartenbaues. Deutsche Agrargeschichte 6: 551, 39-68
Willerding U (1986) Zur Geschichte der Unkräuter Mitteleuropas. Gött Schr z Vor- u. Frühgeschichte 22: 382
Willerding U (1987a) Die Paläo-Ethnobotanik und ihre Entwicklung im deutschsprachigen Raum. Ber Deutsch Bot Ges 100: 81-105
Willerding U (1987b) Zur paläo-ethnobotanischen Erforschung der mittelalterlichen Stadt. Jahrb 1987 Braunschweig. Wiss Ges: 35-50
Willerding U (1990) Zur Rekonstruktion der Vegetation im Umkreis früher Siedlungen. In: Andraschko FM, Teegen WR (Hrsg) Gedenkschrift für Jürgen Driehaus. Mainz, S 381, 97-129

Willerding U (1991) Präsenz, Erhaltung und Repräsentanz von Pflanzenresten in archäologischem Fundgut. In: Zeist W van, Wasylikowa K, Behre KE (eds) Progress in Old World Palaeoethnobotany. Balkema, Rotterdam Brookfield, p 350, pp 25-51

Willerding U (1992a) Gärten und Pflanzen des Mittelalters. In: Carroll-Spillecke M (Hrsg) Der Garten von der Antike bis zum Mittelalter. Zabern, Mainz, S 293, S 249-284

Willerding U (1992b) Umweltrekonstruktion auf der Grundlage botanischer Funde. Ber Denkmalpfl Niedersachsen 12: 154-158

Wilson AC, Stoneking M, Cann RL, Prager EM, Ferris SD, Wrischnik LA, Higuchi RG (1987) Mitochondrial Clans and the Age of our Common Mother. In: Vogel F, Sperling K (eds) Human Genetics. Springer, Berlin Heidelberg

Wolff SR, Liddy DJ, Newton GWA, Robinson VJ, Smith RJ (1986) Classical and hellenistic black glaze ware in the mediterranean: A study by epithermal neutron activation analysis. J Archaeol Sci 13: 245-259

Worthington-Roberts BS (1989) Nutrition in pregnancy and lactation. 4th edn. Times Mirror/Mosby, St. Louis

Wullschleger E (1979) Über frühere Waldnutzungen. Ber 196 Eidgen Anst forstl Versuchswes Birmensdorf

Zeist W van, Casparie WA (1984) Plants and Ancient Man. Studies in palaeoethnobotany. Balkema, Rotterdam Boston, p 344

Zeist W van, Wasylikowa K, Behre KE (1991) Progress in Old Word Palaeoethnobotany. - A retrospective view on the occasion of the International Work group for Palaeoethnobotany. Balkema, Rotterdam Brookfield, p 350

Zetterberg P (1990) A 1,400-year tree-ring record of summer temperatures in Fennoscandia. Nature 346: 434-439

Zoller H (1960) Pollenanalytische Untersuchungen zur Vegetationsgeschichte der insubrischen Schweiz. Denkschr Schweiz Naturforsch Ges 83: 1-156

Sachverzeichnis

Abbildbarkeit 38, 43
Abschattungskontrast 37
Absorption 32, 43
Abundanzveränderung bei Tieren 111
Ackerland 144
aDNA 88-95, 98-100
Alkaloide 54
Allelfrequenz 90
Altersbestimmung 11-13, 15-17
Amphore 54
Artenwandel 109
Asphalt 65
Atomabsorptionsspektrometrie (AAS) 71-72
    - Flammen-Technik 72
    - Graphitrohrofen-Technik 72, 75
    - Hydrid-Technik 73
Atomemissions-Spektrometrie (AES) 73-74

Bauholz 124, 133, 145-146
Bergbau 149, 151
Bernstein 53
Bevölkerung, 19-20, 25-26, 28, 53, 68-69, 80-84, 117
    - soziale Differenzierung, 81
Bewuchsmerkmal 183
Bildauswertung 180, 186
Bildbearbeitung 180, 184, 186
Bilddatenbank 172-173, 189
Bildverarbeitung, elektronische 183
Bildverarbeitungsanlage 178-179

Bodenmerkmal 183
Bodenprobe 55, 79, 82, 84
Brandschicht 140
Brunnen 140-141, 147
Burggraben 140

Carnivore 69
Chlorophyll 56
Chromatogramm 58
Chromatographie 56-57
    - Dünnschicht- 57
    - Gas- 53, 57, 60, 64-66
    - HPCL 57
    - mobile Phase 56-57
    - Säule 57-59
    - stationäre Phase 56-58
Chronologie 123, 126, 129
Computer-Tomographie (CT) 47-51
Computerbased Teaching (CAT) 190
Computernetz 170-171

Datenanalyse, 175
Datenbank 64, 171-175, 180, 190
Dateneingabe, strukturierte 174, 176
Datenmanagement 172
Datenverarbeitung, elektronische 169, 172
Datierung 9, 15, 17, 109-110, 121-122, 124, 126-129, 131-133, 135, 138, 163
Dekomposition, biogene 93
Dendrochronologie 15, 121, 127, 130

Densitometrie 133
Derivatisierung 57-58
Desoxiribonucleinsäure (DNA) 87-96, 98-100
- chromosomale DNA 88
- degradierte DNA 91
- mitochondriale DNA 88
- Y-chromosomale 91
Diasporen 140-141
Dünnschichtchromatographie (DC) 57

Elementkarte (element map) 63
Elfenbein 17, 106
Endoskop 29-30
Epidemiologie 91
Ernährung 27-28, 103, 137, 143, 151
Erzverhüttung 140, 148, 151

Farbstoff 32
- Bindemittel 53
- Pigment 53
Fehler, systematischer 15
Felle 106
Fluoreszenz 32-33
Flutmerkmal 183
Fruchtfolge 144

Garten 145
Gaschromatographie (GC) 53, 57, 60, 64-66
Gefachelehm 141
Gehölzfläche 145, 151
Gemälde 32
Gemüse 141, 144-145
Genealogie 90
Geschlecht 68, 103
Getreide 28, 141, 156-157, 159, 165, 168
Geweih 106, 114
Glas 67, 86, 140, 148
Gletscherleichen 54
Grab 141

Haar 67, 87, 90, 106
Halbwertszeit 18
Handwerk 143, 147, 151
Haschisch 65
Hauptnahrungskomponente 69-70
Haut, Häute 65, 106-107
Heilpflanze 137, 141, 145
Herbivore 27, 69
High Performance Liquid Chromatography (HPLC) 57
Höhlenmalerei 66
Holz, Hölzer 17, 121, 123, 127-132, 137, 146-148, 153
Holzkohle 17, 137-138, 140, 146-149, 151
Hormon, 54
Horn 106-107
Hüttenlehm 141, 146-147
Hydroxylapatit 69

Indexierung 123
Infektionskrankheit 91
Informationsbeschaffung 169, 171-172
Informationsmanagement 170
Infotainment 190
Infrarot 32-33
Interferenzstatistik 175
Ionisation 13, 60
Isotop 9-10, 18-21, 27-28, 64, 74

Jahrring 50, 121-124, 129-131

Keramik 67, 75, 84, 86, 141, 147
Kernreaktion 9-10, 12
Kernspintomographie 51
Kinder 99
Klimarekonstruktion 133
Kloake 51, 87, 91, 140-141, 147
Knochen 17, 22, 28, 41, 50, 54, 67-70, 75-76, 79, 81, 83-84, 89, 92, 94-95, 102, 106, 114, 116
Kokain 65

Kontamination 22, 24, 54, 75-76, 99-100
Kosmetika 54

Laktation 83
Längenpolymorphismen 90
Leerprobe 55
Leguminosen 27, 141, 143-144, 165
Lehmziegel 142, 148
Leinscheben 148
Lichtmikroskop 29-30, 160
Liegezeit 20-23, 78-79
Lipid 22, 53-54
Local Area Net (LAN) 170
Luftbildarchäologie 181-182, 185
Luftbildprospektion 181-182, 184

Magnetsektorfeld 60
Makrorest 28, 67, 105, 140, 146, 149, 151
Massenspektrometrie 53, 57, 60, 64
Massenzahl 10, 62-63
Mikroorganismus 65, 76, 93, 95, 120
Mittelwald 146
Moorleiche 54, 87, 116
Multielementanalyse 40
Multimediaanwendung 190
Mumie 30, 40-41, 45, 48-49, 54, 65, 87, 116, 174
Mutternuklid 11

Nahrungserwerbsstrategie 68
Nahrungskette 19, 26-27, 67, 69
Nahrungsrest 102
Neutronen-Aktivierungs-Analyse (NAA) 9, 18, 74
Niederwald 152
Nikotin 65
Nuklid 10-13, 15, 18
Nutzung von Tieren 103, 108
- als Rohstoff 101, 105-107

Obst 141
Ölpflanze 141

Omnivore 69

Paläo-Ethnobotanik 153
Paläoökologie 109, 116, 154
Paläopathologie 85
Palynologie 153
Particle Induced Gamma Emission (PIGE) 70, 74
Particle Induced X-ray Emission (PIXE) 70, 74
Pech 146
Pflanzenrest 137-141, 153
Pollenanalyse 101-102, 108, 153, 156, 164-165
Pollendiagramm 149, 155-157, 166-167
Polleninflux 164
Pollenkörner 153-160, 163, 165
Pollenspektrum 153-156, 162-163
Pollenzone 156, 161, 166
Polymerase Chain Reaction (PCR) 96, 98-100
Populationsgenetik 89
Positronen-Emissions-Tomographie (PET) 51
Protein 53-54, 81, 93-94
Proton 9-12, 64, 74

Radioaktivität 9-10, 15
Radiographie 41
Raster-Elektronenmikroskopie (REM) 34-36, 38, 41
- Proben für 41
Raster-Tunnel-Mikroskop 38
Relativdatierung 129
Repräsentanz 140
Retentionszeit 58-59
Röntgenfluoreszenz-Spektrometrie 74
Rückstreuelektron 35

Saisonalität 103, 114
Säure 23, 54, 57-58, 75, 77
- Fett- 57, 61

Schadstoffeintrag 84
Schattenmerkmal 183
Schichtaufnahme 47
Schlackenhalde 140, 148-149
Schneemerkmal 183
Schwangerschaft 83
Sekundärelektron 35
Seriation 176-177
Sichtprüfung 29-30
Siedlungsgrube 140
Siedlungszeit 158, 166-168
Signatur 24, 26, 127, 166
Sonographie 51-52
Spaltbohle 130
Spektrometer, energiedispersives 39
Splintholz 129-130
Spurenelementanalyse 67, 76, 80, 105
   - archäologische Objekte 67-68
   - biogene Substanz 67
   - Konzentrationsberechnung 79
   - Probenvorbereitung 75-76
   - Qualitätskontrolle 78
Spurenelemente 69, 79
   - altersvariable Verteilung 83
   - in Meeresfrüchten 70, 80
   - in tierlichen Nahrungs
     bestandteilen 69
Statistik, deskriptive 175
Subsistenzstrategie 28, 80
Summationsbild 44-45, 47
Synchronisation 125-127

Teer 65, 146

Thanatozönose 109, 141
Thiophen 62-63
Tinte 34
Tomographie 47-48, 50-51
Tracer 56
Trägergas 57
Trophiestufe 19, 25-28, 69

Überbrückungsverfahren 122
Ultraviolett 32
Umweltanalytik 84
Umweltgeschichte 6, 152, 181, 190
Urbanisierung 84

variable number of tandem repeats
   (VNTR) 90, 96, 99
Vegetationsgeschichte 153-154
Vegetationszone 164-165
virtual reality 190
Völkerwanderungszeit 133
Vulkanausbruch 135

Wald 135, 145-146, 163-165, 167
Waldgeschichte 132
Waldweide 146, 149, 167
Wärmestrahlung 33
Wellerholz 142
Wide Area Net (WAN) 171
Wissens-Datenbank 171-172
Wolle 106

Zahn 54, 67, 83, 95, 98, 102, 106
Zahnschmelz 83

Springer-Verlag und Umwelt

Als internationaler wissenschaftlicher Verlag sind wir uns unserer besonderen Verpflichtung der Umwelt gegenüber bewußt und beziehen umweltorientierte Grundsätze in Unternehmensentscheidungen mit ein.

Von unseren Geschäftspartnern (Druckereien, Papierfabriken, Verpackungsherstellern usw.) verlangen wir, daß sie sowohl beim Herstellungsprozeß selbst als auch beim Einsatz der zur Verwendung kommenden Materialien ökologische Gesichtspunkte berücksichtigen.

Das für dieses Buch verwendete Papier ist aus chlorfrei bzw. chlorarm hergestelltem Zellstoff gefertigt und im pH-Wert neutral.

Druck: Mercedesdruck, Berlin
Verarbeitung: Buchbinderei Lüderitz & Bauer, Berlin